"十二五"职业教育国家规划立项教材

服装材料
（第二版）

主编　刘小君

高等教育出版社·北京

内容简介

本书是"十二五"职业教育国家规划立项教材，依据教育部《中等职业学校服装制作与生产管理专业教学标准》，并参照服装行业标准，在2016版的基础上修订而成。

本书主要内容包括：导论，纺织物的原料，纺织物的基本组织，纺织物的性能，常用服装面料，常用服装辅料，服装材料的识别，服装的消费、洗涤与保管，服装材料与服装设计及制作。

本书配套有Abook和二维码数字化资源，便于教师教学与学生自学。

本书可作为中等职业学校服装类的专业教材，也可作为服装爱好者和服装面、辅料经营者的参考用书。

图书在版编目（CIP）数据

服装材料 / 刘小君主编. -- 2版. -- 北京：高等教育出版社，2021.11

ISBN 978-7-04-055022-1

Ⅰ. ①服… Ⅱ. ①刘… Ⅲ. ①服装－材料－中等专业学校－教材 Ⅳ. ①TS941.15

中国版本图书馆CIP数据核字（2020）第171475号

服装材料
FUZHUANG CAILIAO

策划编辑	皇 源	责任编辑	刘惠军	特约编辑	皇 源	封面设计	王 洋
版式设计	马 云	插图绘制	于 博	责任校对	陈 杨	责任印制	高 峰

出版发行	高等教育出版社	网　　址	http://www.hep.edu.cn
社　　址	北京市西城区德外大街4号		http://www.hep.com.cn
邮政编码	100120	网上订购	http://www.hepmall.com.cn
印　　刷	廊坊十环印刷有限公司		http://www.hepmall.com
开　　本	889mm×1194mm　1/16		http://www.hepmall.cn
印　　张	18.5	版　　次	2016年9月第1版
字　　数	370千字		2021年11月第2版
购书热线	010-58581118	印　　次	2021年11月第1次印刷
咨询电话	400-810-0598	定　　价	34.00元

本书如有缺页、倒页、脱页等质量问题，请到所购图书销售部门联系调换

版权所有　侵权必究

物 料 号　55022-00

第二版前言

本书是"十二五"职业教育国家规划立项教材，依据教育部《中等职业学校服装制作与生产管理专业教学标准》，并参照服装行业标准，在2016版的基础上修订而成。

衣、食、住、行是人类生活的基本要求，服装材料是构成服装最重要的物质基础。服装材料的发展，引领着服装潮流的变迁，也创造着服装制作的文化。对于服装专业的学生来说，《服装材料》更是一门专业核心课，不了解服装材料的基本知识，就无法正确地识别、设计、制作、销售和保管服装。

本书根据中职学生的认知规律、心理特点，坚持"必需、够用"的原则，突出"能力"本位，在强调知识体系完整性、系统性、连贯性的同时，重视学生"认知能力""合作能力""创新能力""职业能力"的培养和可持续发展，体现新时代职业教育高质量发展的新精神、新要求，凝练学科核心素养，明确学业质量要求，彰显职业教育特色。

本书在修订中突出了以下特色：

1. 随着新技术、新材料的不断涌现，编者对教材的内容进行了必要的删减和增补，体现教材的时代性。

2. 增加大量与教材内容相关的图片资料，提高师生对教材内容的感性认识，使抽象的知识变得直观，提高学生学习的兴趣和积极性。

3. 加强了课程资源建设。根据教学大纲和教学计划编写了教案，为教师授课提供参考，加深教师对教材内容的认识和理解，准确把握教学目标，难点重点，采用合理的教学方法，利用教学资源进行教学，提高课堂教学效率，充分体现本课程在专业课程教学中的核心地位。

4. 以岗位要求为依据。教学内容的选取符合中职服装专业的岗位要求。

5. 以现代化教学为手段。本书配有Abook和二维码资源，包括教案和大量的图片资料，方便教师教学和学生自学。

学时分配表

模块		单元	课时
导论			2
模块一	纺织物的原料	单元一　纺织纤维	4
		单元二　纱线	4
模块二	纺织物的基本组织	单元一　机织物组织	4
		单元二　针织物组织	4
模块三	纺织物的性能	单元一　纺织物的基本性能	4
		单元二　纺织物的服用性能	4
模块四	常用服装面料	单元一　棉型织物	4
		单元二　麻型织物	1
		单元三　丝型织物	3
		单元四　毛型织物	4
		单元五　化纤织物	2
		单元六　针织物	2
		单元七　毛皮与皮革	4
		单元八　新型面料	2
模块五	常用服装辅料	单元一　服装里料	2
		单元二　服装填料	2
		单元三　服装衬料	2
		单元四　线类材料	1
		单元五　扣紧材料	2
		单元六　装饰材料及其他材料	1
模块六	服装材料的识别	单元一　服装原料的识别	2
		单元二　服装材料外观的识别	2
模块七	服装的消费、洗涤与保管	单元一　纺织物编号的管理	2
		单元二　纺织品和纺织服装的纤维含量	1
		单元三　服装的使用说明	1
		单元四　服装的洗涤	1
		单元五　服装材料的保管	1
模块八	服装材料与服装设计及制作	单元一　服装材料与服装设计	2
		单元二　服装材料与服装制作	2
合计			72

　　本书在编写过程中，参考了大量的资料，由于编者的水平有限和时间仓促，书中难免有不足之处，恳切希望使用本书的师生和服装行业的同行们提出宝贵意见，以便使本书更加完善。读者意见反馈邮箱：zz-dzyj@pub.hep.cn。

编者
2020年6月

第一版前言

本书是"十二五"职业教育国家规划立项教材，依据教育部《中等职业学校服装制作与生产管理专业教学标准》，并参照服装行业标准编写。

衣、食、住、行是人类生活的基本要求，衣指的就是服装，服装的构成离不开服装材料，服装的功能依赖于服装材料，服装材料是构成服装最重要的物质基础。服装材料的发展，引领着服装潮流的变迁，也创造着服装文化的历史。对于学习服装专业的学生来讲，服装材料更是一门必修课。因为，不了解服装材料的基本知识，就无法正确地识别、制作、消费、洗涤和保管服装。

本书根据中职学生的认知规律、心理特征和学习特点，坚持"必需、够用"的原则，突出"能力"本位，在强调知识体系完整性、系统性、连贯性的同时，重视学生能力的培养和可持续发展。

本书在编写中突出了以下特色：

1. 以任务驱动为方法。以学生为主体，教师为主导，不仅能够调动学生学习的积极性，还能够培养学生的创新能力和独立分析问题、解决问题的能力，便于学生循序渐进地学习知识和掌握技能。

2. 以学生职业发展为背景。在每个模块中增加了知识拓展栏目，以扩大学生的视野，为学生中高职衔接打下良好的基础。

3. 以认识规律为框架。本书内容的设计以知识的递进为序，先讲基础理论知识，再讲知识的综合运用，做到知识的融会贯通，着力培养学生的职业能力。

4. 以岗位要求为依据。教学内容的选取符合中职服装专业的岗位要求。

5. 以现代化教学为手段。本书配有光盘，光盘中有教学PPT和大量的图片资料和视频，方便学生自学。

本书在编写过程中，参考了大量的资料，由于编者水平有限和时间仓促，书中难免存在疏漏和错误之处，恳切希望使用本书的师生和有关服装专业的同行们提出宝贵意见，以便使本书更加完善。

学时分配表

模块		单元	课时
导论			2
模块一	纺织物的原料	单元一　纺织纤维	4
		单元二　纱线	4
模块二	纺织物的基本组织	单元一　机织物组织	3
		单元二　针织物组织	3
模块三	纺织物的性能	单元一　纺织物的基本性能	3
		单元二　纺织物的服用性能	3
模块四	常用服装面料	单元一　棉型织物	3
		单元二　麻型织物	1
		单元三　丝型织物	3
		单元四　毛型织物	4
		单元五　化纤织物	2
		单元六　针织物	2
		单元七　毛皮与皮革	2
		单元八　新型面料	2
模块五	常用服装辅料	单元一　服装里料	2
		单元二　服装填料	2
		单元三　服装衬料	2
		单元四　线类材料	2
		单元五　扣紧材料	2
		单元六　装饰材料及其他材料	2
模块六	服装材料的识别	单元一　服装原料的识别	2
		单元二　服装材料外观的识别	2
模块七	服装的消费、洗涤与保管	单元一　纺织物编号的管理	1
		单元二　纺织品和纺织服装的纤维含量	1
		单元三　服装的使用说明	1
		单元四　服装的洗涤	1
		单元五　服装材料的保管	1

续表

模块		单元	课时
模块八	服装材料与服装设计及制作	单元一　服装材料与服装设计	1
		单元二　服装材料与服装制作	1
合计			64

编者

2016年2月

目 录

导论

学习目标

1. 掌握服装的概念、功能及构成。
2. 掌握服装材料的概念、种类。
3. 了解纺织品的生产流程。
4. 了解服装材料的发展简史及发展趋势。
5. 能识别服装面料和辅料的大类。

一、服装的概念、功能及构成

衣、食、住、行是人类社会生活的基本需求。衣指的就是衣服，也就是通常所说的服装。服装从狭义上讲是指人们穿在身上遮蔽身体和御寒的东西；从广义上讲，是衣服、鞋、帽等的总称，有时也包括首饰、包等装饰物。但服装一般专指衣服。

服装具有实用功能、装饰功能、标识功能等，其中，实用功能、装饰功能是服装最主要的功能。服装最早的实用功能是蔽体御寒，因此，覆盖性和保温性是服装最基本的特性。服装的装饰功能体现在服装的流行色彩美、图案精致美、款式韵律美、材料质地美、装饰物件美上，它随着社会的进步、人类生活方式的改变和人们心理、生理需求的变化而变化。同时，人们对服装装饰功能的要求也越来越高。

服装是由材料、款式、色彩三个要素构成的，其中材料是最基本的要素，其他两个要素要通过材料来具体体现。服装的构成离不开材料，服装的功能依赖于服装材料的功能来实现。对于服装材料来说，服装是它的最终产品，没有服装材料，则不可能有服装。所以说服装材料是构成服装最重要的物质基础。服装材料的发展，引领着服装的变迁，也创造了服装文化。

二、服装材料的概念、种类

服装材料指构成服装的一切材料。服装材料按其在服装中的用途分成服装面料和服装辅料两大类。服装面料指体现服装主体特征的材料，它是构成服装的主要材料。服装面料主要是纺织品，除此之外还有天然毛皮和皮革、人造毛皮和皮革以及塑料薄膜、橡胶布等。服装辅料指制作服装时除面料之外的其他一切辅助性材料，其绝大部分也是纺织品。服装辅料虽然在服装材料中处于从属地位，但是它对服装功能的发挥同样是不可或缺的，它直接或间接影响着服装的内在质量和外观质量。服装辅料与面料的协调配合，在服装设计和制作中越来越受到重视。

服装材料按材料的属性可分为以下几大类：

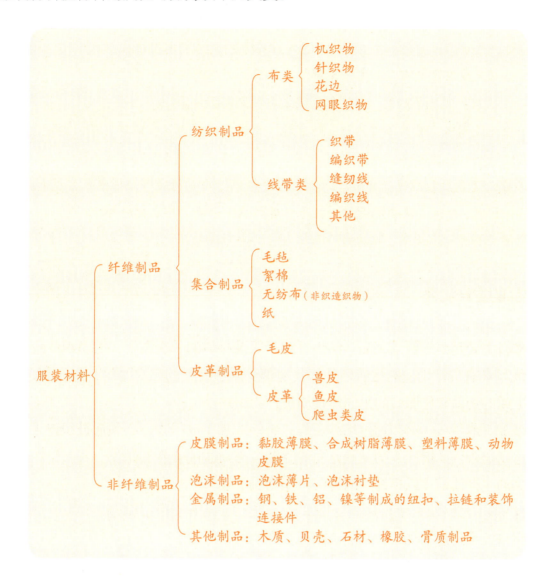

无 纺 布

无纺布亦称非织造织物，是一种近年才发展起来的新型面料。无纺布的最大特点是，其成型方法是一种全新的方法。无纺布的生产工艺过程十分简捷，原料广泛，产量高而成本低，产品形式多样，是纺织工业中年轻而富有发展前途的产品。

无纺布制品被国际公认为保护地球生态的环保产品。适用于服装、农用薄膜、制鞋、制革、床垫、子母被、装饰、化工、印刷、汽车、建材，家具等行业，用途广泛，经济实惠。无纺布具有强力好、透气防水、环保、柔韧、无毒无味，且价格便宜等优点。该材料若置于室外，90天内即可自然分解，置于室内则在8年内可分解，燃烧时无毒、无害、不污染环境。

服装用无纺布：衬里、黏合衬、絮片、定型棉、各种合成革底布等。

制鞋用无纺布：鞋头硬衬、鞋跟衬、内衣裤、人造鹿皮等合成革、保暖鞋衬和布鞋底衬等。

医疗、卫生用无纺布：手术衣、防护服、消毒包布、口罩、尿片、民用抹布、擦拭布、湿面巾、魔术毛巾、柔巾卷、美容巾、卫生巾、卫生护垫及一次性卫生用布等。

家庭装饰用无纺布：墙布、台布、床单、床罩等。

农业用无纺布：作物保护布、育秧布、灌溉布、保温幕帘等。

汽车工业用无纺布：废纺隔离热毡、防震毡、顶篷、坐垫内衬、地毯、车门内衬、汽车过滤芯、成型坐垫等。

土木工程，建筑用无纺布：加固、加筋、过滤材料，油毛毡底布，排水板，屋面防水材料，铁路、公路、护堤、水坡、港口隔音材料，下水道防热、分离、排水材料等。

其他用途无纺布：地图布、挂历布、人造布、油画布等。

三、纺织品的生产流程

服装材料主要是纺织纤维制品。纺织纤维是服装材料的一次原料，由纺织纤维制成的纱线除缝纫线等具有最终用途的材料以外，其他都是服装材料的二次原料，它们都是线状物。用纱线加工成的用以制作服装的平面体物质被称为织物。

将纤维加工成纱线，必须通过纺纱工程；将纱线加工成织物，必须通过织造工程；而要想使织物达到美观以及提高织物某些方面的性能，必须通过染整工程。

纺织品的生产流程（以短纤纱的传统产品为例）如下：

原料纤维 $\xrightarrow{\text{纤维初加工}}$ 可纺纤维 $\xrightarrow{\text{纺纱}}$ 纱线 $\xrightarrow{\text{织造}}$ 坯布 $\xrightarrow{\text{染整}}$ 织物

（1）原料纤维经过初加工，制成洁净而整齐的可纺纤维。

（2）可纺纤维经过纺纱工序，制成具有一定结构、外观、手感以及一定强度、延伸性、弹性、细而长的纤维束——纱线。

（3）纱线经过织造工序，按照一定的沉浮规律交织成各种结构的坯布。

（4）坯布经过漂染、印花和后整理等染整工序，加工制成各种规格的织物。

 知识拓展

染整工序与服用纤维制品的生产

一、染整工序

染整工序主要指对纤维、纱线、织物等纺织品进行的、以化学处理为主的工艺过程，包括预处理、染色、印花和整理，其目的是给予被染整物以必要的服用性能和价值，赋予其丰富的装饰效果或各种特殊功能。

织物的预处理指对织物进行的烧毛、退浆、煮炼、漂白、增白、丝光和预定形等工艺过程的

总称，其目的是去除织物上的天然杂质以及纺织过程中所附加的浆料、助剂和沾污物，使后续的染色、印花、整理加工得以顺利进行。经过预处理的织物具有较好的白度、光泽以及润湿性和尺寸稳定性。

按使用设备和着染方式，染色的方法主要分浸染和轧染两种。浸染是将织物反复浸渍在染液中，使其和染液不断相互接触，经过一定时间后，使织物染上染液颜色的染色方法，此种方法适用于小批量织物的染色。轧染是先将织物浸渍染液，然后通过轧辊的压力，把染液均匀地轧入织物内部，再经过蒸汽固色等处理的染色方法，此种方法适用于大批量织物的染色。

织物印花的方法按印花工艺可分为直接印花、防染印花和拔染印花，按印花设备可分为滚筒印花、筛网印花、转移印花和数码喷射印花等。

整理是指预处理、染色、印花以外的染整加工过程。它是通过物理、化学或物理与化学联合的方法，采用一定的机械设备，改善织物的手感和外观，提高其服用性能，或赋予其某种特殊功能的加工过程。织物的整理方法分为物理−机械整理，化学整理以及物理、化学和机械联合整理三类。棉织物的整理包括：① 拉幅；② 轧光、电光及轧纹；③ 硬挺；④ 柔软；⑤ 机械预缩；⑥ 树脂加工。毛织物的整理分湿整理和干整理。湿整理过程包括：① 洗呢；② 煮呢；③ 缩呢；④ 烘呢拉幅。干整理过程包括：① 起毛；② 剪毛；③ 刷毛；④ 蒸呢；⑤ 轧光；⑥ 防毡缩。

近年来，在传统整理方法中还融入了高能物理技术、生物酶技术以及纳米技术等高新技术，其不仅使织物的服用性能更佳，同时由于其低消耗、高质量且能够带来一些特殊的整理效果等特性，其经济价值也十分可观。

二、服装用纤维制品的生产系统

服装材料中，用量最大的是纤维制品。从纤维原料开始到制成纤维制品需要经过许许多多的工序。短纤维原料必须经过纺纱和织布才能制成机织物、针织物、花边、绳子等纤维制品；长纤维原料则可直接织成制品。如果制品为絮类、毡类或非织造布，则短纤维无须纺纱，也可直接生产成平面制品。

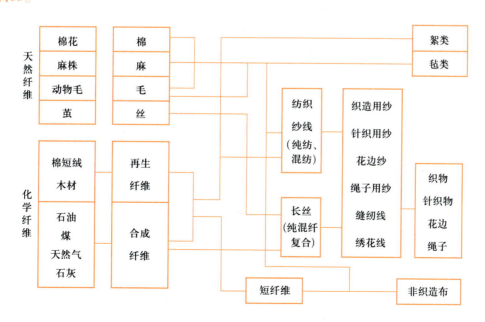

四、服装材料的发展简史

在人类发展的历史长河里，纺织生产几乎是与农业生产同时开始的。纺织生产的出现，标志着人类脱离了仅用草兽皮遮羞保暖的原始时代，进入了文明社会。

我国是世界上最早生产纺织品的国家之一。原始社会最早出现的服装材料是树叶和兽皮，由于树叶易损，且兽皮不易获取，人们开始收集野生的葛、麻、蚕丝等，并利用猎获的鸟兽羽毛，编织成粗陋的衣服，取代赖以蔽体的草叶和兽皮。原始社会后期，随着农牧业的发展，人工饲养和种植的动植物规模不断扩大，产量稳步提高，纺织工具也从简单发展到复杂，纺织材料的品种逐渐增多。

随着人类对大自然探索的不断进展，对生存环境的逐步了解，人们渐渐可以从自然界中提取更多的材料用于制作服装，此后人们先后发现了棉、毛、丝、麻四大天然纤维。

随着社会的发展，在人类与自然的磨合中，纺织生产技术和产品品质不断得到提高和发展。

商周时期应用苎麻纺织已很广泛，《诗经》中就有"东门之池，可以沤麻""是刈是濩，为絺为绤"等的记载。从殷墟出土的铜觯和铜钺上的菱纹及回纹丝织物残痕可知，商代已有提花技术（图0-1）。到春秋战国时代，经线起花织锦技术已普遍流行。从战国楚墓中出土的文物中出现了花纹比较复杂的对龙对凤纹锦（图0-2）。

公元前8 000年，埃及出现了麻织物；公元前5 000年，印度开始使用棉织物；公元前5 000年，我国出现了丝绸制品，为丝绸的发源地，大约在公元前202年，我国的"制丝"技术已日趋成熟，丝绸制品不仅盛行于当时的中国，还远销东南亚和欧洲，开创了举世闻名的"丝绸之路"。

在距今2 100多年的马王堆一号墓中发现了最早的绒圈锦织物（我国漳绒和天鹅绒的前身），这种织物是用提花机控制上万根经纱织成的。此外，墓中还发现一件质量仅49克的素纱单衣，单位面积质量约10克，其为存进年代最早，保存最完整，制作工艺最精、最轻薄的一种衣服。这些都说明我国的织造技术很早就达到了较高的水平（图0-3、图0-4）。

在织造工具方面，商代已普遍使用踞织机（操作者坐在地上或竹榻上织造）。春秋战国时代出现了脚踏织机。西汉时织造工具有很大改进，西汉昭帝、宣帝时的织绫艺人、陈宝光之妻（佚名）改进了提花方法，提高了织绸质量，节省了工时。魏文帝黄初年间（公元220—226年）马钧将花楼提花机进一步简化为十二综、十二蹑，为丝绸织造技术做出了贡献（图0-5）。

到了唐宋时代，不但创造了色彩华丽、质地坚韧的丝绒，而且缎纹质地的锦也达到了相当高的水平。宋末元初，黄道婆（图0-6）为棉纺织技术的改进和推广做出了极大的贡献，使松江地区成为当时最大的棉纺织中心。北京定陵出土的文物表明，明神宗时期的衣料织制精巧，图案繁多，其中以织锦和双面绒尤为精致。

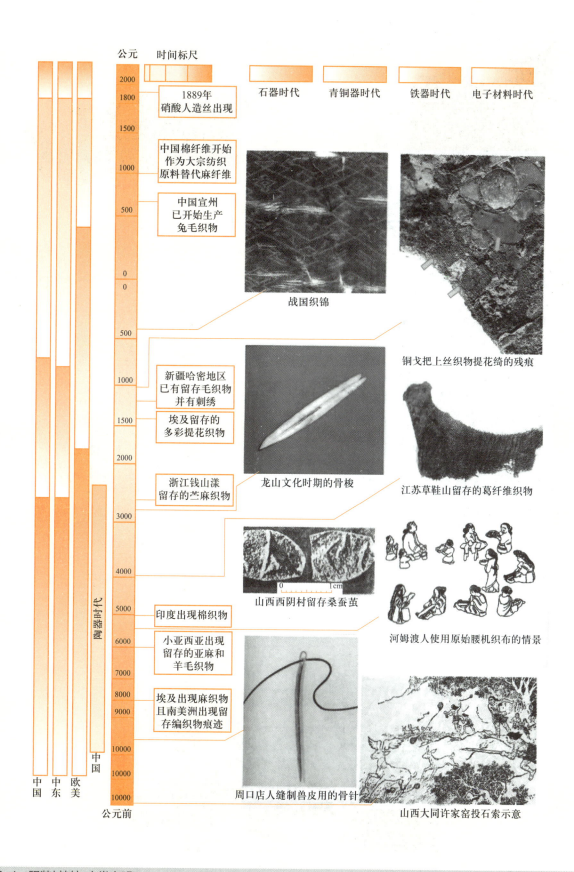

图0-1　服装材料与人类文明

图0-2　战国龙对凤纹锦

图0-3　汉几何纹绒圈锦

图0-4　汉直裾素纱禅衣

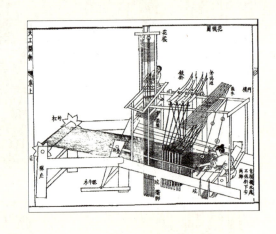

图0-5　《天工开物》中描绘的花楼提花机

图0-6　黄道婆

服装材料的发展经历了非常缓慢的历史进程，直到19世纪中下叶，工业革命才使服装及其材料得到迅速的发展。人们在继续使用自然界本身所具有的各种材料的同时，又不断生产出许多人工制造的材料。化学纤维（简称化纤）的发展是从英国1905年正式投产第一家黏胶纤维厂开始的，其1925年成功生产出黏胶纤维。而合成纤维诞生的标志为美国杜邦公司在1938年制造出锦纶纤维；1950年，腈纶纤维在美国宣布生产成功；1953年，涤纶纤维开始工业化生产；1956年，弹力纤维研制成功；20世纪60年代初，各种化学纤维被广泛应用；20世纪70年代，合成纤维成为时髦的产品，深受人们的青睐。

仅短短的几十年，化学纤维从无到有，并与天然纤维在消费领域平分秋色，改变了千百年来传统纺织服装原料的结构格局。

20世纪60年代，人们已认识到天然纤维和化学纤维的不足之处，开始研究解决的办法。20世纪70年代末，日本首先开发出线密度为0.3~1.1 dtex的新型合成纤维，其织物具有手感柔软、轻盈飘逸、悬垂性好、透气吸湿、穿着舒适等特点，从而改变了人们对化纤织物服用性差的看法，新型合成纤维的发展开始受到各国的重视。20世纪80年代末，英国考陶尔兹（Courtaulds）公司推出了工业化生产的新纤维——Tencel，并于1992年在美国亚拉巴马州正式建立了第一条工业化生产线。

随着科学技术的不断进步，服装材料的发展也日新月异，新品种不断得以开发，新功能不断得以实现。因此，服装材料具有广阔的发展前景，其发展趋势具有以下特点：

（1）衣着服装材料向天然纤维化纤化、化学纤维天然化的方向改进。天然纤维化纤化可通过改变组分、改进物理或化学的性能以及采用新材料来实现，如全棉能抗皱、羊毛能机洗、真丝不褪色、亚麻手感柔软。化学纤维天然化则需进行改性，使服用性得以改善，同时进行仿生化研究，使织物具有仿棉、仿毛、仿丝、仿麻、仿麂皮、仿兽皮等效果。

（2）服装材料向高科技化、多功能化发展。通过采用物理、化学或生物的新工艺、新方法，使服装材料具有防水、隔热、保暖、吸汗、透气、阻燃、防蛀、防霉、防臭、防污、抗静电等特殊功能，以满足人们的特殊需要。

（3）服装材料向高档、轻薄化发展。通过在原料选用、织物结构、色彩流行等方面的不断改进，可得到更加高档、轻薄型的织物，如各种仿丝绸织物，以增强服装及其织物的外观风格和服用性能。

（4）服装材料向舒适化、方便化发展。如针织服装因能保持色彩鲜艳和良好的弹性，穿着舒适、柔软而得到青睐。

（5）服装材料向环保、安全、健康的方面发展。

（6）服装材料由以衣着用领域为主转向衣着用、装饰用和产业用的三大领域"鼎立"的局面。

（7）非织造织物的广泛应用，实现了从纤维到织物的重大突破。

复习与思考题

1. 简述服装的概念、功能及构成。
2. 简述服装材料、服装面料、服装辅料的概念及它们之间的关系。
3. 简述服装材料的发展趋势。

实训题

找几件衣服，指出其各使用了什么面料，什么辅料。

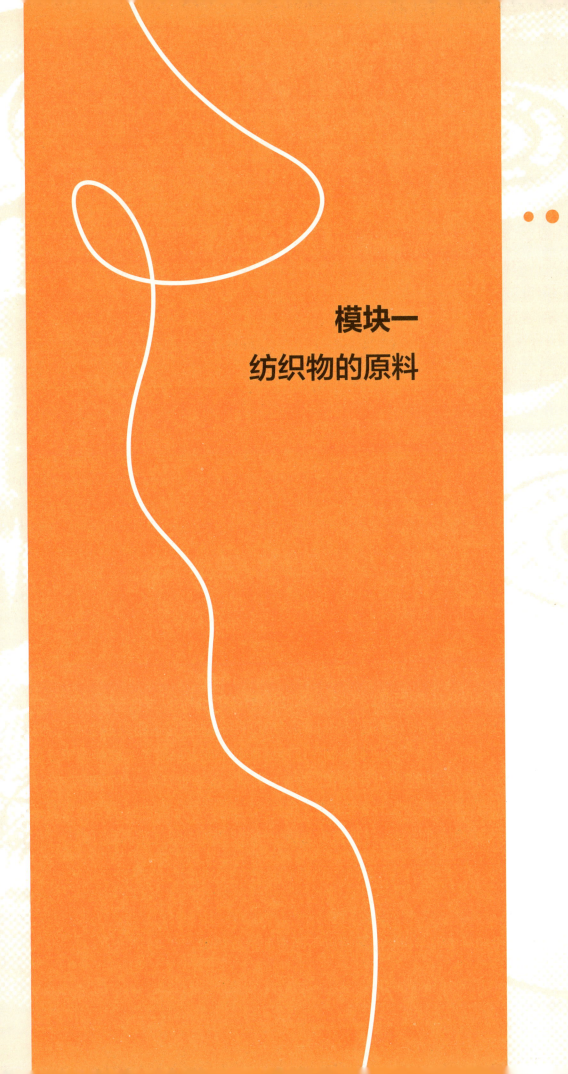

模块一
纺织物的原料

学习目标

1. 掌握纺织纤维的概念。
2. 掌握纺织纤维的种类。
3. 掌握纺织纤维的命名原则。
4. 掌握主要纺织纤维的化学组成、形态结构、主要品种及用途。
5. 掌握纱线的概念。
6. 掌握捻度、捻向的概念，能识别纱线的捻向。
7. 了解纱线捻度、捻向对纱线外观、手感的影响。
8. 掌握纱线线密度指标的概念、用途。
9. 掌握纱线的分类。
10. 能识别主要纺织纤维的种类。
11. 能识别纱线的种类。

　　纺织纤维是织造纺织物最基本的原料。纺织纤维的性能对纺织物乃至服装性能的影响是非常大的，掌握了纺织纤维的基本性能，就掌握了纺织物的根本特性，这无论是对服装的设计、制作和营销，还是对服装的使用和保管，都具有重要的意义。

单元一　纺织纤维

一、纺织纤维的概念

　　纤维是直径只有几微米到几十微米，长度是直径的千百倍以上且具有一定柔韧性和强度的纤细物质，但不是所有的纤维都是纺织纤维。纺织纤维要经过多道纺织工序才能制成纺织制品，再经过裁剪、缝制、熨烫等多道服装制作工序才能制成服装。服装需要能够承受拉伸、摩擦、扭曲等多种外力作用，满足保温、吸湿、透气、舒适、美观且具有一定的化学稳定性等各方面的要求，因此，只有长度达数十毫米以上，具有一定强度、可挠曲性、抱合性及其他服用性能，而且可以生产纺织制品的纤维，才能被称为纺织纤维。纺织纤维通常简称纤维（图1-1）。

二、纺织纤维的种类

　　纺织纤维的种类很多，一般可按以下两方面进行分类。

（一）按纺织纤维的来源及基本组成分类

1. 天然纤维

天然纤维指在自然界中获得的、可以直接用于纺织加工的纤维，又分为植物纤维、动物纤维和矿物纤维三大类。

植物纤维是通过人工培植植物或从野生植物中而获得的纤维，它的主要组成物质是纤维素，因此又可被称为天然纤维素纤维。根据纤维在植物上生长部位的不同，可分为种子纤维、韧皮纤维、叶纤维和果实纤维。从植物的种子中获得的纤维称种子纤维，如棉花、木棉；从植物的茎秆韧皮中获得的纤维称韧皮纤维，如苎麻、亚麻、黄麻、大麻、罗布麻；从植物的叶子中获得的纤维称叶纤维，如剑麻、蕉麻；从植物的果实中获得的纤维称果实纤维，如椰子纤维。

动物纤维是从昆虫的腺分泌物或动物的毛发中获得的纤维，它的主要组成物质是蛋白质，因此又可被称为天然蛋白质纤维，包括丝纤维和毛纤维。丝纤维是从昆虫的腺分泌物中获得的纤维，如桑蚕丝、柞蚕丝、蓖麻蚕丝、木薯蚕丝。毛纤维是从动物的毛发中获得的纤维，如绵羊毛、山羊绒（开司米）、马海毛（安哥拉山羊毛）、兔毛、骆驼毛、羊驼毛。

矿物纤维是从矿物中提取的纤维，主要组成物质是无机纤维，因此，又被称为天然无机纤维，如石棉。

2. 化学纤维

化学纤维指以天然的纤维素或合成的聚合物为原料，经化学处理和机械加工制得的纤维的总称。根据原料来源和加工处理方法的不同，化学纤维可分为人造纤维和合成纤维两大类。

人造纤维又称再生纤维，是由天然聚合物或失去纺织加工价值的纤维原料制成的纤维，其化学组成与天然纤维基本相同，分人造纤维素纤维和人造蛋白质纤维两大类。人造纤维素纤维又称再生纤维素纤维，是利用自然界中存在的棉短绒、木材、甘蔗渣等含有纤维素的物质制成的纤维，如黏胶纤维（包括普通黏胶纤维、富强纤维、强力黏胶纤维、高湿模量黏胶

图1-1　纺织纤维

纤维等）、铜氨纤维、醋酯纤维。人造蛋白质纤维又称再生蛋白质纤维，是利用天然蛋白质产品为原料，经过加工制成的纤维，如酪素纤维、大豆纤维、花生纤维。

　　合成纤维指由天然低分子化合物经人工合成有机聚合物后得到的纤维，包括涤纶（聚酯纤维）、锦纶（聚酰胺纤维）、腈纶（聚丙烯腈纤维）、维纶（聚乙烯醇缩甲醛纤维）、丙纶（聚丙烯纤维）、氯纶（聚氯乙烯纤维）、氨纶（聚氨酯弹性纤维）等。

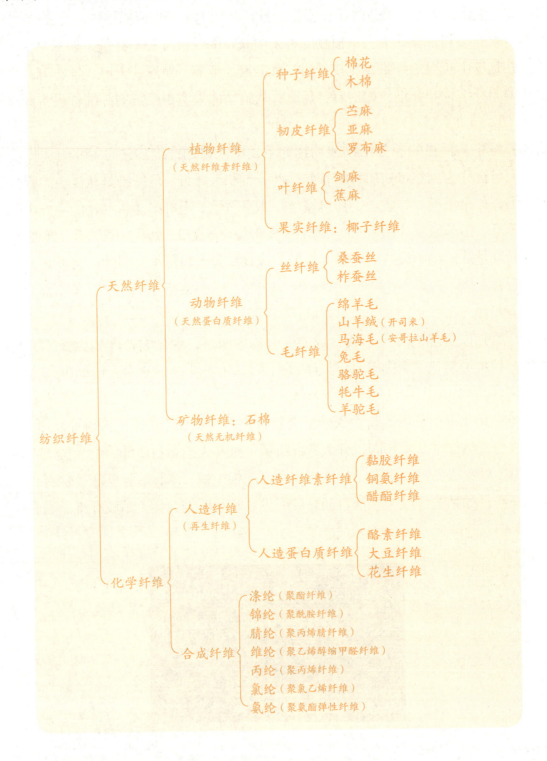

（二）按纤维的形态特征分类

1. 长丝

长丝是由天然纤维中的丝纤维，以及化学纤维加工制得，且不经过切断工序的连续丝条。长丝又可分为单丝、复丝和变形丝三种。

单丝指只有一根纤维的长丝，用于加工细薄的织物，如透明袜、纱巾，具有透明度高的特点。复丝指由多根单丝组成的长丝，一般用于织造的长丝多为复丝。复丝的透明度不如单丝，但强度和弹性比单丝高。变形丝也称变形纱、弹力丝，指具有（或潜在具有）卷曲、螺旋、环纱等外观特征且呈现蓬松性、伸缩性的单丝或复丝，包括膨体纱和弹力丝。膨体纱以蓬松性为主，弹力丝则以弹性为主。弹力丝根据弹性的大小又可分为高弹丝和低弹丝两种。由变形丝制成的织物改善了合成纤维的服用性能和外观质量，可直接用于织造仿棉、仿毛和仿丝等不同特性的织物。常见的变形丝有：高弹锦纶弹力丝、低弹涤纶变形丝和丙纶弹力丝等。

2. 短纤维

短纤维包括天然纤维中的棉、麻、毛纤维，以及化学纤维成形后再切成一定长度所得的纤维。化学纤维的短纤维也被称为"切断纤维"，主要用于仿天然纤维或与天然纤维混纺。化学短纤维可分为棉型纤维、毛型纤维和中长型纤维三种。棉型纤维指纤维的长短、粗细与棉纤维相近似的化学纤维，纤维长度一般在30~40 mm，常与棉混纺。毛型纤维指纤维的长短、粗细与毛纤维相近似的化学纤维，纤维长度一般在70~150 mm，常与毛混纺。中长型纤维是指长短、粗细介于棉纤维和毛纤维之间的化学纤维，长度一般在51~76 mm。中长型纤维可以几种混纺，也可单独纺织，织物的风格接近全毛织品，市场上以涤、黏中长纤维混纺为多。

3. 复合纤维

复合纤维指将两种或两种以上的聚合物或性能不同的同种聚合物通过一个喷丝孔纺成的纤维。

4. 异形纤维

用非圆形喷丝板加工的非圆形截面的纤维被称为异形纤维，如三角形纤维、三叶形纤维，也有中间为空的异形纤维，如三角中空纤维。用圆形喷丝板加工的圆形截面纤维经过异形化处理亦可得到异形纤维。

5. 粗特纤维、细特纤维和超细纤维

（1）粗特纤维：单丝细度在0.11 tex以上的纤维。此类纤维可以织造低档织物或地毯等。

（2）细特纤维：单丝细度在0.044~0.11 tex之间的纤维。细特纤维纺成的长丝被称为高复丝，此类纤维大多用于织造仿丝绸织物。

（3）超细纤维：单丝细度小于0.044 tex的纤维。超细纤维纺成的长丝被称为超复丝，此类纤维可以用于制造人造麂皮。

三、纺织纤维的命名

1. 天然纤维

（1）棉：棉纤维简称为棉。

（2）麻：亚麻、苎麻等纤维简称为麻。

（3）毛：羊毛等纤维简称为毛。

（4）真丝：桑蚕丝简称为真丝。

（5）柞丝：柞蚕丝简称为柞丝。

2. 化学纤维

（1）纤：人造纤维的短纤维，一般在简称后面加"纤"字，如黏胶纤维简称为"黏纤"，醋酯纤维简称为"醋纤"。

（2）纶：合成纤维的短纤维简称为"纶"，如聚酯短纤维简称为"涤纶"，聚酰胺短纤维简称为"锦纶"。

（3）丝：化学纤维中的人造纤维和合成纤维的长纤维，可简称为"丝"。如黏胶长纤维被称为"黏胶丝"或"黏丝"，涤纶长纤维被称为"涤纶丝"或"涤丝"，锦纶长纤维称为"锦纶丝"或"锦丝"。

（4）中长：由中长型纤维纺织的面料，在命名时要加注"中长"二字，如含涤50%、腈50%的中长花呢可被称为涤腈中长花呢。

纺织纤维的命名见表1-1。

表1-1　纺织纤维的命名

学术名称	短纤维	长丝	市场（国家）沿用名称
棉纤维	棉		
麻纤维	麻		
毛纤维	毛		
桑蚕丝		桑蚕丝或真丝	
柞蚕丝		柞蚕丝或柞丝	
黏胶纤维	黏纤	黏胶丝或黏丝	黏胶、人造棉、人造毛、人造丝
富强纤维	富纤	富强丝	富纤丝、虎木棉
醋酯纤维	醋纤	醋酸丝	醋酯、醋酸纤维
铜氨纤维	铜氨纤	铜氨丝	铜氨
聚酯纤维	涤纶	涤纶丝	的确良、达可纶（美国）、特丽纶（英国）、帝特纶、特丽贝尔（德国）等
聚酰胺纤维	锦纶	锦纶丝	尼龙（美国）、尼龙6、尼龙66、卡普隆、耐纶（日本）等

学术名称	短纤维	长丝	市场（国家）沿用名称
聚丙烯腈纤维	腈纶	腈纶丝	奥纶（美国）、开司米纶（日本）、东丽纶（日本）、阿克利纶、爱克斯纶、合成羊毛等
聚乙烯醇缩甲醛纤维	维纶	维纶丝	维尼纶、妙纶、维纳纶、合成棉花等
聚丙烯纤维	丙纶	丙纶丝	帕特纶、赫克纶、梅拉克纶（意大利）等
聚氯乙烯纤维	氯纶	氯纶丝	天美纶、滇纶、帝维纶、罗维尔等
聚氨酯弹性纤维	氨纶	氨纶丝	莱卡（莱克拉、斯潘特克斯，美国）、弹力纤维、乌利纶等

四、主要纺织纤维简介

（一）棉纤维

棉纤维是附着在棉籽上的种毛，简称"棉"，除去棉籽的棉纤维被称为皮棉或原棉。在纺织业历史中，棉纤维由野生纤维逐渐发展成为人工种植的纤维。古印度人从公元前5 000年开始使用棉花。我国是世界上种植棉花历史最悠久的国家之一。公元前1世纪时我国的海南岛人开始用木棉织布，从明朝起中原地区大面积种植棉花。

1. 化学组成

棉纤维的主要组成物质是纤维素，约占94%。除纤维素外，棉纤维中还含有果胶、棉蜡、脂肪和一些水溶性物质。

2. 形态结构

棉纤维为一端封闭的管状细胞，中部较粗，两端较细。纤维横截面呈腰圆形，中间有中腔，中腔的大小表示棉纤维品质的好坏，中腔小，说明棉纤维较成熟，品质较好；纤维纵向呈扁平扭曲的带状，如图1-2所示。

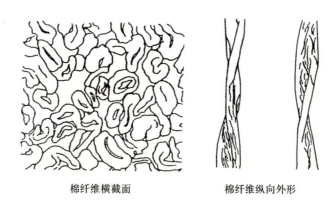

棉纤维横截面　　　　　棉纤维纵向外形

图1-2　棉纤维的形态结构

3. 主要品种

根据纤维的粗细、长短和强度，原棉一般可分为三类：

（1）长绒棉：原产于南美洲，后来传入北美洲东南沿海岛屿，因此又称海岛棉。新疆是我国唯一的长绒棉产区，也是世界长绒棉主要产区之一，其生产的长绒棉是棉花中的精品。长绒棉是一种细长、富有光泽、强力较高的棉纤维，其长度范围一般为33～64 mm，最长可达70 mm，细度为0.12～0.14 tex。长绒棉品质好，可纺性强，手感柔软，舒适细致，悬垂性极佳，产量极少，是制作夏季服装的最佳面料。

（2）细绒棉：细绒棉又称陆地棉或高原棉，原产于墨西哥，传入美国后又传到其他产棉国家，是一种用途很广的天然纺织纤维。细绒棉在世界上种植很广，产量很高，占世界棉花总产量的85%以上。我国种植的棉花98%都是细绒棉，其长度范围一般在23～33 mm，细度为0.15～0.2 tex。细绒棉品质优良，是棉布的主要原料。

（3）粗绒棉：粗绒棉又称亚洲棉，原产于印度，在我国种植有两千年历史。粗绒棉长度一般在15～24 mm，可纺性较差，产量低，多纺成粗平布。

4. 应用

棉纤维广泛用作内衣、外衣、袜子和装饰用布等。

（二）麻纤维

麻纤维是从各种麻类植物中获得的纤维，包括韧皮纤维和叶纤维。麻纤维是人类最早用来做衣服的纺织原料，公元前8 000多年由埃及最早开始使用，我国是在距今4 700多年前开始使用苎麻织布做衣服的。麻类资源现占我国纺织原料的7%。

麻纤维的种类很多，苎麻、亚麻、大麻、罗布麻纤维相对比较柔软，被称为软质麻，其经济价值较大，适宜纺织加工。其中，苎麻和亚麻品质较优，是纺织用的主要原料，可用于制作套装、衬衫、连衣裙等，同时也适用于制作桌布、餐巾及抽绣工艺品等。剑麻、蕉麻等较粗硬，被称为硬质麻，这类麻不适宜做服装，但其韧性大，适宜制作麻袋、绳索等。

1. 苎麻

苎麻起源于中国，被称为"中国草"，我国产量最高。苎麻是麻纤维中品质最好的纤维，色白且具有真丝般的光泽。

（1）化学组成：主要组成物质是纤维素，并含有较多的半纤维素和木质素。

（2）形态结构：苎麻纤维两端封闭，中部粗、两头细，内有中腔，呈长带状。纤维的长度一般在60～250 mm，最长达550 mm，平均宽度30～40 μm。纤维纵向无转曲，表面有横节及竖纹；纤维的横截面呈椭圆形或扁圆形，截面上呈现大小不等的裂纹，如图1-3所示。

2. 亚麻

优质的亚麻为淡黄色，光泽较好。亚麻手感比棉纤维粗硬，但比苎麻纤维柔软。

（1）化学组成：主要组成物质是纤维素，并含有较多的半纤维素和木质素。

（2）形态结构：亚麻纤维形态细长，并且具有中腔，两端封闭呈尖状，表面有裂节。横截面为五角形或六角形，如图1-4所示。

（三）羊毛纤维

天然毛纤维包括绵羊毛、山羊绒（开司米）、兔毛、骆驼毛、牦牛毛、驼羊毛等。服装面料中用得最多的是绵羊毛，其次是山羊绒。羊毛狭义上专指绵羊毛。

世界上主要的羊毛出产国有澳大利亚、中国、新西兰、阿根廷、乌拉圭等，其中最大的羊毛生产国和出口国是澳大利亚，世界上最大的羊毛制品加工国和羊毛进口国是中国。中国人均羊毛年消费量是0.34 kg。我国羊毛的主要产地在新疆、内蒙古、青海、西藏及东北地区。

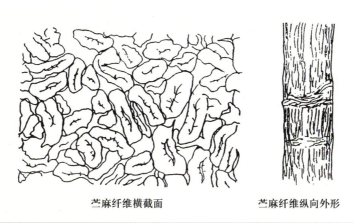

苎麻纤维横截面　　　　　苎麻纤维纵向外形

图1-3　苎麻纤维的形态结构

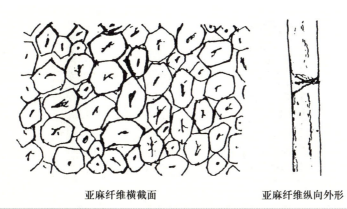

亚麻纤维横截面　　　　　亚麻纤维纵向外形

图1-4　亚麻纤维的形态结构

1. 化学组成

羊毛纤维的主要化学组成是蛋白质。

2. 形态结构

羊毛的天然色泽为奶油色至棕色，偶尔也有黑色。羊毛纤维质轻，在显微镜下观察可以明显地看出它主要由三层不同的结构组成，如图1-5所示。

羊毛纤维的纵向为鳞片包覆的圆柱形，并带有天然卷曲，截面为圆形或椭圆形，由外向内可分为鳞片层、皮质层和髓质层。

（1）鳞片层：羊毛纤维的最外层是由许多扁平、透明、角质化的细胞组成的，它们像鱼鳞一样覆盖在纤维的表面，包覆在毛干的外部。根部附着于毛干，梢部伸出毛干表面并且指向毛尖，且不同程度凸出于纤维表面向外张开，形成一个陡面阶梯结构。鳞片覆盖形态随毛纤维种类的不同而不同，共分为环状覆盖、瓦状覆盖和龟裂状覆盖三种。鳞片层的主要作用是防止羊毛受到外界条件的影响而引起性质变化。鳞片层排列的疏密和附着程度，对羊毛的光泽和表面性质有很大的影响。粗羊毛上鳞片较稀，通常紧贴于毛干上，使纤维表面光滑，光泽强。细羊毛上鳞片紧密，反光小，光泽柔和近似银光。此外，鳞片层的存在，使羊毛具有毡化的特性。

（2）皮质层：皮质层在鳞片层内侧，是羊毛纤维的主要组成部分，也是决定羊毛纤维物理、化学性质的基本物质。皮质层和鳞片层的细胞紧密连接在一起。羊毛细胞与细胞之间虽然排列紧密，但大分子之间的空隙比其他纤维多，因而储藏的不流动空气多，保暖性好。

（3）髓质层：髓质层位于羊毛纤维的最里层，是由结构松散和充满空气的角蛋白细胞组成，细胞间联系较少，它的存在往往影响羊毛的柔软性及强度。一般髓质层越多，羊毛越硬，强度越差，卷曲也越少，脆而易断，不宜染色。并不是所有的羊毛都有髓质层，品质好的细羊毛就没有髓质层。

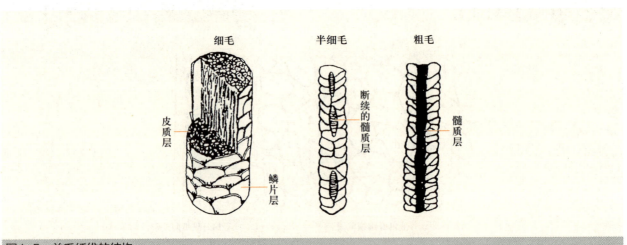

图1-5 羊毛纤维的结构

羊毛在羊的皮肤上是不均匀成簇生成的，在一簇羊毛中，由一根较粗的异向毛和周围几根到几十根细的簇生毛形成一个毛丛。毛丛的形态和质量是反映羊毛品质好坏的重要标志。

3. 分类

（1）按毛被上的纤维类型分类

① 同质毛：同质毛的各毛丛由同一类纤维组成，纤维程度、线密度基本一致，按其线密度可分成各种支数毛。同质毛品质优良，新疆细羊毛及各国的美利奴羊毛多属同质毛。

② 异质毛：异质毛的各毛丛由两种及两种以上类型的毛纤维组成。异质毛按粗腔毛含量可分成各种级数毛，其质量不及同质毛。

（2）按羊毛的粗细分类

① 细羊毛：没有髓质层，纤维很细、很软，用于纺制高档毛织物。

② 半细羊毛：是品质支数为36~58支、毛纤维的平均直径在25.1~55 μm之间的同质毛。髓质层断断续续，纤维细度和柔软度比细羊毛略差，用于纺制中档毛织物。

③ 粗羊毛：纺纱性能差，属异质毛。整个纤维的中间有一圈纵向的髓质层，纤维较粗硬，适合纺制中、低档毛织物。

4. 主要品种

（1）绵羊毛：绵羊毛分国产绵羊毛和进口绵羊毛，如图1-6所示。国产绵羊毛的种类很多，按羊毛的粗细可分为细毛、半细毛、粗毛和长毛四个类型。按羊种品系分，有改良毛和土种毛两大类。在改良毛中，有改良细毛和半细毛之分；在土种毛中，有蒙古种、西藏种及哈隆克种之分。改良细毛中，最好品系的细毛羊是美利奴羊。进口绵羊毛的种类也很多，通常以羊毛的细度和长度将羊毛分为细毛、半细毛、粗毛、长毛四个类型。澳大利亚、新西兰、阿根廷、乌拉圭和南非是羊毛的主要输出地，这些国家的羊毛产量占世界总产量的60%，其中澳大利亚是世界上羊毛产量最高的国家。

图1-6　绵羊毛

（2）山羊毛：山羊生长在高寒的草原上，例如我国的内蒙古、新疆、青海、辽宁等地。为了适应剧烈的气候变化，山羊身上的毛外层为粗长的毛被，以防风雪；内层为细软的绒毛，以保持体温。细软的绒毛即山羊绒。

粗毛纤维由鳞片层、皮质层和髓质层三部分组成。山羊粗毛多用来制作刷子、毛笔，也可用来制作低级粗纺产品，即制毡原料及服装衬料。绒毛纤维由鳞片层和皮质层组成，没有髓质层。山羊绒的强度、弹性变化比绵羊绒好，具有"轻、薄、软、滑"的特点，是珍贵的纺织纤维，被称为"纤维之冠"和"软黄金"，其中以开司米山羊所产的绒毛质量最好（图1-7）。山羊绒一般用于织造羊绒衫，粗纺可做高级服装面料如大衣呢，也可做精纺高级服装原料。

我国是世界上的羊绒生产大国，羊绒产量占世界总产量的1/2以上，其中又以内蒙古的羊绒为上品。生产羊绒的主要国家有中国、伊朗、蒙古和阿富汗。

（3）马海毛：马海毛原产于土耳其的安哥拉，又称安哥拉山羊毛，如图1-8所示。南非、土耳其和美国为马海毛的三大产地，我国宁夏也有少量生产。

马海毛纤维的形态与羊毛纤维相似，鳞片平阔，紧贴毛干，很少重叠，使纤维表面光滑，光泽好。马海毛强度高，具有良好的弹性，不易收缩和毡缩，容易洗涤。

马海毛具有丝一样的光泽、柔软舒适的手感、高贵典雅的风格，是制作提花毛毯、顺毛大衣呢等具有较好光泽织物的理想原料。马海毛常与羊毛等纤维混纺用于制作大衣、羊毛衫、围巾、帽子等高档服饰。

（4）兔毛：兔毛指长毛兔所产的兔毛，如图1-9所示。安哥拉兔是最著名的长毛兔，1926年安哥拉兔传入我国。我国兔毛的主要产地是浙江、山东、安徽、江苏、河南等省。我国的兔毛产量占世界兔毛总产量的90%。兔毛由绒毛和粗毛两种纤维组成，兔毛的绒毛和粗毛都有髓质层，绒毛的毛髓呈单列断续状或窄块状，粗毛的毛髓层较宽，呈多列块状。绒毛

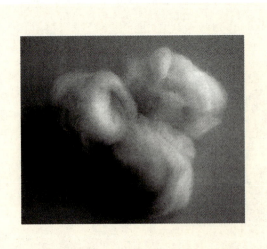

图1-7　羊绒

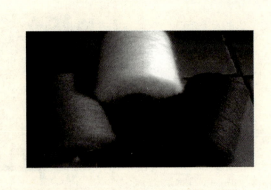

图1-8　马海毛

呈平波形卷曲，纤维细而蓬松。兔毛具有轻、软、暖、吸湿性好的特点，但兔毛纤维抱合力差，强度较低，所以单独纺纱有一定的困难，多和羊毛或其他纤维混纺织成针织物，也可用来织造大衣呢和女士呢。

（5）骆驼绒：骆驼有双峰骆驼和单峰骆驼两种，双峰骆驼的驼绒品质较好，单峰骆驼的驼绒质量较差，如图1-10所示。

我国骆驼绒多产于内蒙古、新疆、甘肃、青海、宁夏等地，是世界上骆驼绒最大的产地之一。我国骆驼绒的质量以宁夏回族自治区出产的较好。

骆驼绒的色泽有乳白、浅黄、黄褐、棕褐色等，品质优良的骆驼绒多为浅色。骆驼的被毛中含有粗毛和细毛两类纤维。粗毛纤维构成外层保护被毛，通称骆驼毛；细毛纤维构成内层保暖骆驼身体，通称骆驼绒。骆驼毛主要由鳞片层和皮质层组成，有的纤维还有髓质层。骆驼绒的鳞片紧贴毛干，鳞片数量少于羊毛和山羊绒，其缩绒性能较差。骆驼绒可以用于织造驼绒衫、驼绒大衣呢、驼绒毛毡等，也可做冬季服装的填充物。

（6）牦牛毛：牦牛又称马尾牛，生长在海拔2 100～6 000 m的高寒地区，因其耐寒、耐疲劳，故被称为"高原之舟"。我国西藏、青海、四川、甘肃等地大量饲养牦牛，牦牛毛的产量占世界总产量的85%以上。牦牛的被毛由粗毛和细毛组成，即牦牛毛和牦牛绒。牦牛毛可做衬垫、帐篷及毛毡等，其中，用粗毛制作的黑炭衬是高级服装的辅料。牦牛绒很细，鳞片呈环状，鳞片边缘整齐且紧贴毛干，光泽柔和。牦牛绒柔和、细腻，可与羊毛、化纤、绢丝等混纺用作精纺呢绒的原料。牦牛绒是雪域之宝，异常珍贵，却鲜为人知，每年春季由牧人手工轻轻梳下。最好的牛绒产自两岁的小牛，每头牦牛平均每年只能生产100 g牛绒。长久以来，牦牛绒并不为外界所熟知，它纤细、柔软，保暖又透气。较之人们更熟悉与青睐的羊绒，有一组数据更能显示出牦牛绒的特别之处：牦牛绒与羊绒的保暖度相差无几，但牦牛绒的透气性要比羊绒高120%，比羊毛高16%。在爱马仕（Hermes）、路易威登

图1-9　兔毛

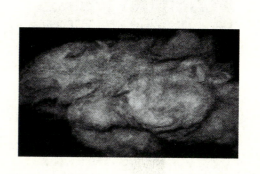

图1-10　骆驼绒

（Louis Vuitton）、浪凡（Lanvin）、巴尔曼（Balmain）的欧洲门店中，都出现了牦牛绒织品。不同于其他需要残害动物才能获取的珍贵原料，牦牛绒的绒毛来源并不伤害牦牛，每当春夏脱毛季，牦牛绒都会自然脱落。牧民梳下牦牛绒后，新的绒毛在冬天来临之前又会长出来，保护着牦牛能够度过又一个寒冬。

（7）羊驼毛：羊驼毛来自一种叫"羊驼"（亦称"阿尔巴卡"）的动物，如图1-11所示，这种动物主要生长于秘鲁的安第斯山脉。安第斯山脉海拔4 500 m，昼夜温差极大，夜间温度在−20～−18 ℃，而白天温度在15～18 ℃。此地阳光辐射强烈、大气稀薄、寒风凛冽，在这样恶劣的环境下生活的羊驼，其毛发不仅能够保湿，还能抵御极端的温度变化以及有效地抵御日光辐射。羊驼毛纤维含有髓腔，因此它的保暖性能优于羊毛、羊绒和马海毛。羊驼毛具有17种天然色泽，从白到黑以及一系列不同深浅的棕色、灰色，是特种动物中天然色泽最丰富的纤维，多用于冬季服装面料及衣服里料等的织造。

（四）丝纤维

丝纤维是天然纤维中唯一的长纤维，一般长度可在800～1 100 m之间。丝纤维光滑柔软，富有光泽，被誉为"纤维皇后"，是绸缎的主要原料。蚕丝纤维是由蚕吐丝而得到的天然蛋白质纤维。蚕分家蚕和野蚕两大类。家蚕即桑蚕，结的茧是生丝的原料，主要产地在江苏、浙江、安徽等地。野蚕有柞蚕、蓖麻蚕等，其中柞蚕结的茧可以缫丝，其他野蚕结的茧不易缫丝，仅可做绢纺的原料，柞蚕的主要产地在东北地区。

1. 化学组成

丝纤维的主要组成物质是蛋白质，其他还有蜡类、糖类、色素及无机物等。

2. 茧的结构

茧由外向里可分为三层：茧衣、茧层和蛹衬，如图1-12所示。

（1）茧衣：茧衣是茧的最外层，是蚕最初吐的丝，这种丝含胶量过多，组织松软，茧丝

图1-11　羊驼

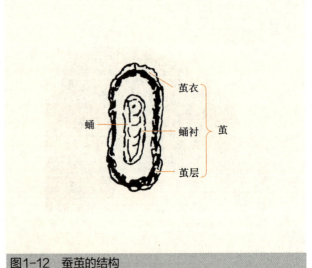

图1-12　蚕茧的结构

较乱，难以被纺织。在制丝前应先将这一层剥去，剥去的丝可用于绢纺或做丝绵的材料。

（2）茧层：茧层位于茧的中间层，丝的质量最好。蚕在这一层吐丝时，头像钟摆一样有规律地摆动，因此，茧层结构较紧密，茧丝排列重叠规则，粗细均匀，是缫丝的主要部位，也是丝织品的最好原料。

（3）蛹衬：蛹衬位于茧的最里层。该部位丝的含胶量少，丝最细，结构松散。这层丝也不适于缫丝，只能与茧衣一样作为绢纺或丝绵的材料。

3. 茧的加工工艺

茧丝不能直接供织造用，需经过一定的工艺加工，使其形成能够供织造用的生丝。茧丝加工的主要工序是：剥茧、选茧、煮茧、缫丝、复整。

（1）剥茧：剥去蚕茧外围松乱而细弱的茧衣，以利于选茧、煮茧和缫丝。

（2）选茧：选茧是选除各茧批中混有的下脚茧。根据缫丝的要求将原料茧按茧层的厚薄、茧形的大小和色泽进行分选。

（3）煮茧：利用水、热或药剂等的作用，使茧丝上的丝胶适当膨润和部分溶解，促使茧丝从茧层上依层不乱地退解下来，使缫丝顺利进行。

（4）缫丝：煮过的茧子经过理绪，即把丝头厘清，找出正绪，使茧丝由茧层离解，并将几根茧丝并合，借丝胶黏着，构成生丝。

（5）复整：在复摇机上，把缫制的生丝制成一定规格的丝胶，再经过整理打包，成为丝纺原料。

4. 丝的结构

茧丝是由两根单丝平行黏合而成的，中心是丝素，占72%～81%；外围是丝胶，占19%～28%，呈树干状，粗细不匀。

（1）丝素（又称丝朊）：丝素的横截面呈三角形或半椭圆形，是蚕丝的基本组成部分，呈白色半透明状，具有较好的光泽（当丝纤维脱胶后光泽会显露出来）和强力。组成丝素的化学成分主要是氨基酸，这些氨基酸基本上不溶解于水。

（2）丝胶：丝胶位于丝素的外面，并包裹着丝素。丝胶的主要成分是丝氨酸，丝胶能溶解于水，尤其是在高温下，但一经冷却又会凝固。缫丝正是利用了丝胶的这一特性来进行工作的。

5. 主要品种

（1）桑蚕丝：桑蚕丝属于家蚕丝，我国养殖桑蚕有悠久的历史。桑蚕丝为高档纺织原料，根据加工方法的不同，可分为生丝和熟丝两种。生丝是未经精炼的丝，也是缫丝后不经过任何处理的丝。使用土法缫的丝称土丝，现已基本淘汰。使用改进的方法（半机械化）缫的丝称农工丝。使用完善的机械设备缫的丝称厂丝，厂丝质量较好，粗细均匀，光泽度好。熟丝是经过精炼以后的丝。生丝硬，熟丝软。

桑蚕丝是由丝胶和两根呈三角形或半椭圆形的单根纤维组成的，横截面呈半椭圆形或略呈三角形，如图1-13所示。

（2）柞蚕丝：柞蚕丝是野蚕丝，柞蚕以柞树叶为食。我国的辽宁、山东、河南、贵州四省为我国柞蚕丝的主要产地，同时也是世界上著名的柞蚕丝产地，年产量占世界总产量的90%。

柞蚕丝呈扁平的椭圆形，一端有茧柄，有柄的一端稍尖，另一端稍钝，茧色为黄褐色。这种褐色素不易除去，因而难以被染上漂亮的颜色，以致影响了它的使用价值。

柞蚕丝比桑蚕丝粗，内部有许多毛细孔，靠近纤维中心的毛细孔较粗，靠近边缘的毛细孔较细，且通空气，其截面形态如图1-14所示。

（五）黏胶纤维

黏胶纤维是人造纤维中的主要品种，它是世界上最早投入工业化生产的化学纤维品种。黏胶纤维在19世纪末研制成功，1905年开始工业化生产。它是通过从不能直接纺织加工的纤维素原料（如棉短绒、木材、芦苇、甘蔗）中提取纯净的纤维素，经过化学方法加工而成的。

黏胶纤维分长丝和短纤维两种，黏胶长丝又称人造丝或黏胶长丝。黏胶纤维包括棉型（又称人造棉）、毛型（又称人造毛）及中长型纤维三种。另外，黏胶纤维还可制成有光、半光和消光三种。

为了改善普通黏胶纤维湿强度低等缺点，出现了高强度黏胶纤维和高湿模量纤维等品种。富强纤维属于高湿模量纤维。

黏胶纤维用途广泛，几乎所有类型的纺织品都会用到它，如用长丝做衬里、旗帜、飘带等；用短纤维做仿棉、仿毛、混纺、交织等织物。

（六）涤纶

涤纶的学名称聚对苯二甲酸乙二酯，简称聚酯纤维。涤纶是我国使用的商品名称，英国称其为"特利纶"（Terylene），美国称其为达可纶（Dacron），德国称其为特丽贝尔（Teriber）。

1953年涤纶开始在世界上正式投入工业化生产，在合成纤维中是比较年轻的一个品种，但由于原料易得、性能优异、用途宽广，所以发展非常迅速，现在已成为世界上产量最大的

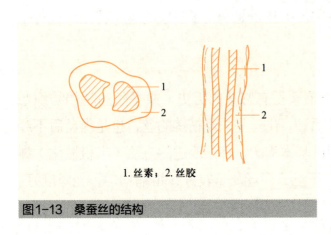

1. 丝素；2. 丝胶

图1-13　桑蚕丝的结构

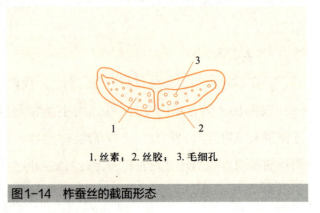

1. 丝素；2. 丝胶；3. 毛细孔

图1-14　柞蚕丝的截面形态

化学纤维。当前的差别化纤维主要是以涤纶制成的，在外观和性能上模仿毛、麻、丝等天然纤维，可达到以假乱真的程度。

涤纶以短纤维为主，主要用来与棉、毛、黏胶纤维、麻及其他纤维混纺织造各种衣用纺织品。但近年来，涤纶长丝也发展较快，主要可加工成各种变形丝，如涤纶低弹丝、涤纶网络丝等，供织造机织物和针织物使用，也可用来制作外衣和内衣。另外，涤纶长丝在工业上可用于制造轮胎帘子布、电绝缘材料、绳索、渔网、滤布等，是目前化学纤维中工业用量最大的一类。

（七）锦纶

锦纶的学名叫聚酰胺纤维，锦纶是在我国使用的商品名称，因其国产最早是在辽宁省锦州化工厂试制成功而得名。美国称其为尼龙，日本称其为耐纶。由于酰胺分子的结构不同，锦纶产品也各不相同，如锦纶-6、锦纶-66等。锦纶是世界上最早进行工业化生产的合成纤维品种，由于性能优良，原料资源丰富，一直是合成纤维中产量最高的品种。直到1970年以后，由于涤纶的迅速发展，才退居合成纤维的第二位。锦纶用途广泛，可用来制作袜子、手套、运动衣、滑雪服、风雨衣、装饰布等。

（八）腈纶

腈纶是我国使用的商品名称，其学名为聚丙烯腈纤维，是合成纤维中问世较晚的品种。美国称其为奥纶，日本称其为东丽纶和开司米纶。

腈纶的外观呈白色，卷曲、蓬松，手感柔软，酷似羊毛，多用来和羊毛混纺，或作为羊毛的代用品，故又被称为"合成羊毛"。

腈纶生产以短纤维为主，可以纯纺，也可以与羊毛或其他纤维混纺，制成衣着用织物、毛线、毛毯和针织品。腈纶也可制成长丝束，供加工成膨体纱。此外，腈纶还是生产碳纤维的主要原料。

（九）维纶

维纶的学名为聚乙烯醇缩甲醛纤维，也是合成纤维中问世较晚的品种，国外又称维尼纶、维纳纶等。维纶洁白如雪，柔软似棉，因而常被用作天然棉花的代用品，人称"合成棉花"。

维纶短纤维可用于纯纺，与棉、黏胶纤维混纺或与其他纤维混纺，可用来制作外衣、汗衫、棉毛衫裤、运动衫等。维纶因强度高、质轻、耐摩擦、耐日光而被广泛用来制作帆布和缆绳。维纶还因其耐冲击强度和耐海水腐蚀，常被用来制作各种类型的渔网。维纶的化学性能较为稳定，还可用来制作工作服或各种包装材料的过滤材料。

（十）丙纶

丙纶是我国使用的商品名称，它的学名为聚丙烯纤维。1955年丙纶在意大利研制成功，1957年开始工业化生产，商品名为梅拉克纶，是合成纤维中较为年轻的品种。

丙纶大量用于制造工业用织物、非织造织物等，如地毯、工业滤布、绳索、渔网、建筑增强材料、吸油毯及装饰布。在服装方面，丙纶可以纯纺或与羊毛、棉、黏胶纤维混纺来制作各种衣料。此外，丙纶膜纤维可用作包装材料。

（十一）氯纶

氯纶的学名为聚氯乙烯纤维。我们日常生活中接触到的塑料雨披、塑料鞋等使用的都是这种原料。由于氯纶的国产是在我国云南首次试制成功，因而在我国又称其为滇纶，国外称其为天美纶、罗维尔等。

氯纶具有抗化学药剂性、耐腐蚀、耐光、绝热、隔音等特性，其制成的内衣具有治疗风湿性关节炎的作用。氯纶纤维主要用于制作耐化学药剂工作服、防燃沙发布、过滤布、针织布、床垫布和其他室内装潢用布及保温絮棉衬料等。

（十二）氨纶

氨纶的学名为聚氨酯弹性纤维，国际商品名称为Spandex。氨纶最早由德国拜尔公司于20世纪30年代末期成功开发并申请了专利。美国杜邦公司于1959年研制出自己的技术并开始了工业化生产，商品名称为莱卡（LYCRA）。杜邦公司还称其为莱克拉、斯潘特克斯等。氨纶是一种具有特殊弹性的化学纤维，并成为工业化生产中最好的一种弹性纤维。

氨纶主要用于织造有弹性的织物，通常将氨纶丝与其他纤维纺成包芯纱后，供织造使用。氨纶可以大大改善织物的弹性，使服装具有良好的尺寸稳定性和合体性，服装可紧贴人体，而人体又能收放自如。氨纶可用于制作运动衣、游泳衣、紧身衣、牛仔服、袜子、手套、松紧带、汽车或飞机等使用的安全带、花边饰带、医疗保健用品、护膝、护腕、弹性绷带等。

复习与思考题

1. 简述纤维、纺织纤维、天然纤维、化学纤维、植物纤维、动物纤维、矿物纤维、人造纤维、合成纤维、长丝、短纤维、复合纤维、异形纤维的概念。
2. 请将纺织纤维按其获得的来源和基本组成分类。
3. 请将纺织纤维按其形态特征分类。
4. 简述纺织纤维的命名原则。
5. 填空：

市场用名	人造棉	的确良	尼龙	合成羊毛	合成棉花
纤维名称					

6. 简述棉、麻、毛、丝的化学组成和形态结构。

实训题

1. 收集一些纺织纤维并制作样卡，观察它们的外观特点。
2. 了解市场上的纤维新品种。

单元二　纱线

一、纱线的概念

　　纱线是由纺织纤维制成的织物的中间物，起着基础和桥梁的双重作用。纱线具有适当的粗细，能承受一定的外力，具有适当的外观和手感，并且可以任意进行长短变化。纱线是纱与线的总称。纱指单纱，是由短纤维按线状集合起来经过加捻而制成的。线指股线，是由两根或两根以上的单纱并合起来再经过加捻而制成的，可分为双股线、三股线及多股线等，一般以双股线居多。

二、纱线的捻度和捻向

　　纱线的性质是由组成纱线的纤维的性质和成纱结构所决定的。加捻是把零散状的纤维加工成纱线的必要手段，也是影响纱线结构最主要的因素，纺纱的过程是将短纤维梳理平行并且加捻的过程。加捻的目的是为了增强牢度、弹性和光洁度。短纤维必须要经过加捻，否则就不能保持纱的形态，不能具有一定的强力。因此纱线加捻程度将直接影响纱线的品质和使用价值。纱线加捻的程度用捻度来表示，单位长度内纱线的捻回数（即螺旋圈数）称为捻度，用 T 表示。通常化纤长丝的单位取"捻/m"，短纤维纱线的单位取"捻/10 cm"，蚕丝的单位取"捻/cm"。

　　捻度不同，纱线的性质（如强度、弹性、刚柔性、光泽）也会有所不同。一般来说，捻度过大，会使纱线的手感变硬，易起结，以致织物的光泽不好，弹性和柔软性也差；反之，则纱线和织物表面毛羽较多，手感柔软，光泽柔和。因此，不同用途的纱线对捻度有不同的要求。

　　加捻是有方向的。加捻的方向被称为捻向，也就是加捻纱中纤维的倾斜方向或加捻股线中单纱的加捻方向。若加捻后纤维或纱线自左下方向右上方倾斜，则称左捻，又称左手捻或 Z 捻；若加捻后纤维或纱线自右下方向左上方倾斜，则称右捻，也可称右手捻或 S 捻，如图 1-15 所示。

单纱捻向根据细纱接头的操作习惯，以Z捻居多。股线捻向与单纱捻向相同时，则结构紧密，但手感硬、光泽差；与单纱捻向相反时，则强度、手感和光泽都好。因此，股线一般与单纱捻向相反，以S捻居多。

捻向的表示方法是有规定的，如果单纱用左手捻则写成Z捻；若股线中单纱用左手捻，初捻用右手捻，复捻用左手捻，则写成ZSZ，以此类推，如图1-16所示。

在实际应用中，使用不同捻度，可得到不同外观风格的织物。纱线加捻程度的类别及捻度如表1-2所示。绉组织就是采用高捻纱来获得粗细皱纹效果的，而起绒织物则是用低捻纱，因其易起绒，可形成柔软的手感与柔和的光泽。纱线的捻向对织物的外观也有很大的影响，捻向不同，纱线表面对光的反射方向就不同。合理利用经纬纱的捻向，可以得到风格各异的织物。如平纹织物，经纬纱捻向不同，则织物表面反光一致，光泽较好，织物松厚柔软。斜纹织物当经纱采用S捻，纬纱采用Z捻时，由于经纬纱的捻向与织物斜向垂直，则反光方向与斜纹纹路一致，因而纹路清晰。而当若干根S捻、Z捻纱线相间排列时，织物表面可形成隐条、隐格的效果。

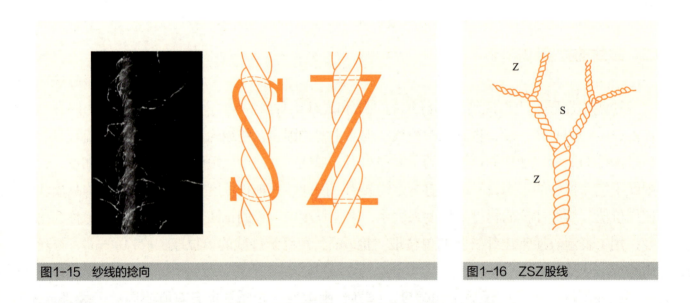

图1-15　纱线的捻向　　　　　　　　图1-16　ZSZ股线

表1-2　纱线加捻程度的类别及捻度

加捻程度类别	纱的捻度（捻/m）	丝的捻度（捻/m）
弱捻	300以下	1 000以下
中捻	300~1 000	1 000~2 000
强捻	1 000~3 000	2 000以上
极强捻	3 000以上	……

三、纱线的线密度

线密度是纱线最重要的指标。纱线线密度不同，纺纱时所选用的纤维原料的规格、质量，纱线的用途及纺织品的物理机械性能、手感、风格等也不同。纱线的细度可以直接用直径或截面面积来表示。但是，由于纱线表面有毛羽，截面形状不规则且易变形，测量直径或截面面积不仅误差大，而且比较麻烦。因此，广泛使用的表示纱线线密度的指标，是与纱线截面积成比例的间接指标。我国目前法定的纱线线密度指标为特克斯，过去也常用旦尼尔、英制支数、公制支数等来表示。纱线的线密度指标可分为定重制和定长制两种。

（一）定重制

定重制是以一定的纱线重所具有的长度来表示纱线的线密度。

1. 英制支数（Ne）

英制支数是指1磅（454 g）重的纱线在公定回潮率（公定回潮率是反映纱线或纤维吸湿能力的一个指标。）为9.89%时，有多少个840码（1码＝0.914 4 m）长。单位：英支，符号：s。

$$Ne = L/G \times 840$$

Ne——纱线的英制支数

L——纱线的长度（码）

G——纱线在公定回潮率时的质量（磅）

若1磅重的纱线有60个840码长，则纱线的线密度为60英支，以此类推。若是股线，则股线英制支数等于单纱英制支数除以股数。如60英支双股线用60英支/2表示，它的粗细相当于30英支单纱的粗细。如果组成股线的单纱的支数不同，则把单纱的支数并列，用斜线画开表示，如24/48。英制支数通常被用于表示棉型纱线支数。

2. 公制支数（Nm）

公制支数是指每克纱线在公定回潮率时的长度米数。单位：公支，符号：N。

$$Nm = L/G$$

Nm——纱线的公制支数

L——纱线的长度（m）

G——纱线在公定回潮率时的质量（g）

若1 g重的纱线有64 m长，那它的线密度为64公支，以此类推。若是股线，则股线公制支数等于单纱公制支数除以股数，比如64公支的双股线用64公支/2表示。如组成股线的单纱的支数不同，则把单纱的支数并列，用斜线画开表示，如32/64。公支支数通常被用于表示毛型纱线、麻纱线或绢纺纱线支数。

英制支数和公制支数的数值越大，纱线越细。

（二）定长制

定长制以单位长度内的纱线的质量来表示纱线的线密度。

1. 特克斯（Nt）

特克斯，简称特，是指 1 000 m 长的纱线在公定回潮率时的质量克数，也称"号数"。符号：tex。

$$Nt = 1\ 000\ G/L$$

Nt——纱线的特克斯

L——纱线的长度（m）

G——纱线在公定回潮率时的质量（g）

若 1 000 m 长的纱线为 10 g，则其线密度为 10 tex，以此类推。此外，还有毫特（mtex）、分特（dtex）、千特（ktex）等。1 ktex = 1 000 tex，1 tex = 10 dtex = 1 000 mtex。

股线的特克斯等于单纱特克斯乘以股数。若双股线的单纱特克斯均为 20 tex，则股线的特克斯为 20 tex×2，它的粗细相当于 40 tex 的单纱线的粗细。当单纱特数不同时，股线特数为各单纱特克斯之和，如双股线的单纱分别为 20 tex、30 tex，则股线特数为 20 tex + 30 tex，其合股特克斯为 50 tex。特克斯适用于所有纤维和纱线。

特克斯的数值越大，纱线越粗。

特克斯和英制支数在纱线粗细分类中的比较如表1-3所示。

表1-3 特克斯和英制支数在纱线粗细分类中的比较

类　别	特克斯（tex）	英制支数（s）
粗	32及以上	18及以下
中	31~20	19~29
细	19~10	30~60
特细	10以下	60以上

注：我国一般将10 tex及以下（60英支、100公支及以上）的纱线称为细特纱［一些国家也将14.6 tex及以下（40英支、68.5公支及以上）的纱线称为细特纱］，以细特纱组成的股线被称为细特股线，由细特纱线制成的织物被称为细特织物。

2. 旦尼尔（Nd）

旦尼尔，简称旦数，指 9 000 m 长的纱线在公定回潮率时的质量（克），也称"纤度"。单位：旦尼尔，简称旦，符号：D。

$$Nd = 9\ 000\ G/L$$

Nd——纱线的旦尼尔

L——纱线的长度（m）

G——纱线在公定回潮率时的质量（g）

若9 000 m长的纱线在公定回潮率时的质量是40 g，则为40 D，以此类推。若是股线，它的旦尼尔以组成股线的单纱旦尼尔乘以股数来表示，如40 D×2，它的粗细相当于80 D纱的粗细。

旦尼尔一般用来表示化纤长丝和蚕丝的线密度，若化纤长丝或真丝的复丝为n根，则复丝的旦尼尔为根数乘以单丝的旦尼尔。天然纤维中的生丝是由多根茧丝合并而成的，各根茧丝的粗细不尽相同，因此合并后的生丝粗细有差异，其旦数常用大小两个限度的旦尼尔来表示，如20/22 D即说明其生丝旦尼尔在20 D～22 D之间。

旦数的数值越大，纱线越粗。

上述各纱线线密度指标的比较如表1-4所示。

表1-4　纱线线密度指标的比较

特克斯（tex）	旦尼尔（D）	棉纱英制支数（s）	精梳毛纱英制支数（s）	公制支数（N）
1	9	—	—	1 000
5	45	—	—	200
7	63	84	—	143
10	90	59	89	100
15	135	39	59	67
20	180	30	44	50
40	360	15	22	25
80	720	7.5	11	13
100	900	6	9	10
200	1 800	3	4.4	5
500	4 500	1.2	1.8	2

四、纱线的分类

纱线是介于纤维和织物之间的"中间体"，与织物的关系比纤维更为直接。它可以用天然纤维、人造纤维或合成纤维的短纤维单独纺纱加工而成，也可以用长丝和短纤维合纺而成，还可以用多种纤维混纺而成。因此，纱线的品种是多种多样的。

（一）按纱线形态结构分类

按纱线形态，纱线分为以下几类：

1. 普通短纤维纱线

由短纤维经纺纱工艺加工而成，线密度均匀而且无特殊造型或色彩设计的纱线。

（1）单纱：由短纤维沿轴向排列并直接加捻而成。

（2）股线：由两根或两根以上的单纱合并加捻而成。

2. 长丝纱线

通常指由单纤长度上千米的长丝（如蚕丝和化纤长丝）构成的纱线。

（1）单丝：指由单根丝纤维组成的丝线。

（2）复丝：指由若干根单丝组成的丝线。复丝中单丝的根数用 f 表示。48 f 表示复丝由 48 根单丝组成。

（3）平丝：指不加捻的丝线。

（4）捻丝：指经过加捻工艺，使得丝线具有 S 捻、Z 捻、单捻、复捻、弱捻、中捻、强捻等形态与性能的丝线。

3. 特殊纱线

特殊纱线指合成纤维经热塑变形加工，以及多组纱线或丝线经多色配置、花式造型、包芯等工艺加工，使外观呈现诸如弯曲变形、多彩、花式造型或包芯等效果。

（1）变形纱线：是通过对合成纤维长丝进行变形处理，使之由伸直变为卷曲而制成的。变形纱线一般可分为两类，以蓬松性为主的膨体纱和以弹性为主的弹力丝。弹力丝又分为高弹丝、低弹丝和网络丝。高弹丝原料以锦纶为主，低弹丝由涤纶高弹丝加工而成，网络丝由低弹丝或化纤复丝加工而成。变形纱线不仅改变了纱线的外观，而且改善了纱线的吸湿性、透气性、柔软性、弹性和保暖性。由于膨体纱弯曲蓬松，织物遇到粗糙面易勾丝而产生起毛、起球现象，如图1-17所示。

（2）花式纱线：花式纱线是通过各种不同的加工方法而获得的具有特殊外观、手感、结构和质地的纱线。

① 花色线：花色线指按一定比例将彩色纤维混入基纱的纤维中，使纱线呈现鲜明的长短、大小不一的彩段、彩点的纱线，如彩点线（图1-18）、彩虹线等外观形态。这种纱线多用于制作女装。

② 花式线：花式线是利用超喂原理得到的具有各种外观特征的纱线，如圈圈线（图1-19）、竹节线（图1-20）、螺旋线、结子线（图1-21）。其产品手感蓬松、柔软，保暖

彩图
（1）

图1-17 变形丝

图1-18 彩点线

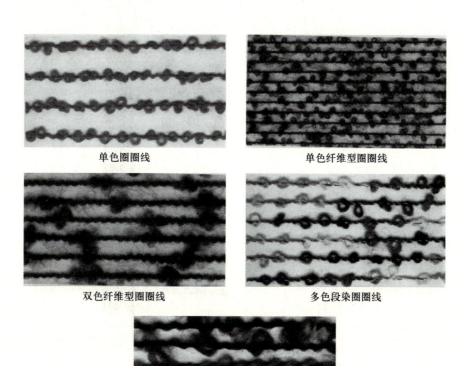

单色圈圈线　　　　　　　　　单色纤维型圈圈线

双色纤维型圈圈线　　　　　　　多色段染圈圈线

多色段染纤维型圈圈线

图1-19 圈圈线

性好，且外观风格别致，立体感强。既可用于轻薄的夏季织物，又可用于厚重的冬季织物；既可做服装面料，又可做装饰材料。

③ 特殊花式线：主要指金银丝、雪尼尔线（图1-22）、拉毛线等。金银线是采用聚酯薄膜为基底，运用真空镀膜技术，在其表面镀上一层铝，再覆以金色、银色等颜色与保护层，经切割成细皮而成的，主要做织物的装饰彩条，也可并捻在纱线中作为一种新颖的编结线使用，使织物表面光泽明亮。雪尼尔线的纤维被握持在合股的芯纱线中，状如瓶刷，手感柔软具有丝绸感，主要用于植绒织物和穗饰织物，也可以制作家具装饰织物、针织物。拉毛线的产品手感柔软丰满，毛型感强，通常用于制作粗纺花呢、手编毛线、毛衣和围巾等。

④ 包芯纱：包芯纱由芯线和外包纱组成，芯线在纱的中心，芯线通常为强力和弹性都较好的合成纤维长丝（涤纶丝或锦纶丝），外包棉毛等短纤维。这样就使包芯纱既有天然纤维良好的外观、手感、吸湿性能和染色性能，又兼有合成纤维长丝的强力、弹性和尺寸稳定性。包芯纱目前主要用于制作缝纫线、衬衫面料、烂花织物和弹力织物等（图1-23）。

彩图（2）

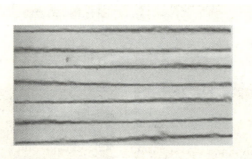

图1-20 竹节线

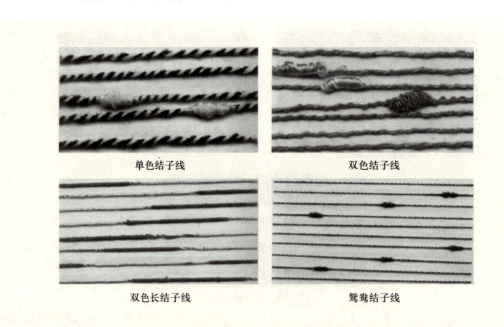

单色结子线　　　　双色结子线

双色长结子线　　　　鸳鸯结子线

图1-21 结子线

花式纱线的优势：

① 花式纱线织物外观华丽，花色艳而不俗，极具装饰性，能在第一时间抓住消费者的视线。

② 花式纱线织物多样化、个性化的产品，满足了现代都市人追求时尚与个性的消费心理。

③ 花式纱线织物易于设计，因纱线形态的变化直接影响到织物的外观效果，因此只需对选用的纱线进行改造，即可在织物上呈现别出心裁的多种变化。

④ 生产花式纱线织物无须或很少需要进行印花、染色等后处理，工艺流程短，生产简便，产品销路较好，因此深受厂家喜爱。

一些常见的花式纱线，如图1-24至图1-40所示。

彩图（3）

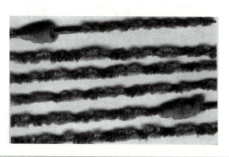

图1-22 雪尼尔线（绒绳线）

图1-23 包芯纱

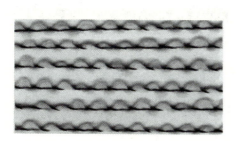

饰纱在花式线表面形成左右弯曲的波浪

图1-24 波形线

多根饰纱无规律在芯纱与固纱的表面形成较密屈曲，好似毛巾外观

图1-25 毛巾线

强捻饰纱回弹扭结形成不规则小辫子附着纱线表面

图1-26 辫子纱

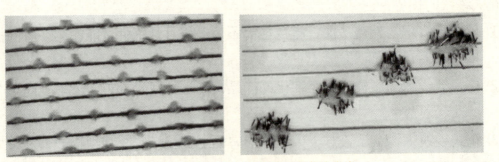

将高弹丝在张力下拉直再割断，便收缩成球

图1-27　金珠线（乒乓线）

将两组经纱间的纬纱在中间用刀片割断

图1-28　羽毛线

图1-29　牙刷线（间断羽毛线）

簇状纬线斜方向附着在经纱上，似五针松的松毛

图1-30　松树线

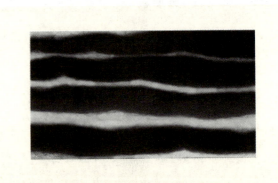

图1-31　大肚纱

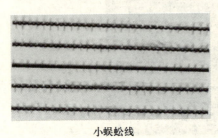

小蜈蚣线

大蜈蚣线

图1-32　蜈蚣线

彩图
（5）

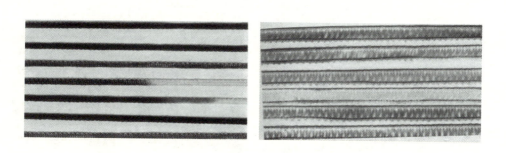

图1-33　带子线

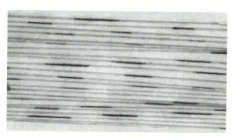

先将绞纱染成较浅色作为底色，再印上较深的彩节

图1-34　印节线

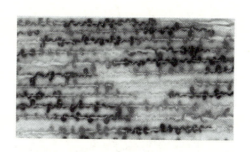

图1-35　段染线

结子、圈圈复合花式线

大肚、波形复合花式线

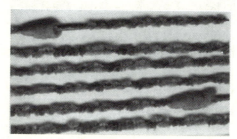

绒绳、结子复合花式线

图1-36　复合花式线

纱线型断丝花式线

纤维型断丝花式线

图1-37　断丝花式线

用拉毛机将圈圈、波形或平线等画式线拉毛

图1-38　拉毛花式线

两根反差较大纱线不同速输出形成

图1-39　花式平线

多根不同颜色的单纱或金银丝交并形成

图1-40　多彩交并花式线

（二）按纱线原料分类

（1）纯纺纱：由一种短纤维纺成的纱，如棉纱、麻纱和绢纺纱。此类纱适宜制作纯纺织物。

（2）混纺纱：由两种或两种以上的短纤维混合纺成的纱。混纺纱既可以是天然纤维和化学纤维混纺，也可以是天然纤维和天然纤维混纺、化学纤维和化学纤维混纺。混纺的目的在于充分利用原料资源，降低成本，综合几种纤维的优良性能，取长补短，增加花色品种。混纺纱的命名为混纺比例多的纤维名称在前，混纺比例少的纤维名称在后，混纺比例相同时，则按天然纤维、合成纤维、人造纤维的顺序排列。如混纺纱含涤纶65%、棉35%，则称涤棉混纺纱；混纺纱含50%黏纤、50%羊毛，则称毛黏混纺纱。

（三）按纺纱工艺分类

1. 粗纺纱

粗纺纱又称粗梳纱，是指只经过粗梳工序处理的纤维纺成的纱，如图1-41所示。它又可以分为粗梳棉纱和粗梳毛纱。粗梳纱是只经过一般的开松、除杂、梳理纤维，再进行牵引、并合、加捻等加工而形成的纱线。因此，粗梳纱纺纱流程短，品质较次，常用作一般中档机织物和针织物的原料。如粗纺毛织物、中特以上棉织物。

2. 精纺纱

精纺纱又称精梳纱，除一般的开松、除杂、梳理外，还需经过精梳工序对纤维进行精细的梳理，纺成的纱包括精梳棉纱和精梳毛纱，如图1-42所示。精纺纱可以排除一定长度以下的短纤维，是较彻底地清除杂质后再纺成的纱。因此，精纺纱的质量好，强度高，纱线条干均匀，光洁度好，常用作高档梭织物及针织物的原料。如细纺、华达呢、花呢、羊毛衫。

3. 废纺纱

废纺纱是由纺纱工程中被处理下来的废纤维纺成的纱。这种纱的品质最差，不坚固，条干也不均匀，含杂质多，色泽差，只能用来织造粗棉毯、厚绒布、包装布等低档织物。

图1-41　粗纺纱

图1-42　精纺纱

（四）按纱线的粗细分类

（1）粗特纱：粗特纱指32 tex及其以上（18[S]及其以下）的纱线。此类纱线的织物表面粗厚，适于织造粗厚织物，如帆布、粗平布、牛仔布、粗花呢、绒衫布。

（2）中特纱：中特纱指21～31 tex（19～28[S]）的纱线。此类纱线适于织造中厚织物，如中平布、华达呢、卡其布。

（3）细特纱：细特纱指11～20 tex（29～54[S]）的纱线。此类纱线织成的织物精细、光滑、手感薄，如衬衫、精纺毛呢。

（4）特细特纱：特细特纱指10 tex及其以下（55[S]及其以上）的纱线。此类纱线的织物精细、光滑、手感薄，适于织造高档精细织物，如高支衬衫、精纺毛呢等。

（五）按纱线的用途分类

（1）机织用纱：用于机织生产的纱线，分为经纱和纬纱。经纱是用作织物纵向排列的纱线，即与布边平行排列的纱线。由于织造和使用时经向受力大，因此一般经纱捻度大，品质要求较高，强度也较高，光滑而且耐摩擦。纬纱是用作织物横向排列的纱线，即与布边垂直排列的纱线，特点是捻度较小，强度较低，比较柔软，品质要求较低。为了提高织造效率，通常为经细纬粗。

（2）针织用纱：用于生产针织物的纱线。这种纱线质量较高，捻度较小，强度适中，杂质少，柔软光洁。

（3）缝纫线：用于缝合纺织材料等材料的用线。缝纫线分工业用线和家庭用线两类，从功能上可分为机用缝纫线和手工缝纫线。缝纫线的材料有天然纤维型、化学纤维型和混合型等。

（4）刺绣线：供刺绣用的工艺装饰线，如图1-43所示。最早广泛使用的刺绣线是蚕丝线。

（5）编结线：供手工编结装饰品和实用工艺品用的线材，如图1-44所示。大量被使用的是供抽纱制品用的棉编结线，呈绞状卷装，有多种颜色，习惯上被称为工艺绞线。

图1-43 刺绣线

图1-44 编结线

（六）按纱线的后加工分类

（1）丝光线：经过丝光处理的纱线。

（2）烧毛线：经过烧毛加工的纱线。

（3）本色线：又称原色纱，是未经漂白或染色加工的纱线。

（4）染色线：经煮炼和染色加工制成的纱线。

（5）漂白线：经煮炼和漂白加工制成的纱线。

纺织业习惯使用的纱线表示方法

纱 线 名 称		表 示 方 法	示 例
单纱（丝）		纱线密度（单位）　纤维名称　捻度　捻向　色号色名	50旦　涤纶丝 800捻/m　S　白色
股线（丝）	同一种单纱合并的纱线	单纱线密度（特克斯）　纤维名称×合并根数　捻度　捻向　色号色名	32 tex　棉×2 40捻/10 cm　Z　白色
		单纱线密度（支）/股数　纤维名称　捻度　捻向　色号色名	16.4英支/2　棉 60捻/10 cm　Z　白色
	同一种单丝合并的丝线	单根线密度（特克斯）　纤维名称×合并根数　捻度　捻向　色号色名	3.2 tex　桑蚕丝×3 5捻/cm　S　白色
	同一种单丝合并的丝线	并合根数/单根线密度（旦尼尔）　纤维名称　捻度　捻向　色号色名	2/20/22旦　桑蚕丝 5捻/cm　S　白色
	不同单纱（丝）合并的纱（丝）线	［纱（丝）线1+纱（丝）线2+…］[1]　捻度　捻向　色号色名	

① 纱（丝）线1和纱（丝）线2各自分别按单纱（丝）表示。

复习与思考题

1. 简述纱线的概念。

2. 简述捻度、捻向的概念。

3. 简述Z捻和S捻的区别。

4. 我国法定线密度指标是什么？纱线线密度指标有哪几种？分别包含了哪些指标？这些指标与纱线粗细的关系是什么？

5. 说出以下概念的区别：① 单纱与股线；② 纯纺纱与混纺纱；③ 精纺纱与粗纺纱；④ 涤棉纱与棉涤纱。

实训题

1. 收集各式纱线若干根并制作样卡，观察它们的捻向并判断它们是左捻还是右捻。

2. 收集各式纱线若干根并制作样卡，判断它们分别属于哪类纱线。

3. 收集特殊纱线若干根并制作样卡，分别列出它们的外观特点。

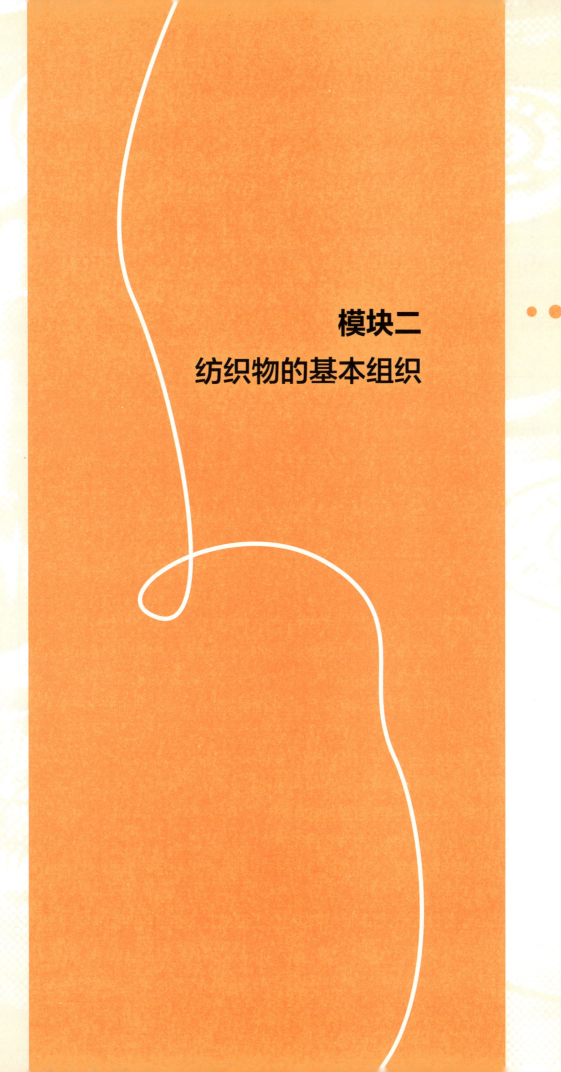

模块二

纺织物的基本组织

学习目标

1. 掌握机织物原组织的组织特点、织物特点及应用。
2. 了解机织物原组织的变化。
3. 了解机织物的主要物理指标。
4. 掌握机织物的分类。
5. 掌握针织物原组织的组织特点、织物特点及应用。
6. 了解针织物的主要物理指标。
7. 能识别机织物的原组织。
8. 能识别针织物的原组织。

纺织物的基本组织构成织物的形式与方式，直接影响着织物的外观、使用时的物理性能及服用性能，在服装材料的认识和选择中有着重要的意义。纺织物的组织主要有机织物组织和针织物组织。

单元一 机织物组织

一、机织物组织的基本概念

机织物指由相互垂直排列的经、纬两个系统的纱线，在机织物上按照一定的规律和形式交织成的织品。织物中经、纬相互交织的规律称织物组织。织物组织常用织物组织图来表示。织物组织图多使用意匠纸描画，纵向格子表示经纱的位置，其次序是自左向右依次排列，横向格子表示纬纱位置，其次序是自下向上依次排列，意匠纸中的每一个小格即表示经纱和纬纱的交织点。

在介绍机织物组织之前，先介绍几个有关的专门名词。

经纱：指机织物上与布边平行排列的纱线。

纬纱：指机织物上与布边垂直排列的纱线。

组织点：也称浮点，指经纱与纬纱的交织点。

经组织点：也称经浮点，指经纱浮在纬纱上面的点，在组织图的方格内用"×""○"等符号或涂黑表示。

纬组织点：也称纬浮点，指纬纱浮在经纱上面的点，在组织图的方格内不用任何符号表示。

浮长：是指1根经纱（纬纱）浮在1根或几根纬纱（经纱）上的长度。

组织循环：也称完全组织，当机织物内经组织点和纬组织点的浮沉规律达到循环时为一个组织循环。

同面组织：指在一个组织循环中，经组织点数等于纬组织点数。

异面组织：指在一个组织循环中，经组织点数不等于纬组织点数。

经面组织：指在一个组织循环中，经组织点数多于纬组织点数。

纬面组织：指在一个组织循环中，纬组织点数多于经组织点数。

经纱循环数：指构成一个组织循环的经纱数，用R_j表示。

纬纱循环数：指构成一个组织循环的纬纱数，用R_w表示。

飞数：指在一个组织循环中，相邻两根纱线上相应的经（或纬）组织点在纵向（或横向）所相隔的纬（经）纱根数。

经向飞数：指经纱方向上相邻两根经纱相对应的组织点所隔纬纱的根数，用S_j表示。

纬向飞数：指纬纱方向上相邻两根纬纱相对应的组织点所隔经纱的根数，用S_w表示。

飞数在织物组织中的正负与起数的方向有关。对于经纱方向，飞数以向上为正，向下为负；对于纬纱方向，飞数以向右为正，向左为负，如图2-1所示。

经纱一与二上的组织点B对A的飞数是3，即$S_j = +3$；纬纱Ⅰ与Ⅱ上的组织点C对A的飞数是2，即$S_w = +2$。

机织物的组织包括原组织、变化组织、联合组织、复杂组织和提花组织五大类。原组织是机织物组织中最简单、最基本的一类组织，其他组织都是在原组织的基础上进行变化、联合、发展而成的。

原组织的特征是：① 飞数是常数；② 每根经（纬）纱上只有一个经（纬）浮点，其他均为纬（经）浮点；③ 原组织的组织循环经纱数等于组织循环纬纱数。

根据组织循环纱线数与飞数的不同，原组织可分为平纹组织、斜纹组织和缎纹组织三

图2-1　飞数示意图

种，简称三原组织。

（一）平纹组织

由经纱和纬纱一上一下相间交织而成的组织被称为平纹组织。平纹组织是所有机织物中最简单的组织，如图2-2所示。

1. 组织特点

（1）平纹组织由两根经纱和两根纬纱构成一个组织循环，组织参数为$R_j = R_w = 2$，$S_j = S_w = 1$，是各种组织中交错次数最多的一种。平纹组织可以用分式1/1表示，即为一上一下，其中分子表示经组织点，分母表示纬组织点。

（2）平纹组织的正反面外观相同。

2. 织物特点

（1）平纹组织交织次数（点）最多，使织物坚牢、耐磨，手感较硬，弹性较小，光泽较差。

因平纹组织的经纬纱线每隔一根就交错一次，因此相同根数的经纬纱排列面内，平纹组织交织次数最多，纱线屈曲最多，浮长线最短，使得织物坚牢、耐磨、硬挺、平整，但弹性较小，光泽弱。由于经纬纱交织次数多，纱线不易靠得太紧密，因而织物的可织密度最小（可密性差），易被拆散。

（2）正反面的外观效应相同，表面平坦，花纹单调。

（3）在相同规格下，与其他组织织物相比最轻薄。

（4）织物不易磨毛、抗勾丝性能好。

3. 应用

棉型织物品种：平布、府绸。

麻型织物品种：夏布、麻布。

1. 经纱；2. 纬纱（箭头所指范围是一个完全组织）

图2-2 平纹组织图

毛型织物品种：凡立丁、派力司、薄花呢。

丝型织物品种：电力纺、乔其纱、塔夫绸、双绉。

化纤织物品种：人棉布（粘纤平布）、涤丝纺等。

4. 变化

以平纹组织为基础，还能演变出多种变化的平纹组织，如经重平、纬重平和方平组织等，如图2-3所示。

（二）斜纹组织

经组织点（或纬组织点）连续成斜线的组织为斜纹组织。斜纹组织的特点在于组织图上具有由经纱、纬纱组织点组成的斜纹，织物表面有由经浮点或纬浮点的浮长线所构成的斜向织纹。斜纹的方向有左也有右，若斜向纹路自左上方向右下方倾斜，则为左斜纹，又称"捺"状斜纹用箭头表示为"↘"；若斜向纹路自右上方向左下方倾斜，则为右斜纹，又称"撇"状斜纹用箭头来表示为"↙"。斜纹组织包括单面斜纹和双面斜纹。单面斜纹织物的正反两面，经纬组织点数不同或经纬组织点数相同而沉浮次序不同。双面斜纹在织物的正反两面经纬组织点和沉浮次序均相同，但斜向相反。单面斜纹又分为经面斜纹和纬面斜纹。如果在一个组织循环中，经组织点数多于纬组织点数，则该斜纹组织为经面斜纹。如果在一个组织循环中，纬组织点数多于经组织点数，则该斜纹组织为纬面斜纹。斜

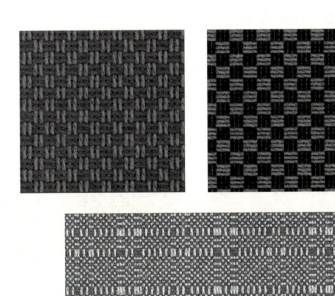

图2-3 变化的平纹组织

纹组织如图2-4所示。

1. 组织特点

（1）一个组织循环中至少有3根经纱和3根纬纱，$R_j = R_w \geqslant 3$，$S_j = S_w = \pm 1$。斜纹组织可以用分式表示，分子表示每根纱线在一个组织循环中经组织点的数目，分母表示纬组织点的数目，分子与分母之和表示一个组织循环中纱的根数。对于原组织的斜纹，分子或分母必有一个等于1。

（2）斜纹组织与平纹组织相比，具有较大的经（纬）浮长。

（3）单面斜纹正反面具有不同的外观效果，其正面为明显的斜纹，反面斜纹则较模糊。双面斜纹正反面均具有相同的纹路，但纹路的斜向相反。

2. 织物特点

（1）斜纹织物与平纹织物相比，组织循环内的交织点较少，有浮长线，织物的可密性大（也就是斜纹织物较平纹织物而言，经、纬纱密度可大些），织物柔软，耐磨性和坚牢度不如平纹。

（2）正反面外观不同。

（3）织物比平纹厚而密。光泽、弹性、抗皱性比平纹好。

3. 应用

棉型织物：斜纹布、卡其布、牛仔布。

毛型织物：哔叽、华达呢、啥味呢、制服呢。

丝型织物：真丝斜纹绸、美丽绸等。

4. 变化

在斜纹组织的基础上还能演变出多种组织变化的斜纹，如加强斜纹组织、复合斜纹组织、

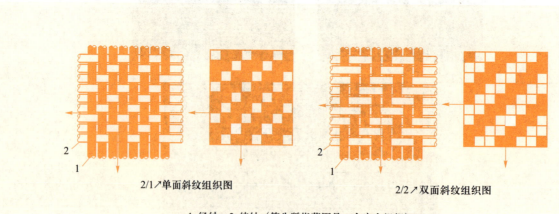

2/1↗单面斜纹组织图　　　　　　2/2↗双面斜纹组织图

1. 经纱；2. 纬纱（箭头所指范围是一个完全组织）

图2-4　斜纹组织图

山形斜纹组织、破斜纹组织等，如图2-5所示。

（三）缎纹组织

缎纹组织的经纱或纬纱在织物中形成一些单独的互不连续的经组织点或纬组织点，这些组织点分布均匀而且有规律，常常为其两旁的另一系统纱线所覆盖，是原组织中最复杂的一种。缎纹组织包括经面缎纹和纬面缎纹两种，经面缎纹：经组织点多于纬组织点的，或织物正面呈现经浮长居多的为经面缎纹。纬面缎纹：纬组织点多于经组织点的，或织物正面呈现纬浮长居多的为纬面缎纹，如图2-6所示。

1. 组织特点

（1）一个组织循环中至少有5根经纱和5根纬纱，$R_j=R_w \geq 5$，$1<S<R-1$，并且在整个组织循环中保持不变，R 与 S 互为质数。

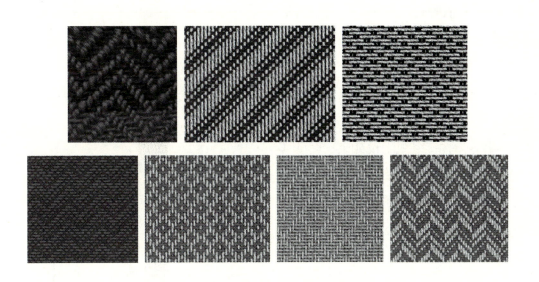

图2-5 变化的斜纹组织

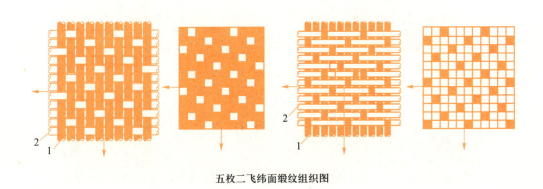

五枚二飞纬面缎纹组织图

图2-6 缎纹组织图

（2）一组纱线的几个单独浮点间的距离较远，织物的表面由另一组纱线的较长浮线所覆盖，织物表面一般不显示出浮长短的纱线。

2. 织物特点

（1）缎纹织物表面平整、光滑，富有光泽。正反面外观不同，各自呈现一种纱线的形态。较长的浮线更容易对光线产生反射，可构成光亮的表面，特别是采用光亮、捻度很小的长丝纱时，这种效果更为强烈。

（2）经纱或纬纱浮线长，易摩擦起毛、勾丝。

（3）经纬纱交织点最少，可织的密度最大，缎纹织物比平纹、斜纹厚实，质地柔软，悬垂性好。

3. 应用

棉型织物：横贡缎、直贡缎。

毛型织物：礼服呢。

丝型织物：素绉缎、织锦缎、软缎。

4. 变化

在缎纹组织的基础上还能演变出多种变化组织，如加强缎纹组织、变则缎纹组织，如图2-7所示。

平纹、斜纹、缎纹组织比较如下：

坚牢度：平纹＞斜纹＞缎纹。

光泽：缎纹＞斜纹＞平纹。

图2-7　变化的缎纹组织

柔软性：缎纹＞斜纹＞平纹。

密度：缎纹＞斜纹＞平纹。

浮长：缎纹＞斜纹＞平纹。

手感：平纹最硬，缎纹最软，斜纹居中。

 知识拓展

织 机 种 类

有梭织机	手织机
	普通织机
	自动织机（换梭式、换纡式）
无梭织机	片梭织机
	喷射织机（喷气、喷水）
	箭杆织机（刚性、挠性）
特种织机	织编机
	三向织机

二、机织物的主要物理指标

（一）密度

机织物的密度指单位长度内经纱和纬纱的排列根数，即纱线排列的紧密程度，包括经密度和纬密度。经（纬）密度是指单位长度内经纱（纬纱）排列的根数。单位长度一般指 10 cm 长度。在同样的织物长度内，经纱（或纬纱）根数越多，则织物的经（纬）密度越大，反之则越小。密度的表示方法是在经密度和纬密度之间用"×"连接。如某织物经密度为 230 根 /10 cm，纬密度为 210 根 /10 cm，那么该织物的密度用 230×210 来表示。如需把纱线的线密度和织物的密度同时表示出来，那么可写成 32×30×230×210。第一个数字 32 表示经纱的线密度是 32 tex，第二个数字 30 表示纬纱的线密度是 30 tex，第三个数字 230 表示经密度是 230 根 /10 cm，第四个数字 210 表示纬密度是 210 根 /10 cm。

不同织物所选用的密度也不同。一般棉织物和呢绒织物的密度为 100～600 根 / 10 cm，麻织物的密度较低，最低可至 40 根 /10 cm，丝绸织物的密度可高达 1 000 根 /10 cm。

经纬密度的大小与经纬密度之间的配置，对织物的重量、坚牢度、手感、透水性、透气性等都有影响。在一般情况下，密度大则织物重量重，比较坚牢，手感也较硬，透水性和透气性下降；密度小则织物稀、薄、软。如果织物的密度超过一定的范围，则做成的衣服在折叠处易磨损折裂，而且容易造成染料染不透的情况，在穿用时会出现"磨白"现象。一般织

物的经密度大于纬密度。

（二）重量

机织物的重量指织物在公定回潮率时单位面积的质量，以 g/m² 为计量单位，一般棉织物的重量在 70～250 g/m² 之间；精纺呢绒的重量在 130～350 g/m² 之间，粗纺呢绒的重量在 300～600 g/m² 之间；薄型丝织物的重量在 20～100 g/m² 之间。重量在 195 g/m² 以下的属于薄型织物，重量在 195～315 g/m² 之间的属于中厚型织物，重量在 315 g/m² 以上的属于厚型织物。

（三）厚度

厚度指机织物在一定的压力下，织物正反面之间的距离，通常用毫米（mm）表示。织物的厚度与纤维的粗细及纱线的卷曲程度有关。织物的厚度对织物的风格、保温性、透气性、悬垂性、弹性、刚柔性等都有影响。在实际应用中，可综合各方面因素，在适当范围内进行选择。棉、毛、丝织物的厚度分类如表2-1所示。

表2-1　棉、毛、丝织物的厚度分类

（单位：mm）

织物类别	棉织物	毛织物		丝织物
		精纺毛织物	粗纺毛织物	
薄型	0.25以下	0.4以下	1.1以下	0.14以下
中厚型	0.25～0.4	0.4～0.6	1.1～1.6	0.14～0.28
厚型	0.4以上	0.6以上	1.6以上	0.28以上

（四）体积质量

织物的体积质量指织物单位体积内的质量，以 g/cm³ 表示。该值与织物的厚度有关，可以衡量织物的毛型感。织物的体积质量随其纤维、纱线和织物的结构不同而有很大的变化，其变化直接影响到织物手感、导热性和透气性等。

（五）幅宽

幅宽即织物的门幅宽度，是织物横向最外边两根完整经纱之间的距离，一般用cm表示。幅宽根据织物的用途、织机的幅宽而定。织物的幅宽有中幅、宽幅和超宽幅三大类，并逐渐向阔幅发展。

一般棉织物的幅宽在 80～120 cm 和 127～168 cm 两个范围之间。粗纺毛织物的幅宽一般有 143 cm、145 cm 和 150 cm 三种；丝织物的幅宽一般为 70～140 cm；麻类夏布的幅宽为 40～75 cm。近年来幅宽为 106.5 cm、122 cm、135.5 cm 的织物渐多，甚至出现了 300 cm 以上的机织物。各类机织物的常用幅宽如表2-2所示。

表2-2　各类机织物的常用幅宽

机织物种类	常用幅宽（cm）
棉织物	80、90、106.5、120、122、135.5、127~168
精纺毛织物	144、149
粗纺毛织物	143、145、150
长毛绒织物	124
驼绒织物	137
丝织物	70、90、114、140
麻织物	80、90、98、107、120、140

（六）匹长

匹长指每匹布的长度，即机织物的两端最外边的两根完整纬纱之间的距离，通常用米（m）来表示，在国际贸易中有时用码表示。匹长主要根据织物的用途、厚度、重量及卷装容量等因素而定。棉织物的匹长一般为30~60 m；精纺毛织物的匹长为50~70 m；粗纺毛织物的匹长为30~40 m；长毛绒和驼绒的匹长为25~35 m；丝织物的匹长为20~50 m，麻类夏布的匹长为16~35 m。各类机织物的常用匹长如表2-3所示。

表2-3　各类机织物的常用匹长

机织物种类	常用匹长（m）
丝、化纤织物	20~50
棉织物	30~60
精纺毛织物	50~70
粗纺毛织物	30~40
麻类夏布	16~35
长毛绒和驼绒织物	25~35

三、机织物的分类

（一）按构成织物的原料分类

1. 纯纺织物

纯纺织物是由纯纺纱织成的织物，如棉织物、麻织物、毛织物、丝织物、纯化纤织物。其主要特点由其组成纤维的基本性能决定。

2. 混纺织物

混纺织物是由混纺纱织成的织物。混纺织物有涤棉（T/C）织物、涤黏（T/A）织物等。不同纤维原料按照一定的比例混合能够使纤维特性得到互补，改善织物的服用性能，拓展服装的使用范围。混纺织物的外观和性能由组成混纺纱的纤维类别及比例来共同决定。混纺织物的命名原则同混纺纱一样。

3. 混并织物

构成织物的原料由两种不同长度纤维的单纱合并成股线后制成，有低弹涤纶长丝与中长混并，也有涤纶短纤与低弹涤纶长丝混并等。

4. 交织物

交织物是经、纬纱分别用不同的纤维或不同类型的纱线交织而成的织物，如丝毛交织、棉麻交织。交织物的基本性能由不同种类的纱线决定，一般具有经纬向相异的特点。

（二）按原料规格分类

1. 棉型织物

商业上简称为"棉布"，是用棉纤维或纤维长度、细度与棉纤维相近的化学纤维（棉型纤维）在棉纺设备上织成的织物，如涤棉布、涤黏布。棉型纤维的外观风格和手感特征与纯棉织物接近。

2. 中长型织物

中长型织物是用长度、细度介于毛纤维和棉纤维之间的化学纤维（中长纤维）织成的织物。中长型织物的毛型感较强，通常用来制作仿毛织物，如涤黏中长花呢。

3. 毛型织物

毛型织物在商业上简称为"呢绒"，是用毛纤维或纤维的长度和细度与毛纤维相近的化学纤维（毛型纤维）在毛纺设备上织成的织物。毛型织物的外观风格、手感特征等与纯毛织物接近，如毛黏花呢、毛黏腈三合一大衣呢。

4. 丝型织物

丝型织物在商业上简称为"丝绸"。以桑蚕丝为原料织成的织物，也称真丝绸；以柞蚕丝为原料织成的织物，也称柞丝绸。真丝绸和柞丝绸都是长丝织物，又分别可分为生丝和熟丝两种。以下脚丝切断后纺成纱再织成的织物为绢纺丝绸。此外，还有与各种化纤长丝交织的交织绸。

5. 麻型织物

麻型织物主要有苎麻织物和亚麻织物。黄麻等其他品种麻一般不作衣料使用，只用作包装材料或工业用布。

6. 纯化纤织物

纯化纤织物主要有中长纤维仿棉、仿麻、仿毛、仿丝绸织物和化纤长丝织物，以及人造麂皮和人造毛皮等。

（三）按照纱线结构分类

1. 纱织物

纱织物指织物的经纱和纬纱均用单纱织造的织物。此类织物比较柔软、轻薄。

2. 全线织物

全线织物指织物经纱和纬纱均用股线织造的织物。此类织物较同类纱织物厚实、硬挺。

3. 半线织物

半线织物指由单纱和股线交织成的织物。此类织物的特点是股线方向强力较好，性能特点介于单纱和股线之间。

（四）按织物的纺纱系统分类

1. 精梳织物

精梳织物指由精梳纱织成的织物。此类织物条干均匀，布面杂质较少，比较平整光洁，一般用于制作高档服装。

2. 粗梳织物

粗梳织物指由粗梳纱织成的织物。此类织物条干不均匀，布面较粗糙，普通中档织物和工业用布都是粗梳织物。

3. 花式线织物

花式线织物指用不同形状、色彩和结构的花色纱线织成的织物。此类织物的特点是花纹随意，织物层次丰富，布面肌理感强，风格多种多样。

（五）按织物印染或加工方法分类

（1）本色布：亦称"坯布"，是直接从纺织厂出来，未经过印染加工而保持原来色泽的布。本色布布面有一些杂质，可以直接销售，但大多数用来做印染厂的坯布。

（2）漂白布：是坯布经过除杂、烧毛、退浆、煮炼、漂白加工处理后所得到的布。漂白布布面较细洁白净。

（3）染色布：是本色布经过染色工序染成的单一颜色的布。染色布容易产生色花、色差等，正反面颜色有一定的差别。

（4）印花布：是经过印花工序使表面具有花纹图案的布。印花布正反面颜色有一定差别。

（5）色织布：是将纱线先染色后织造的布。

（6）色纺布：是将部分纤维或毛条染色，再将染过色的纤维或毛条与本色纤维按一定的比例混合后纺成纱再织成的布。色纺布有夹花风格。

（7）烂花布：是经化学处理使布面部分腐蚀而呈现花纹图案的布。

（8）轧花布：是经机械作用在织物上轧出花纹图案的布。

（9）泡泡纱：是用机械、化学和物理的方法，使布面呈现凹凸不平而起泡的布。

（10）起毛、起绒布：是利用机械作用，使织物表面起毛或起绒的布。

（六）新颖织物分类

（1）黏合布：由两块背对的布料经黏合而成。黏合的布料可为机织物、针织物、非织造布、乙烯基塑料膜等，还可将它们进行不同的组合。

（2）植绒加工布：布料上布满短而密的纤维绒毛，具有丝绒风格，可做衣料和装饰料。

（3）泡沫塑料层压织物：将泡沫塑料黏附在做底布的机织物或针织物上，大多用作防寒衣料。

（4）涂层织物：在机织物或针织物的底布上涂以聚氯乙烯（PVC）、氯丁橡胶等制成的，具有优越的防水功能。

复习与思考题

1. 简述机织物、经纱、纬纱、浮长、完全组织、同面组织、异面组织、飞数、密度、幅宽、匹长的概念。
2. 简述三原组织的组织特点、织物风格及应用。
3. 说出下列织物的区别：① 纯纺织物与混纺织物，② 混纺织物与交织物，③ 纱织物与全线织物，④ 全线织物与半线织物，⑤ 精梳织物与粗梳织物，⑥ 染色布与印花布，⑦ 色织布与色纺布，⑧ 烂花布与轧花布。

实训题

1. 收集原组织机织物若干块并制作样卡，分析其织物组织特点。
2. 收集各种类型的机织物，并制作样卡观察它们的织物风格。

单元二　针织物组织

一、针织物

针织物是织物的主要类型之一，与机织物的不同之处在于它不是由经、纬两组纱线垂直交织成的，而是由纱线构成的线圈互相串套而成。针织物的这种结构特点，使它具有良好的延伸性、弹性、柔软性、保暖性、通透性、吸湿性等。但也带来容易脱散、卷曲和易起毛、起球、钩丝的缺点。针织物一般用来制作内衣、紧身衣和运动服。近年来，四季服装有更多采用针织物的趋势。

针织物按编结方法可分为纬编针织物和经编针织物两大类。纬编针织物用纬编针织机编织，是将纱线由纬向喂入针织机的工作针上，使纱线顺序地弯曲成圈，并相互穿套而形成的圆筒形或平幅形针织物。经编针织物指在经编机上，将一组或多组平行排列的纱线，沿经向喂入工作针织机针上，同时弯纱成圈，并在横向相互连接而形成的面料。针织物有单面和双面之分，双面针织物可以看作是由两个单面针织物复合而成的，它比单面针织物厚实而且不易卷边。

线圈是针织物最基本的组成单元。线圈的不同结构、不同组合方式，构成了各种不同的针织物组织。针织物的组织有原组织、变化组织和花色组织三类。其中原组织是基础，其他组织都是由它变化而来的。原组织包括：纬编针织物中的纬平组织、罗纹组织和双反面组织；经编织物中的经平组织、经缎组织和编链组织。纬编针织物采用原组织和变化组织，经编针织物多采用变化组织。

在介绍针织物组织之前，先介绍几个相关的专用名词。

线圈：是针织物的基本结构单元，由圈柱、延展线和圈弧组成，如图2-8所示。

线圈横列：在针织物中，线圈在横向连接的行列。

线圈纵行：在针织物中，线圈在纵向串套的行列。

圈距：在线圈横列方向上，两个相邻线圈对应点之间的距离（如图2-8中的A）。

圈高：在线圈纵行方向上，两个相邻线圈对应点之间的距离（如图2-8中的B）。

针织物正面：线圈圈柱覆盖圈弧的一面。

针织物反面：线圈圈弧覆盖圈柱的一面。

针织物的组织分类如表2-4所示。

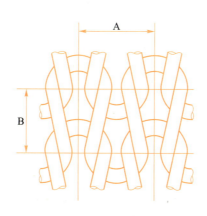

图2-8　线圈结构

表2-4 针织物组织分类

纬编组织	原组织	纬平组织、罗纹组织、双反面组织
	变化组织	变化纬平组织、双罗纹组织、集圈组织、添纱组织、衬垫组织、毛圈组织、衬经衬纬组织
经编组织	花色组织	/
	原组织	经平组织、经缎组织、编链组织
	变化组织	变化经平组织、变化经斜组织、变化重经组织、双罗纹经平组织

（一）纬编针织物原组织

纬编针织物的原组织包括：纬平组织、罗纹组织和双反面组织。其变化组织由两个或两个以上的原组织复合而成(即在一个原组织的相邻纵行之间，配置着另一个或另几个原组织)，包括：变化纬平组织、双罗纹组织等。其花色组织指在原组织或变化组织的基础上，利用线圈结构的变化或者另编入一些色纱、辅助纱线或其他纺织原料，以形成具有显著花色效应和不同性能的花色针织物。

1. 纬平组织

纬平组织又称平针组织，是纬编针织物最简单的原组织，是单面纬编针织物的原组织，如图2-9所示。

（1）组织特点：它是由连续的单元线圈单向相互串套而成的。

（2）织物特点：

① 织物正反面外观不同。正面由圈柱组成，平坦均匀，呈纵向条纹。反面是横向的圈弧，呈波纹形，较正面暗。

② 织物容易脱散，无论沿顺编结方向，还是沿逆编结方向抽取纱线，其织物都极易脱散。

③ 织物易卷边，容易沿其线圈纵行反卷，沿其横向正卷。

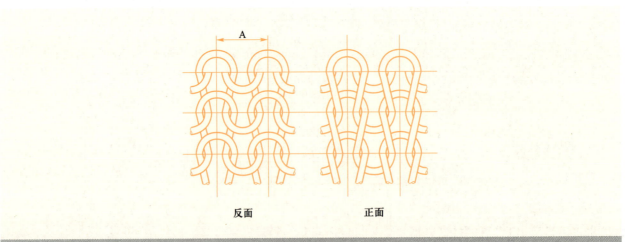

反面   正面

图2-9 纬平组织图

④ 织物横向延伸性比纵向延伸性大。

（3）应用：通常用来制作内衣、外衣、袜子、手套等。

2. 罗纹组织

罗纹组织是双面纬编针织物的原组织，由正面线圈纵行和反面线圈纵行组合配置而成，具有双面组织的特点，如图2-10所示。

（1）组织特点：正、反面线圈纵行可以以不同的组合配置。如1+1罗纹组织、2+2罗纹组织、2+3罗纹组织等。第一个数字表示正面线圈纵行数，后一个数字表示反面线圈纵行数。

（2）织物特点：

① 因罗纹组织属双面组织，因此织物不卷边。

② 横向具有极高的延伸性和弹性，密度越大，弹性越好。

③ 织物沿逆编结方向脱散，而不沿顺编结方向脱散。

（3）应用：通常用于制作弹力衫、棉毛衫裤、羊毛衫、绒衣裤的袖口、领口、裤口及袜类的袜口等。

3. 双反面组织

双反面组织也称"珍珠编"，是由正面线圈横列和反面线圈横列相互交替配置而成的，如图2-11所示。

（1）组织特点：双反面组织因正反面线圈横列数的组合不同而有许多种类。

（2）织物特点：

① 纵横向的弹性和延伸性相近。

② 不会产生卷边。

③ 容易沿顺编结方向和逆编结方向脱散。

（3）应用：通常用于制作毛衣、运动衫、童装、手套、袜子、羊毛衫等成形针织品。

图2-10　1+1罗纹组织图

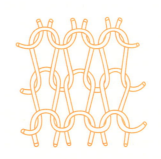

图2-11　双反面组织图

（二）经编针织物原组织

经编针织物的原组织包括：经平组织、经缎组织和编链组织。其变化组织由两个或两个以上的纵行相间配置而成，包括：变化经平组织、变化经斜组织、变化重经组织和双罗纹经平组织。其花色组织指在经编原组织或变化组织的基础上，利用线圈结构的变化或者另编入一些色纱、辅助纱线或其他纺织原料，以形成具有显著花色效应和不同性能的花色针织物。

1. 经平组织

经平组织又称二针组织，是选用一组或几组平行排列的纱线，按经向喂至针织机的所有工作针上，同时弯曲成圈并互相串套形成的，如图2-12所示。

（1）组织特点：由一根经纱所形成的线圈轮流配置在两个相邻线圈的纵行中。

（2）织物特点：

① 织物正反面都有菱形网眼。

② 织物纵横向都具有一定的延伸性。

③ 卷边性不明显。

④ 当一个线圈断裂并受到横向拉抻时，线圈从断纱处开始沿纵行逆编结方向逐一脱散，而使织物分成互不联系的两片。

（3）应用：通常用于制作T恤、内衣等。

2. 经缎组织

（1）组织特点：每根经纱顺序地在相邻纵行内构成线圈，并且在一个完全组织中有半数的横列线圈向一个方向倾斜，而另外半数的横列线圈向另一个方向倾斜，逐渐在织物表面形成横条纹效果，如图2-13所示。

（2）织物特点：

① 织物的延伸性较好。

② 卷边性与纬平组织相似，当纱线断裂时，线圈也会沿纵行逆编结方向脱散。

③ 经缎组织织物较经平组织织物厚实。

（3）应用：经缎组织常与其他经编组织复合，以得到一定的花纹效果，常做衬纬拉绒织物的地组织。

3. 编链组织

（1）组织特点：由一根经纱始终在同一枚针上垫纱成圈形成的。根据垫纱方式可分为闭口编链和开口编链两种形式，如图2-14所示。

（2）织物特点：

① 逆编结方向会产生脱散。

② 纵向延伸性比较小。

③ 横向不卷边。

④ 纵向间无联系，不能单独使用。

（3）应用：除用作钩编织物和窗纱等装饰织物的地组织外，还用作条形花边的分离纵行和加固边。

图2-12 经平组织图

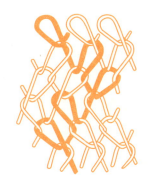
图2-13 经缎组织图

图2-14 经编链组织图

 知识拓展

针织物的形态类别

类别名称	主 要 特 点
圆筒形	在圆机上织成，织物形态呈圆筒状
片形	在横机上织成，织物形态呈片状

 知识拓展

针织物产品成形的形式类别

类别名称	主 要 特 点
全成形	利用增加或减少参与织造的针数来改变服装或衣片的形状或宽度，以使服装直接成形，衣片不需要裁剪便可直接缝制，袜子、手套、羊毛衫及其成形衣片均属此类
部分成形	如在横机上织造的初具外形尺寸的衣片以及在圆机上织造的圆筒单件大身衣坯，下机后只要进行简单裁剪和缝制就能获得所需服装

 知识拓展

袜子的起源

袜子是一种穿在脚上的服饰用品，起着保护脚和美化脚的作用。袜子按原料分为棉纱袜、毛袜、丝袜和各类化纤袜等，按造型分为长筒袜、中筒袜、短筒袜等，还有平口、罗口，有跟、无跟和提花、织花等多种式样和品种。

在当今所穿的袜子样式之前，人们一直用的是广义上的护腿装束，即皮革束腿带和用麻或毛纺织物缝制的类似于袜子的装束，其历史可追溯到古埃及时。到十字军时期出现袜子肖斯（Chausses），但它不是为女士们准备的，是十字军用纯丝织物做成的比较精美的袜子，那时，袜子是男人们的专利。

1589年，英国神学院一名学生——威廉·李发明了一种手动缝制袜子的机器，比手缝制速度快6倍，这是缝制机的鼻祖。这时，女士们也开始穿袜子了。工业化袜子生产始于1860年。制袜业一直寻找新的材料代替少而昂贵的真丝，混纺纱的产生令制袜业获得巨大成功。1928年，杜邦公司展示了第一双尼龙袜，同时拜尔公司推出丙纶袜。1940年，高筒尼龙袜在美国创造了历史最高销售纪录，并开始成为普通日用品。

20世纪60年代，英国设计师玛丽·奎恩（Mary Quant）设计的超短裙风靡全球。裙子越来越短，高筒袜相形见绌，吊袜带被抛弃，袜子与内裤成为一体，由此连裤袜诞生，它的舒适性和方便性直到今日还令全球女性对其宠爱有加。

二、针织物的主要物理指标

（一）线圈长度

线圈长度指每一个线圈的纱线长度，一般以毫米（mm）为单位。线圈长度可以用拆散的方法进行实测，也可以根据线圈在平面上的投影近似地进行计算。

（二）密度

密度指针织物在单位长度内的线圈数，表示一定的纱支条件下针织物的稀密程度。通常用横向密度和纵向密度来表示。

横向密度简称横密，指在规定长度（50 mm）内线圈横列方向上的线圈数。纵向密度简称纵密，指在规定长度（50 mm）内线圈纵行方向上的线圈数。

（三）单位面积质量

国际标准规定，针织物的单位面积质量用每平方米针织物的干燥质量表示，符号为g/m^2。当原料种类和纱线线密度一定时，单位面积重量间接反映了针织物的厚度、紧密程度。它不仅影响针织物的物理机械性能，而且也是控制针织物质量、进行经济核算的重要依据。

（四）幅宽

幅宽指针织物横向最外边纱线之间的距离。经编针织物成品幅宽随产品品种和组织结构而定，一般为150～180 cm。纬编针织物成品的幅宽主要与加工用的针织机的规格、纱线和组织结构有关，一般为40～50 cm。针织物的幅宽常见的是125 mm。

 知识拓展

各类经编针织物产品的主要规格

产品	坯布单位面积重（g/m²）	成品幅宽（m）		坯布匹重（kg）	匹长（m）	
		服装用	售布		服装用	售布
外衣布	薄型140～160	1.8～2	1.5	10	33～37	42～48
	中型179～190	1.8～2	1.5	10	28～31	35～39
	厚型200～280	1.8～20	1.5	10	22～26	27～33
裙子布	中型90～100	1.8～2	1.5	10	50～60	66～74
衬衫布	薄型80～90	8～2	1.5	10	60～70	74～83
头巾布	15～28	1.68～1.8		5	120～160	
棉网眼布	140～160	1.5		12	50～70	

复习与思考题

1. 简述针织物与机织物的区别。
2. 简述线圈、线圈横列、线圈纵行、圈距、圈高、针织物正面、针织物反面的概念。
3. 简述针织物原组织的组织特点、织物特点及应用。

实训题

1. 收集原组织针织物若干块并制作样卡，分析其织物组织特点。
2. 市场调研：搜集各种类型针织物，并制作样卡，说出它们的织物风格及用途。

模块三

纺织物的性能

学习目标

1. 掌握纺织物基本性能的概念及影响因素。
2. 掌握纺织物服用性能的概念及影响因素。
3. 能说出织物的风格。

纺织物的性能除了来自原料纤维的特性外，还来自纺织物的整理加工，其关系图如下：

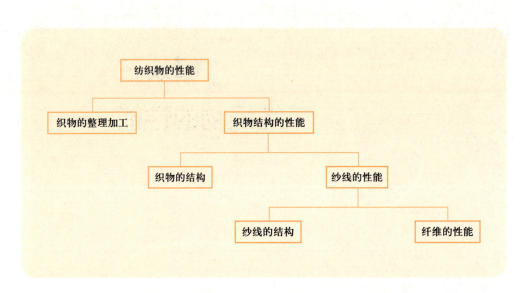

纺织物的性能会影响到其应用范围和最终用途，因此，认识和掌握纺织物的性能，对于正确选择材料，合理地设计和制作服装都会有很大的帮助。本模块将着重介绍纺织物的基本性能和服用性能。

单元一　纺织物的基本性能

一、拉伸性能（断裂强度、断裂伸长率及初始模量）

纤维材料在使用中会受到拉伸、弯曲、压缩、摩擦和扭转作用，从而产生不同的变形。化学纤维在使用过程中主要受到的外力是张力，纤维的弯曲性能也与其拉伸性能有关，因此拉伸性能是纤维最重要的力学性能。衡量纤维的拉伸性能主要有以下三个指标：断裂强度、断裂伸长率、初始模量。

断裂强度是用来评定织物内在质量的主要指标之一，指织物在被拉断裂时所能承受的最大荷重，单位：kg。织物的断裂强度包括拉伸断裂强度、撕裂断裂强度和顶裂断裂强度等。

由于纺织纤维、纱线及织物受外力作用而断裂时，基本的方式是被拉断，因此，织物的断裂强度主要指织物的拉伸断裂强度。

织物的断裂伸长率指织物在拉伸断裂时的伸长百分率。织物的断裂强度和断裂伸长率的大小取决于纤维的性质、纱线的结构、织物的组织结构及染整加工等因素。

纤维初始模量即弹性模量，指纤维被拉伸时伸长为原长的1%时所需的应力。初始模量反映了纤维对小形变的抵抗能力。在衣着上则反映纤维对小的拉伸作用或弯曲作用所表现的硬挺度。纤维的初始模量越大，越不易变形。在合成纤维的主要品种中，涤纶的初始模量最大，其次为腈纶，锦纶则较小。因此涤纶织物挺括，不易起皱，锦纶易皱，保形性差。

织物的拉伸性能取决于纤维的性质、纱线的结构和织物的组织结构。

（一）纤维的性质

纤维的性质是织物断裂强度和断裂伸长率的决定因素。

1. 断裂强度

断裂强度指单位线密度的纤维能承受的最大拉伸力，用于考量织物对外拉伸力的承受性能，但不能完全代表织物使用寿命的长短。

天然纤维断裂强度（干态）由大到小的顺序为：苎麻、亚麻、蚕丝、棉、羊毛。

化学纤维断裂强度（干态）由大到小的顺序为：锦纶、丙纶、涤纶、维纶、腈纶、氯纶、富纤、黏纤、醋纤、氨纶。苎麻的断裂强度比丙纶稍差些。

在湿态下，有些纤维的强度会发生变化，棉纤维和麻纤维的强度不但不会下降反而会有所提高；羊毛和蚕丝纤维的强度有所下降；涤纶、丙纶、氯纶、锦纶、腈纶的湿态强度与干态强度相近似，维纶、富纤的湿态强度是干态强度的70%～80%；黏纤的湿态强度是干态强度的40%～50%，因此，在洗涤黏纤织物时，不能用力搓，也不能用硬刷子刷，只能轻轻揉洗，洗后不能强拧，只可挤压，晾时不能硬拉，以免影响织物的牢度。

2. 断裂伸长率

断裂伸长率指纤维承受最大拉伸外力时所产生的拉长变形与原长的百分比。

天然纤维的断裂伸长率（干态）由大到小的顺序为：羊毛、蚕丝、棉、苎麻、亚麻。

化学纤维的断裂伸长率（干态）由大到小的顺序为：氨纶、氯纶、丙纶、锦纶、涤纶、腈纶、醋纤、维纶、黏纤、富纤。羊毛的断裂伸长率与醋纤相当。

一般纤维湿态的断裂伸长率大于干态的断裂伸长率，有的甚至高出50%左右。涤纶、丙纶、氯纶湿态的断裂伸长率等于干态的断裂伸长率，腈纶、锦纶湿态的断裂伸长率略高于干态的断裂伸长率。

实验证明：① 高强高伸的面料最耐穿，如锦纶、涤纶、腈纶织物；② 低强高伸的面料比高强低伸的面料耐穿，如羊毛织物的耐用性好于棉、麻织物，涤纶织物的耐用性好于维纶织物。③ 低强低伸的面料最不耐穿，如棉、麻、黏胶织物。

（二）纱线的结构

（1）一般情况下，纱线越粗，其拉伸性能越好；纱线捻度增加，织物的断裂强度和断裂伸长率也随之增加。

（2）股线织成的织物断裂强度和断裂伸长率，比由粗细相当的单纱织成的织物的断裂强度和断裂伸长率高。

（3）纱线的捻向对织物的断裂强度也有影响，当织物经、纬两个系统纱线的捻向相同时，织物的强度有所增加。

（4）在织物密度相同的情况下，特数大的纱线织造的织物比特数小的纱线织造的织物强度要高。

（三）织物的组织结构

（1）在其他条件相同的情况下，在一个组织循环中纱线的交错次数越多，浮长长度越短，织物的断裂强度和断裂伸长率越大。因此，在织物的三原组织中，平纹组织的断裂强度和断裂伸长率最大，缎纹组织的断裂强度和断裂伸长率最小。

（2）织物的密度对织物的断裂强度和断裂伸长率有着很大的影响。如果经密不变，纬密增加，则织物的纬向强度有所增加而经向强度有所下降。如果纬密不变，增加经密，则织物的经纬向强度都会增加。但是要注意，不能单靠增加密度来提高织物的强度，因为对于任何一种织物来说，它的密度超出一定限度时都会给织物带来染料染不透、折边的耐磨度下降等不利因素。

（3）织物的厚薄程度会影响织物的断裂强度和断裂伸长率。厚型织物比薄型织物的断裂强度和断裂伸长率大。

二、抗皱性与弹性

抗皱性指织物抵抗变形的能力，弹性指织物变形后的恢复能力。织物并非完全弹性体，织物在外力的作用下会产生可恢复的弹性变形和不可恢复的塑性变形。当外力去除后，织物能立即恢复原状的为弹性变形；当外力去除后，织物不能恢复原状的为塑性变形。弹性变形又可分为急弹性变形和缓弹性变形两种。急弹性变形指织物受外力作用产生变形，当外力去除后，马上恢复原形的变形。缓弹性变形指织物受外力作用产生变形，当外力去除后，经过相当时间才能恢复的变形。

织物的抗皱性和弹性取决于纤维的性质、纱线的结构、织物的组织结构和染整后加工等因素。

（一）纤维的性质

纤维的抗皱性和弹性是影响织物抗皱性和弹性的主要因素。纤维的抗皱性取决于纤维的初始模量，初始模量反映了纤维（或材料）在小负荷下产生形变的难易程度，即较小的拉伸力与变形应力之比。初始模量越大，抗皱性越好；初始模量越小，抗皱性越差。各种纤维的初始模量由大到小的顺序为：麻、富纤、蚕丝、棉、黏纤、氯纶、铜氨、涤纶、腈纶、醋纤、维纶、丙纶、羊毛、锦纶。

弹性的大小决定着折皱回复性的好坏。在天然纤维中，羊毛的弹性最好，蚕丝和棉次之，麻最差。在化学纤维中，氨纶的弹性最好，在伸长50%时它的弹性回复率可达95%~99%，接近于橡胶，其次是锦纶、丙纶、涤纶、腈纶、氯纶和维纶等，黏纤最差。

抗皱性和弹性直接影响着织物的保型性。抗皱性好的织物不容易折皱，挺括度好，而弹性好的织物则能保持比较稳定的外观，形成折皱后容易恢复。涤纶的初始模量较高，弹性好，因此其织物不易折皱，保形性好。虽然锦纶的弹性比涤纶好，但由于其初始模量最低，因此其织物的挺括度不如涤纶织物好，用其制作的服装穿着时间不长，在肘部、臀部和膝部就会出现起拱现象。棉、麻、黏胶纤维等的初始模量比较高，但由于弹性差，其织物一旦形成折皱就不容易消失。

（二）纱线的结构

纱线的捻度适中，其织物的抗皱性好。捻度过大或过小都会使织物抗皱性变差。

（三）织物的组织结构

（1）织物的浮长长则抗皱性好，因此缎纹组织织物的抗皱性较好，而平纹组织织物的抗皱性较差。

（2）织物的厚薄也会影响其抗皱性，厚型织物比薄型织物的抗皱性好。

（四）染整后加工

织物经过热定型和树脂整理，可提高其抗皱性。

三、耐磨性

耐磨性是纤维承受外力反复作用的能力。织物在穿着和使用过程中受到的磨损是织物损坏的主要原因之一。

织物的磨损方式有：平磨、曲磨、折边磨、动态磨和翻动磨。织物用于服装的不同部位，有不同的摩擦指标，如衣服的袖部、裤子的臀部与平面接触的磨损，袜底与鞋的磨损等均属平磨；衣服的肘部、裤子的膝部与人体的屈曲状磨损属曲磨；衣服的袖口、领口及裤子的裤口的磨损属折边磨；人体活动过程中与衣服的磨损为动态磨；翻动磨则是洗涤时，织物和水或织物相互之间的磨损。

影响织物耐磨性的主要因素是纤维的性质、纱线的结构、织物的组织结构和染整后加工等。

（一）纤维的性质

纤维的断裂强度、断裂伸长率和弹性决定了纤维在重复拉伸作用下的变形能力。这种能力越大，耐磨性越好。在各种化学纤维中，锦纶的耐磨性最好，因此常用来做袜子的材料；涤纶的耐磨性仅次于锦纶、维纶，丙纶、氯纶也都具有较好的耐磨性；腈纶的耐磨性最差，接近于富强纤维和黏胶纤维，但比黏胶纤维耐湿态摩擦。在天然纤维中，虽然羊毛的断裂强度低，但由于其断裂伸长率和弹性优良，因此其耐磨性也相当好；其次是棉、蚕丝和麻。

常见纤维耐磨性高低排序如下：锦纶＞涤纶＞丙纶＞氯纶＞腈纶＞毛＞棉＞丝＞麻＞富纤＞铜氨＞黏纤＞醋酯。

同样的条件下，较长纤维比较短纤维的耐磨性好。因此，长纤维织物的耐磨性比短纤维织物的好，精梳织物的耐磨性优于粗梳织物。

粗纤维较耐平磨，细纤维较耐曲磨和折边磨，因此适当粗细的纤维（线密度为2.78~3.33 dtex）纺织的织物耐磨性最好。

（二）纱线的结构

（1）纱线粗则其织物的耐磨性好。

（2）捻度大（不超过一定的限度）的纱线的耐磨性好。

（3）在一般平磨的情况下，股线织物的耐磨性优于单纱织物。

（三）织物的组织结构

织物的组织结构也是影响耐磨性的重要因素之一。

（1）织物密度增加，耐磨性好。但密度不能过大，否则不仅不能保持织物必要的柔软性，而且会增大织物折边摩擦，反而不利于其耐磨性。实验证明，过分松和过分紧的织物都不利于织物的耐磨性。

（2）织物质量对耐磨性的影响较大。耐磨性的好坏与织物质量呈线性关系，织物越重，耐磨性越好。

（3）在经纬密度较疏松的织物中，平纹组织织物的耐磨性最好，缎纹组织织物最差；而在经纬密度较大的紧密织物中，结论正好相反，平纹组织织物的耐磨性最差，缎纹组织织物最好。

（四）染整后加工

织物经过树脂整理，可提高其耐磨性。

四、收缩性

织物在一定的条件下会收缩变形，这是影响服装尺寸稳定性的一个重要的因素。根据对纺织材料的研究，收缩主要包括三类：纤维弹性恢复的自然收缩；纤维亲水性的吸湿膨胀收缩以及纤维化学结构上的热收缩。

（一）自然收缩

面料在加工过程中不断地承受张力，纱线和纤维产生了累积的伸长形变，张力越大，累积的应力形变就越多。张力消失后，累积形变中的弹性变形将会释放，使面料的长度尺寸变小，产生自然收缩。生产中，有些面料（如弹性较好的面料）铺料后通常需要放置一段时间（一般为24小时）再进行裁剪，目的是给面料足够的时间进行自然收缩。自然收缩也是预缩的一种方法。

（二）吸水性收缩

织物主要是纤维类材料，在常温下落水后会产生收缩现象，收缩的百分率被称为缩水率。织物的缩水率与纤维的性质、纱线的结构、织物的组织结构及染整后加工有关。

1. 纤维的性质

纤维的吸湿是一个比较复杂的物理及化学现象。纤维产生吸湿现象主要有以下两个方面的原因：① 纤维分子中亲水性基团的多少直接影响着纤维吸湿性的大小。分子结构中的亲水性基团数目越多、基团的极性越强，纤维的吸湿能力一般也越高。亲水性纤维（天然纤维和人造纤维）都含有较多的亲水性基团，故吸湿性较好。疏水性纤维（合成纤维）由于含有的亲水性基团不多，故吸湿性较差，如丙纶几乎不吸湿。② 纤维的内部结构。纤维的内部结构对吸湿性有相当大的影响，纤维的吸湿性主要发生在纤维的无定形区，纤维的结晶度越低，吸湿能力越强。在同样的结晶度下，结晶体的大小对吸湿性也有影响，一般来说，晶体小的吸水性较大。纺织纤维的吸湿性大小排列顺序为：羊毛＞黏纤＞麻＞丝＞棉＞维纶＞锦纶＞腈纶＞涤纶＞丙纶。

2. 纱线的结构、织物的组织结构及染整后加工

在纺织染整加工过程中，纤维、纱线受到多次拉伸作用，当织物落水后，由于水分子的渗入，使纤维分子间的作用力减弱，纤维大分子的热运动加剧，加工过程中的内应力得到了松弛，加剧了纤维、纱线缓弹性变形的回复，使织物的尺寸发生明显的回缩，同时因为一些织物的原料纤维具有较好的吸湿性，一个系统的纱线吸湿后直径显著膨胀，压迫另一个系统的纱线，使它更加屈曲，从而引起织物在该方向上明显缩短。当织物干燥后，纱线的直径虽相应减小，但由于纱线表面切向滑动阻力限制了纱线的自由移动，所以纱线的屈曲不能回复到原来的状态，从而产生了收缩。当纱线捻度小，织物密度小，织物整体结构稀松时，其纱线吸湿膨胀的余地大，故织物的缩水率也将增加。织物在纺织加工中所受张力愈大，纤维产生的总变形愈大，缓弹性变形积聚较多时，落水后，由于缓弹性变形的大量回复，会使织物的缩水率增加。但树脂整理能降低纤维的吸湿能力，从而达到防缩的目的。

（三）化学热收缩

合成纤维由于是疏水性纤维，其织物的缩水性较小，故其织物的尺寸稳定性较好，但并不意味着这类织物不会产生收缩现象，在处于高温如熨烫、蒸压状态下，同样会产生热收缩。这是因为合成纤维在纺丝成形的过程中，为了获得良好的物理、机械性能曾受到拉伸作用，使纤维伸长数倍，在纤维中残留有应力，因受玻璃态的约束未能缩回，当纤维受热温度

超过一定的限度时，纤维中的约束力减弱，从而产生收缩。因此，合成纤维织物为了稳定产品尺寸必须进行热定型。

特别指出，由于羊毛具有缩绒性和较强吸水性的特点，对毛织物的机械预缩通常在"无张力状态"下，用"低温汽蒸冷却"的方式进行，毛料织物的洗涤也要求在常温下进行。

五、耐热性

织物在高温下保持其物理、机械性能的能力叫耐热性。织物受热后，强度一般会下降，强度下降的程度随温度、时间和纤维种类而异。织物的耐热性能，在低温时呈现出物理变化，在高温时有化学现象的产生。在高温时，天然纤维和人造纤维有分解炭化的性质；合成纤维则有软化、熔融的性质。织物的耐热性取决于纤维耐热性的好坏。在天然纤维中，麻的耐热性是最好的，蚕丝和棉次之，羊毛最差。羊毛在湿热的条件下，受外力的反复作用，纤维之间会互相穿插纠缠产生收缩，这种性能就是羊毛所特有的缩绒性。在化学纤维中，黏胶纤维的耐热性很好，因此常用它来做轮船的帘子布。在合成纤维中，涤纶的耐热性是最好的，腈纶次之；锦纶的耐热性较差，受热易产生收缩；维纶的耐热性也较差，且耐干热不耐湿热；丙纶的耐热性也差，但耐湿热不耐干热；氯纶的耐热性极差。

进行服装定型或平整处理时，熨烫温度应低于纤维的软化点。各种纤维的特质排列顺序为：

软化点：涤纶＞锦纶－66＞维纶＞腈纶＞醋纤＞锦纶－6＞氨纶＞丙纶＞氯纶。

熔融点：腈纶＞醋纤＞涤纶＞锦纶－66＞维纶＞锦纶－6＞丙纶＞氯纶。

分解温度：黏纤＞铜氨＞棉＞蚕丝＞麻＞羊毛。

耐干热性：涤纶＞腈纶＞维纶＞锦纶＞棉＞丙纶＞羊毛＞氯纶。

耐湿热性：腈纶＞丙纶＞棉＞涤纶＞维纶＞羊毛＞氯纶。

六、耐日光性

服装材料在使用和储藏中，由于日光等因素的综合作用会发生氧化，使性能逐渐恶化，强度降低，以致丧失使用价值。服装材料抵抗太阳光作用的性能为耐日光性，这个指标对于露天穿着的服装较为重要。

织物的耐日光性随纤维种类的不同而出现差异。麻的耐日光性是天然纤维中最好的，长时间在日光下暴晒，强度几乎不变。棉的耐日光性也较好，仅次于麻，但棉纤维如果长时间在阳光下暴晒，强度会下降且发硬、发脆。羊毛的耐光性较差，因此羊毛织物不宜长时间在日光下暴晒，否则会失去羊毛油润的光泽而发黄，给人以陈旧干枯之感，强度也会下降，直接影响其使用寿命。丝的耐日光性是天然纤维中最差的，实验证明，丝绸在日光下连续暴晒200个小时，强度下降50%，因为日光中的紫外线对其有破坏作用。

腈纶的耐日光性是所有纺织纤维中最好的，腈纶在日光下暴晒1 800个小时，强度仅下降40%，因此，腈纶织物可以做窗帘、床罩及户外服装。丙纶的耐日光性是所有纺织纤维中最差的，在日光下暴晒，其强度会显著下降。

织物一般不宜在日光下暴晒，应在阴凉通风处阴干，这不仅有利于保持织物色泽的鲜艳，而且可以延长织物的使用寿命。

各种织物的耐日光性排列顺序为：腈纶＞麻＞棉＞羊毛＞醋纤＞涤纶＞富纤＞有光黏纤＞维纶＞无光黏纤＞铜氨＞氯纶＞锦纶＞蚕丝＞丙纶。

七、耐酸性

耐酸性指织物对酸的抵抗能力，织物的耐酸性取决于纤维的耐酸性。

棉纤维和麻纤维都是纤维素纤维，因此耐酸性都差，仅程度不同而已。羊毛和蚕丝都是蛋白质纤维，其耐酸性比纤维素纤维好，无论是有机酸还是无机酸都能被纤维吸收并与内部的蛋白质结合而质量不受影响。在低温和常温下，弱酸和低浓度的强酸对羊毛纤维不会产生显著的破坏作用，因此，羊毛织物可在酸性染料中染色亦可做防酸工作服。黏胶纤维也是纤维素纤维，因此，其耐酸性也较差，且耐酸性不如棉。丙纶的耐酸性是所有纤维中最好的。腈纶的耐酸性是合成纤维中最差的，各种浓酸都会使其分解。维纶则不耐强酸，易溶解。

各种纤维的耐酸性排列顺序为：丙纶＞腈纶＞涤纶＞羊毛＞锦纶＞蚕丝＞棉＞醋纤＞黏纤。

八、耐碱性

耐碱性指织物对碱的抵抗能力，织物的耐碱性取决于纤维的耐碱性。

棉纤维和麻纤维都是纤维素纤维，其耐碱性好，常温下稀碱对其不发生作用。如果在常温下或低温下将棉织物和麻织物浸入浓度为18%～25%的氢氧化钠溶液中，则会因纤维素吸收氢氧化钠而引起纤维膨胀，长度缩短。如果此时加以一定的拉力不使纤维缩短，纤维就会产生强烈的光泽，且其强度、耐磨性、尺寸稳定性和染色性都有提高，这种作用也被称为"丝光"。经过丝光处理的布叫丝光布。蚕丝和羊毛都是蛋白质纤维，其耐碱性差。碱液对羊毛和蚕丝具有腐蚀作用，作用的大小随碱液的浓度、温度的变化而变化，浓度越大、温度越高其破坏力越大，因此这类织物不宜在热碱液中洗涤。丝织物和羊毛织物的洗涤应用中性洗涤剂，水温不能太高，应控制在30～40 ℃，浸泡时间也不宜太长，漂洗要干净。高级羊毛织物应该干洗。

黏胶纤维的耐碱性比耐酸性好，但不如棉的耐碱性好。涤纶的耐碱性不如耐酸性好，且其耐碱性在合成纤维中是较差的。涤纶对弱碱具有较好的稳定性，但在浓碱液中，其表面会受到腐蚀，尽管如此，未腐蚀部分的强度和染色性仍保持不变。

各种纤维的耐碱性排列顺序为：锦纶＞丙纶＞棉＞黏纤＞涤纶＞腈纶＞醋纤＞羊毛＞蚕丝。

九、染色性能

染色性能指织物对染料的亲和能力。织物的染色性能取决于纤维的染色性能。纺织纤维中易染色的纤维有棉纤维、黏胶纤维、羊毛纤维、蚕丝和锦纶等。这些纤维不仅染色容易而且色泽鲜艳、色谱齐全。较难染色的纤维有丙纶、氯纶、涤纶、维纶等。

十、防微生物性

棉纤维吸湿性强，因此易受潮而发霉，但其抗虫蛀性良好。麻纤维的防霉抗虫蛀性良好，并有抑制细菌繁殖的能力。蚕丝和羊毛都是蛋白质纤维，它们的抗虫蛀性均差。蚕丝的抗霉菌性优于棉和羊毛。羊毛特别怕虫蛀和霉菌，因此其织物收藏时一定要保持干燥，箱子周围要放一些樟脑丸，樟脑丸要用废纱布或纸包好，以防污染织物。

黏胶纤维的抗虫蛀性良好，但不耐霉菌。合成纤维的抗虫蛀性良好，只是锦纶怕萘（卫生球），存放时要与羊毛类织物分开。合成纤维与羊毛混纺的织物，也要进行防蛀处理。

复习与思考题

1. 简述断裂强度、断裂伸长率、抗皱性、弹性、耐磨性、缩水性、耐热性、耐日光性的概念。
2. 请在下表中填入各种纺织纤维的特性。

纤维名称	断裂强度	断裂伸长率	抗皱性	弹性	耐磨性	缩水性	耐热性	耐日光性

实训题

根据生活经验，说出哪些服装面料的基本性能较好，哪些服装面料的基本性能较差。

单元二　纺织物的服用性能

一、保温性

保温性是纺织物的重要性能之一，指织物在有温差存在的情况下，防止从高温方向向低温方向传递热量的性能，常用相反的指标即导热系数来表示。导热系数越小，织物的保温性越好。织物之所以保暖，主要是织物内部含有静止的空气。静止空气的导热系数最小，是最好的热绝缘体。织物的保温性取决于纤维的导热系数、纱线的结构及织物的组织结构。

（一）纤维的性质

纤维保温性的大小直接受到各种纤维的导热系数和含气量的影响，其中最主要的是受含气量的影响。在空气不流动的情况下，其保温性最好。表3-1是各种纺织纤维的导热系数。

表3-1　纺织纤维的导热系数（室温21℃时的测量值）

纺织材料	棉	毛	蚕丝	黏胶纤维	醋酯纤维
导热系数 [W/(m·K)]	0.071~0.073	0.050~0.055	0.050~0.055	0.055~0.071	0.050
纺织材料	涤纶	锦纶	腈纶	丙纶	氯纶
导热系数 [W/(m·K)]	0.084	0.210~0.340	0.051	0.220~0.302	0.042
对比物质	空气	水			
导热系数 [W/(m·K)]	0.026	0.597			

天然纤维中，棉纤维和毛纤维的含气量都很大，因此其织物的保温性都很好。羊毛纤维的导热系数比棉纤维小，因此其织物的保温性比棉织物还要好，具有很好的御寒能力。棉絮和羊毛都可做棉衣的填料。麻纤维的导热系数较其他纤维大而且含气量较少，因此散热快，保温性能差，由于其织物具有不黏身体、爽滑透凉的优点，因此比较适宜做夏季服装。生丝由于含气量较少，因此缺少蓬松感，其织物的保温性不如羊毛织物，但丝的下脚料用作棉衣的填充材料时也能起到保暖作用。

化学纤维中，腈纶的保温性特别好，比羊毛还要高15%；氯纶的导热系数比羊毛小，因此保温性比羊毛好；丙纶的保温性也较好；其他化学纤维由于含气量小，导热系数大，因此保温性较差。如果把合成纤维制成中空纤维，使其含气量增大，那么织物的保温性也将有所提高。

（二）纱线的结构

（1）纱线越粗，其织物的保温性越好，因此防寒服装材料一般选用特数大的纱线织成的织物，而夏季衣料则选用特数小的纱线织成的织物。

（2）纱线随捻度的增加，其织物的保温性降低，因此强捻纱织物的保温性不如弱捻纱织物的保温性好。

（三）织物的组织结构

起绒织物和起毛织物比一般织物的保温性好，这主要与织物的空气层的含气量较高有关。

二、吸湿性

吸湿性是服装材料重要的卫生指标，它是服装材料吸收空气中水分的能力。吸湿性也是影响服装舒适性的重要因素。人在正常状态下每天的出汗量为700～900 mL，吸湿性好的材料，能及时吸收人体排放的汗液，始终使皮肤表面处于干燥的状态，因此人就能感到比较舒适；吸湿性差的材料，不能及时吸收人体排放的汗液，使皮肤表面处于高湿的状态，此时人就会感到闷热、不舒适。吸湿性对服装材料的形态尺寸、机械性能、染色性能、抗静电性能都有一定的影响。

衡量织物吸湿性好坏的指标是回潮率或含水率。

回潮率=（材料湿重−材料干重）÷材料干重×100%

含水率=（材料湿重−材料干重）÷材料湿重×100%

由于纤维的吸湿性随周围环境的湿度状况而变化，所处环境的湿度不同，同一纤维的吸湿量也不一样。为了正确地比较各种纤维的吸湿性，规定在温度20 ℃±2 ℃，相对湿度65%±4%的标准大气条件下，将纤维放置一段时间，然后测其回潮率，此条件下所测得的是标准回潮率。标准回潮率的数据虽然准确可靠，但测试时间较长且麻烦，因此在贸易上为计算标准重量而由国家对纺织材料、纺织品统一规定了一个回潮率，即公定回潮率，数值接近标准温度和湿度下测得的标准回潮率。

织物吸湿性的大小与纤维的性质、纱线的结构及织物的组织结构有关。

（一）纤维的性质

各种纤维的结构成分不同，因此它们的吸湿性也不尽相同。亲水性纤维（天然纤维和人造纤维）由于纤维分子具有大量的亲水性基团，且纤维间有很多空隙，所以具有良好的吸湿性能。而疏水性纤维（合成纤维）绝大多数都不含或很少含有亲水性基团，加上分子间排列紧密，因此吸湿性一般比天然纤维和人造纤维低。

天然纤维和人造纤维都是亲水性纤维，因此其织物的吸湿性好。其中麻纤维由于吸湿散热快，接触冷感大，因此其织物是理想的夏季衣料。羊毛和蚕丝不仅吸湿性好，而且吸湿饱和率也高，即使在很潮湿的环境下，感觉仍然很干燥。

合成纤维的吸湿性差，其中维纶的吸湿性在合成纤维中是最好的；丙纶的吸湿性最差，缩水率小，易洗快干。合成纤维制品穿着有闷热感，但具有良好的洗可穿性。

纺织纤维吸湿性大小排列顺序如下：羊毛＞黏纤＞富纤＞麻＞蚕丝＞棉＞维纶＞锦纶＞腈纶＞涤纶＞丙纶。

（二）纱线的结构

弱捻纱织物比强捻纱织物的吸湿性好，复丝纱比单丝纱的吸湿性好，短纤纱比长纤纱的吸湿性好。

（三）织物的组织结构

针织物的吸湿性比机织物的好，起绒织物和起毛织物的吸湿性比一般织物的好。

三、透气性

透气性也是纺织物重要的卫生指标，指当织物两侧存在一定的压力差时，空气透过织物的能力。一般用透气率表示，即在织物两侧维持一定压力差条件下，单位时间内通过织物单位面积的空气量。透气率愈大，织物的透气性愈好。从舒适角度看，透气性对服装衣料十分重要。夏季衣料应有较好的透气性，使人感觉风凉通透；冬季外衣面料的透气性要小，以防止人体热量散失，提高保暖能力。

纺织物分为易透气、难透气和不透气三种。影响纺织物透气性的主要因素有纤维的性质、织物的组织结构。

（一）纤维的性质

一般来说，异形纤维制成的织物透气性比圆形截面纤维制成的织物透气性好。

（二）织物的组织结构

织物的组织结构对织物透气性的影响比纤维本身对透气性的影响更大。织物的密度越大，厚度越厚，织物的透气性就越差；织物的密度越小，厚度越薄，织物的透气性就越好。平纹组织的透气性比斜纹、缎纹要好，因此夏季面料以平纹为主。纱线的捻度大、毛羽少、空隙相对大，透气性就较好。

四、刚柔性和悬垂性

（一）刚柔性

刚柔性指织物的抗弯刚度和柔软程度，是影响织物手感的重要因素。抗弯刚度是织物抵抗其弯曲方向形状变化的能力，常用来评价织物相反的特性——柔软度。织物的刚柔性直接影响服装的廓形与合身程度。一般来讲，内衣要求具有良好的柔软度，穿着合体舒适；而外衣则要求具有一定的刚度，使其形状挺括，保型性好。影响织物刚柔性的因素有纤维的抗弯刚度、纱线的结构、织物的组织结构及染整后加工等。

1. 纤维的抗弯刚度

织物的刚柔性主要取决于纤维本身的抗弯刚度。纤维的抗弯刚度直接与纤维的初始模量及纤维的粗细有关。纤维的初始模量低则其织物手感柔软，穿着贴身。羊毛的初始模量较低，因此其织物具有柔软的手感；麻纤维的初始模量高，其织物的手感则刚硬；棉和蚕丝织物的手感中等。在化学纤维中，合成纤维的初始模量高，因此其织物的手感较刚硬。在合成纤维中，锦纶比涤纶、腈纶的初始模量低，因此锦纶织物比涤纶、腈纶织物的手感柔软。

2. 纱线的结构

纱线越细，其织物的手感越柔软。加捻后，纱线的抗弯刚度大，其织物的柔软性降低。因此，弱捻纱比强捻纱织物的手感柔软。

3. 织物的组织结构

在三原组织中，平纹组织由于交织点最多，因此手感刚硬，斜纹组织次之，缎纹组织最柔软。由于针织物结构松于机织物结构，且针织物用纱捻度比机织物小，因此针织物比机织物手感柔软。

相同纤维的织物，密度大则手感刚硬，密度小则手感柔软。厚型织物比薄型织物的刚度大，因此其手感刚硬。

（二）悬垂性

悬垂性指织物在自然悬垂状态下呈波浪弯曲的特性，反映了织物的悬垂程度和悬垂形态。织物的悬垂性对于服装，尤其是裙装具有重要的意义和作用。悬垂性好的织物制成服装后能显示出轮廓平滑的线条，波形均匀的曲面，给人以线条流畅的形态美。一般像裙子、窗帘、桌布、舞台幕布等都要有较好的悬垂性。悬垂性与刚柔性有关，与重量也有关。一般纱支粗、较厚重的织物悬垂性差，相对重量轻、柔软的稀薄型织物悬垂性好。在同样的条件下，由于针织物的线圈结构特征与机织物的经纬相交情况不同，针织物的悬垂性比机织物好。

五、抗起毛、起球性

织物在穿着和洗涤过程中，会经常受到揉搓和摩擦等外力的作用，因此在织物的表面会露出许多纤维毛绒的现象，这种现象被称为"起毛"。如果这些纤维毛绒在穿着和洗涤过程中不及时脱落，则会互相纠缠形成许多球形小粒，被称为"起球"。织物起毛、起球不仅直接影响服装的外观效果，而且会降低织物的穿用性能和织物的内在质量。

影响织物起毛、起球的因素较多，有纤维的性质、纱线的结构、织物的组织结构、染整后加工及穿用条件等，其中最主要的因素是纤维本身的性质。

（一）纤维的性质

天然纤维和人造纤维除羊毛外，由于强度低、耐磨性差，通常起毛后还未结球就被磨损了，因此起毛、起球现象轻微。而合成纤维由于强度高，纤维无卷曲，抱合力差，伸长能力大，耐磨性好，纤维容易滑出织物表面，形成小球后不易脱落，因此起毛、起球现象严重。其中锦纶、涤纶和丙纶等织物最为严重，维纶、腈纶次之。

由较短纤维纺成的纱织成的织物比由较长纤维纺成的纱织成的织物的起毛、起球现象严重。这是因为短纤维之间的抱合力差，纤维容易滑到织物的表面，再加上纤维的头端多，因此露出织物表面的头端数也较多，所以容易起毛、起球。由此可见，精梳织物不容易起毛、起球。

细纤维比粗纤维容易起毛、起球。这是因为纤维越细，组成纱线的纤维头数就越多，更主要的是因为纤维越细越柔软，竖立于织物表面的纤维头端就越容易纠缠起球。一般毛型纤维比棉型纤维长而粗，所以其织物不易起毛、起球。

断面接近圆形的纤维较其他截面的纤维容易起毛、起球。无卷曲的纤维比有卷曲的纤维易起毛、起球，这也是合成纤维容易起毛、起球的原因。因此，为了改善合成纤维的起毛、起球性，可使其变成具有一定卷曲的异型纤维。

（二）纱线的结构

纱线随着捻度增加，抗起毛、起球性增强。股线织物的抗起毛、起球性比单纱织物好。

（三）织物的组织结构

机织物比针织物结构紧密，因此它的抗起毛、起球性比针织物好。

在机织物的三原组织中，平纹组织的抗起毛、起球性最好，斜纹组织次之，缎纹组织最差。因此洗涤斜纹组织和缎纹组织织物的服装时，不宜用硬刷刷洗，而应顺着织物轻轻刷洗，防止布面起毛。

布面平整的织物比布面凹凸不平的织物的抗起毛、起球性好。

（四）染整后加工

织物经过烧毛、剪毛、定型和树脂整理后，抗起毛、起球性有所提高。

织物起毛、起球的评定方法为将穿着一定时间的试样或者用起毛、起球仪试验过的试样与原样对比评定，一般分五个等级，五级最好，一级最差。

六、抗钩丝性

织物钩丝指织物或服装在穿着过程中，受到坚硬物体的刮擦，织物的纤维或单丝被钩出，在织物的表面形成丝环或断裂为毛绒的现象，如果再继续使用和穿着则一些丝环或毛绒自身会相互纠缠形成小球，凸出在织物的表面。

织物的钩丝不仅影响织物的外观，而且会破坏织物的组织结构，降低织物的使用价值。影响织物抗钩丝性的主要因素有纤维的性质、纱线的结构、织物的组织结构、染整后加工和穿着条件等。

（一）纤维的性质

如果纤维的弹性好，其织物的抗钩丝性就会良好。因为织物受外界坚硬物体的钩引时，如果纱线所选用的纤维弹性好，就可以利用本身的弹性来缓和外力的作用。另外，当外力去除后，由于弹性形变的恢复，纤维容易回到组织中去。

（二）纱线的结构

如果织物所用纱线的结构紧密，其抗钩丝性就会好。因此强捻纱的织物比弱捻纱的织物的抗钩丝性好；股线织物的抗钩丝性比单纱织物好；而膨体纱织物比其他纱线织物易产生钩丝。

（三）织物的组织结构

机织物比针织物的抗钩丝性好，平纹织物比斜纹织物和缎纹织物的抗钩丝性好，密度大的织物比密度小的织物的抗钩丝性好，织物表面平整比凹凸不平的织物的抗钩丝性好。

（四）染整后加工

织物经过热定型和树脂整理后，表面变得光滑平整，能够有效提高其抗钩丝性。织物钩丝大都采用实物与标准样对比定级的评定方法，一般分为五个等级，五级最好，一级最差。

七、染色牢度

染色牢度是对色布、花布、色织布等有颜色织物的质量要求，指有颜色的织物在阳光、皂洗、摩擦、汗渍、熨烫等外界条件作用下，保持自己原有色泽的程度。染色牢度按统一的褪色和沾色标样（灰卡）做对照而评级。织物的染色牢度与纤维的种类、纱线的结构、织物的组织结构、印染方法、染料种类、外界条件有关。一般织物要求3~4级的染色牢度。

（一）日晒牢度

日晒牢度是指有颜色的织物受日光作用变色的程度。试验日晒牢度既可以采用日光照晒，也可采用日光机照晒，再将照晒后的试样褪色程度与标准色样进行对比。日晒牢度共分八个等级，八级最好，一级最差。日晒牢度差的织物切忌在日光下长时间暴晒，一般可以放在通风处阴干，晾晒时将织物反面朝外。

（二）皂洗牢度

皂洗牢度指有颜色的织物经过皂洗色泽变化的程度。通常用灰色分级样卡作为评定标准，即依靠原样和试样褪色后的色差来进行评判。皂洗牢度分为五个等级，五级最好，一级最差。皂洗牢度差的织物宜干洗，如果湿洗则要注意水温不能太高，皂液不能太浓，洗涤时间不能太长。

（三）摩擦牢度

摩擦牢度指有颜色的织物经过摩擦后的掉色、沾色程度。摩擦分为干态摩擦和湿态摩擦。摩擦牢度以白色沾色程度作为评价原则。摩擦牢度共分为五个等级，五级最好，一级最差。

（四）汗渍牢度

汗渍牢度指有颜色的织物沾浸汗渍后的掉色、沾色程度。汗渍牢度由人工配制的汗液来试验，由于成分不尽相同，因而一般除单独测定外，还应与其他色牢度结合起来考评。汗渍牢度共分五个等级，五级最好，一级最差。

（五）熨烫牢度

熨烫牢度指有颜色的织物经熨烫后的色泽变化程度。这种变色、褪色程度是以熨斗同时对其他织物的沾色来评定的。熨烫牢度分为五个等级，五级最好，一级最差。试验分干烫和湿烫两种，值得注意的是有些面料在熨烫时颜色会发生变化，但冷却后又能恢复原来的色泽，所以在测定熨烫牢度时一定要让面料充分冷却后才能进行鉴别。

八、织物的风格

织物的风格是人的感觉器官对织物所作的综合评价，是织物所固有的物理机械性能作用于人的感官所产生的综合效应，是一种受物理、生理和心理因素共同作用而得到的评价结果。仅以触觉即手感来评价织物风格时被称为狭义的风格；当依靠人的触觉、视觉、听觉及嗅觉等方面对织物作风格评价时被称为广义的风格。

人们实际选购衣料和服装时大都是通过眼看、手摸来评价风格的。手摸的结果就是织物的物理性能作用于手的触摸而产生对织物风格的综合效应的感觉，也就是手感。通常织物的手感可用柔软与硬挺、滑爽与干涩来形象地描述；用悬垂感和飘逸感等词汇来抽象地形容。影响手感的因素有纤维原料、纱线的捻度与捻向、织物的组织结构、染整后加工等。其中，纤维原料的影响最大，织物的手感在一定程度上反映了织物的外观和舒适感。

织物的风格包括的内容是十分丰富的。视觉方面主要有光泽、色彩、花型、呢面等。触觉方面有柔软、挺括、滑糯、丰满、蓬松、板结等。不同用途的织物要求具有不同的风格。内衣类织物要求具有柔软舒适的棉型感；外衣类织物要求具有挺括美观的毛型感。夏季衣料要求具有轻薄滑爽的丝绸感或挺括凉爽的仿麻感，而冬季衣料则要求具有丰满厚实的蓬松感。不同品种的织物同样也具有不同的风格。呢绒类织物要求挺括，抗皱弹性好，不板不烂，呢面匀净，光泽柔和而有膘光，花型大方，布边平直；丝绸织物则要求轻盈飘逸，手感滑爽柔软，色彩鲜艳，光洁美观。

织物风格的评定方法有主观评定和客观评定两种。织物风格的主观评定是通过人的手感和肌肤与织物接触所引起的感觉和视觉对织物的外观作出的反映。由于主观评定受到物理、心理和生理等因素的影响，评定结果往往因人而异，因地而异，有一定的局限性。织物风格的客观评定是通过仪器测定有关织物的物理机械性能来表示织物的特征。各种测试方法均以各项与织物手感有关的物理参数为测定基础。

复习与思考题

1. 简述保温性的概念。影响织物保温性的因素有哪些，纤维保温性的大小受什么因素影响，其中最主要的因素是什么？
2. 写出纺织纤维吸湿性大小的排列顺序。
3. 简述透气性的概念。影响织物透气性大小的因素有哪些？
4. 简述刚柔性、抗弯刚度、悬垂性的概念。影响织物抗弯刚度的因素有哪些？抗弯刚度与悬垂性有什么关系？
5. 造成织物起毛、起球、钩丝的因素有哪些？
6. 简述染色牢度的概念。影响织物染色牢度的因素有哪些，一般织物的染色牢度要求几级？
7. 简述织物风格的概念，以及广义的织物风格与狭义的织物风格的区别。

实训题

1. 根据生活经验，说一说哪些服装面料服用性能较好，哪些面料服用性能较差？
2. 简述自己所穿服装的织物风格。

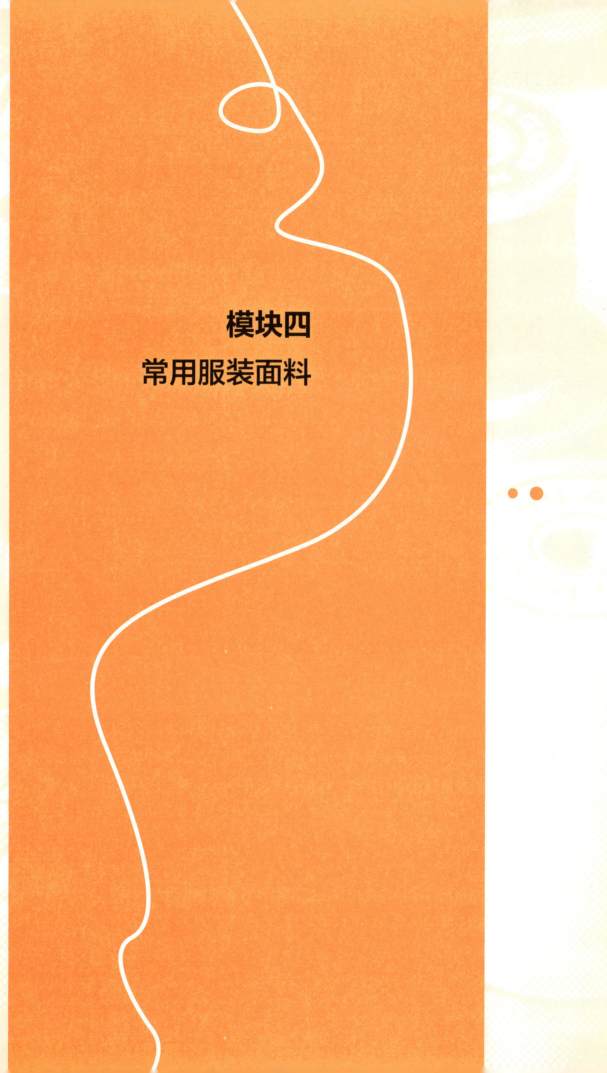

模块四
常用服装面料

学习目标

1. 掌握棉型织物、麻型织物、丝型织物、毛型织物的特点。

2. 了解棉型织物、麻型织物、丝型织物、毛型织物的分类。

3. 掌握棉型织物、麻型织物、丝型织物、毛型织物常用品种的种类、原料及组织结构特点、织物风格、用途。

4. 掌握化纤织物的特点。

5. 掌握针织物的特点。

6. 掌握针织物常用品种的种类、原料及组织结构特点、织物风格、用途。

7. 掌握毛皮的特点、构造、分类、质量要求。

8. 了解皮革的分类。

9. 掌握皮革主要品种的外观特征、特点、用途及质量要求。

10. 掌握人造毛皮与人造皮革主要品种的种类、原料及组织结构特点，织物风格、用途。

11. 掌握新型面料的特点及用途。

12. 能识别纺织纤维织物的大类。

13. 能识别毛皮和皮革的大类。

14. 能识别人造毛皮和人造皮革的大类。

15. 能识别新型面料。

单元一　棉型织物

一、棉型织物的特点

棉型织物具有良好的吸湿性、透气性，穿着柔软舒适，保暖性好，服用性能良好，染色性能好，色泽鲜艳，色谱齐全，耐碱性强，耐酸能力差，耐热光，弹性差，易折皱，易生霉，但抗虫蛀，是理想的内衣料，也是物美价廉的大众外衣衣料。

二、棉型织物的分类

棉型织物是指以棉纱线或棉与化纤混纺纱线织成的织物。

棉型织物主要的分类方法有以下几种：

（一）按织物组织分类

（1）平纹布：是各种规格的平纹组织及平纹变化组织棉布的统称。如粗平布、细平布、纱府绸、半线府绸、全线府绸、麻纱等。

（2）斜纹布：是各种规格的斜纹组织及斜纹变化组织棉布的统称。如纱斜纹、纱哔叽、半线哔叽、纱华达呢、半线华达呢、纱卡其、半线卡其、全线卡其等。

（3）缎纹布：是各种规格的缎纹组织及缎纹变化组织棉布的统称。如纱直贡、半线直贡、横贡等。

（二）按印染整理加工分类

（1）漂白棉布：指以本色棉布为坯布，经过漂白加工而成的各类棉布。如漂白平布、漂白府绸、漂白卡其等。

（2）染色棉布：指以本色棉布为坯布，经过炼漂后再进行染色加工而成的各类棉布。如染色哔叽、染色半线卡其、染色纱府绸等。染色棉布也称匹染布。

（3）印染棉布：指以本色棉布为坯布，经过炼漂或染色后再进行印花而成的棉布。如印花细平布、印花纱斜纹等。

（三）按商业营销分类

（1）原色布：指以原色棉纱织成的，未经漂染、印花加工的棉布。供印染加工的原色布一般称为坯布，直接供市场销售的原色布又被称为市销白布。

（2）色布：指原色布经过漂染加工而成的布。

（3）花布：指将各种坯布经过漂染后再进行印花加工而成的布。

（4）色织布：指将原色纱经过漂染后再织成的各种花色布。

三、常用棉型织物的品种

（一）平纹类

1. 平布

平布是棉型织物四季畅销的主要品种之一，除部分原色布直接供应市场外，大部分平布经过漂白、染色或印花制成各种色布或花布，是大众化纺织品，如图4-1所示。

（1）种类：根据使用纱线的粗细和织物风格的不同，可分为粗布、市布和细布三类。

（2）原料及组织结构特点：粗布又称粗平布，用32 tex以上较粗的棉纱织成。市布又称中平布、平布，用21～32 tex的棉纱织成。细布又称细平布，用21 tex以下较细的棉纱织成。平布所用经纱和纬纱的线密度相等或相近，经密与纬密也相等或相近，采用平纹组织织造。

（3）织物风格：粗布表面较粗糙，棉结和杂质较多，布身厚实，坚牢耐穿。市布的风格介于粗布和细布之间，厚薄适中，坚牢耐穿，布面光洁。细布质地轻薄，布面平整光洁，手感平滑柔韧，光泽好。

（4）用途：本色粗布多用作包装材料，也可直接用作手工扎染或蜡染。印染加工后的粗布一般用来制作劳动服等。市布一般用于制作童装和居家服装，原色市布多用作口袋布等辅料。细布适于做各种衬衫、内衣、婴儿服等。

2. 府绸

府绸是一种兼有丝绸风格的棉型织物，是棉型织物的高档品种。府绸用纱质量较优，其中高级府绸的经纱和纬纱都是经过精梳和烧毛处理的，如图4-2所示。

（1）种类：按所用原料的不同，分为纱府绸、全线府绸、半线府绸、精梳府绸。按织造工艺的不同，分为隐条府绸、提花府绸、色织府绸等。按印染加工方法的不同，分为漂白府绸、印花府绸等。按后整理加工方法的不同，分为防皱府绸、防雨府绸、树脂整理府绸等。

（2）原料及组织结构特点：府绸的经纱和纬纱较细，均在19 tex以下（30英支以上）。府绸最大的特点是织物密度较大，而且经向密度比纬向密度大近一倍。因此，府绸织物表面具有明显的菱形颗粒，这也是府绸区别于其他平纹织物的特有的颗粒效应，又称"府绸效应"。

（3）织物风格：布面洁净平整，质地轻薄，结构紧密，颗粒清晰，富有光泽，手感平挺滑爽，穿着舒适，有丝绸感。缺点是由于府绸经纬密度相差较大，故经纬向强力不平衡，使用时间长了纬纱易断裂，纵向容易产生裂口，从而出现"破肚"现象。

（4）用途：府绸是理想的男士衬衫及童装面料，也可以用来制作手帕、床单、被套等。经丝光、免烫、防皱处理的全棉精梳府绸是高档衬衫面料的优选。经树脂整理的府绸还可用于羽绒服和风雨衣的面料。

3. 麻纱

麻纱的原料不是麻纤维，而是用棉纤维织成的一种具有麻织物风格的薄型棉型织物，如

彩图
（7）

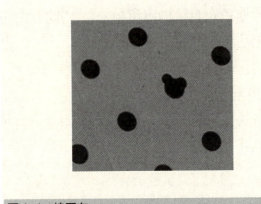
图4-1 棉平布

图4-2 府绸

图4-3所示。

（1）原料及组织结构特点：麻纱采用较高捻度的细特纱制成，比一般平布纱线的捻度大。经纱单根和双根间隔排列，密度较小，采用平纹变化组织，多以二上二下纬重平组织织造而成。

（2）织物风格：布面有明显的直条纹路且散布着许多清晰的空隙，质地轻薄，条纹清晰，挺爽透气，穿着舒适。

（3）用途：适合制作男女衬衫、童装、睡衣、睡裤、裙子等，是夏季服装的理想用料。

4. 巴厘纱

巴厘纱如图4-4所示。

（1）种类：根据印染整理加工不同分有漂白、印染和印花等品种。

（2）原料及组织结构特点：采用高捻度的细特纱制成，一般在10 tex以下（55英支以上）。巴厘纱稀薄、透明度高，故又称"玻璃纱"。

（3）织物风格：挺爽、透气、有身骨，具有"稀、薄、爽"的风格。

（4）用途：适合制作女衬衫、童装、裙装、内衣、睡衣等，还可以用于制作手帕、面纱、窗帘、家具布等，在国际市场上颇受欢迎。

（二）斜纹类

采用二上一下单面斜纹织制的中厚型棉型织物，如图4-5所示

1. 斜纹布

（1）种类：根据印染整理加工的不同分漂白、染色和印花等品种。根据经纬所用纱线不同分纱斜纹布与线斜纹布。

（2）原料及组织结构特点：纱斜纹布的经纱和纬纱均采用单纱，为二上一下左斜组织，倾斜角为45°。其中，经纬纱采用31 tex及以上（18英支及以下）的单纱织制成粗斜纹，经纬纱采用30 tex及以下（19英支及以上）的单纱织制成细斜纹。线斜纹布的经纱用股线，纬纱用单纱，为右斜纹。

彩图（8）

图4-3 麻纱

图4-4 巴厘纱

图4-5 斜纹布

（3）织物风格：织物正面斜纹纹路明显，反面则模糊不清似平纹状。粗斜纹布纹路粗壮，质地厚实坚牢。细斜纹布质地轻薄，织物紧密，手感柔软，光滑细洁。线斜纹布表面光洁，手感挺爽，比纱斜纹布坚牢耐穿。

（4）用途：粗斜纹布适用于工装、秋冬外衣裤。印花细斜纹布可做女装和童装，素色细斜纹可做男士衬衫。线斜纹多用于外衣、制服类。

2. 卡其

"卡其"一词原自南亚次大陆乌尔都语，意思为泥土，因军服早期使用一种名称为"卡其"的矿物原料染成类似泥土的颜色，故以此染料来统称这类织物，近代则用各种染料染成多种颜色以供民用，如图4-6所示。

（1）种类：根据外观和组织的不同，可分为单面卡其、双面卡其、人字卡其。根据原料不同，可分为纱卡其和线卡其。根据后整理加工不同，可分为防雨卡其、防缩卡其、水洗卡其、磨毛卡其等。

（2）原料及组织结构特点：单面卡其经纬纱均为单纱或均为股线，采用三上一下左斜纹组织。双面卡其经纬纱均为股线或经纱为股线纬纱为单纱，采用二上二下加强右斜纹组织。人字卡其采用变化斜纹组织，斜纹一半左斜，一半右斜，使布面呈现"人"字外观。纱卡其经纬纱均采用单纱，大多采用三上一下左斜纹组织，倾斜角为65°～78°。线卡其经纬纱均采用股线，大多采用二上二下右斜纹组织，倾斜角为65°～73°。卡其是斜纹类织物中密度最大的一种，经密往往是纬密的1倍以上。

（3）织物风格：织物紧密厚实、挺括耐穿，纹路细密而清晰。纱卡其质地紧密柔软，不易折裂。线卡其光滑硬挺，光泽较好，单折边处如领口、袖口、裤口等容易磨损折裂。卡其主要染成色布，以蓝色为主，也有灰色、什色等品种。

（4）用途：卡其在服装中的应用十分广泛，适合各种年龄层次和性别的人穿着。可用作

彩图
（9）

图4-6 卡其

制服、工作服、夹克衫、裤子等面料。高密度双面卡其经防水整理后，可制作风衣、雨衣。卡其还可作沙发套等室内装饰用布。

3. 哔叽

"哔叽"一词来源于英文Beige的音译，是由毛织物发展到棉织物的品种，如图4-7所示。

（1）种类：根据所用纱线的不同，可分为纱哔叽和线哔叽。根据印染整理加工的不同，可分为漂白、染色和印花哔叽等品种。

（2）原料及组织结构特点：采用二上二下加强斜纹组织，正反面纹路相同，但斜向相反。经纬密度接近于1.2∶1，倾斜角为45°。斜向有左斜也有右斜，纱哔叽为左斜，线哔叽为右斜。

（3）织物风格：纱哔叽柔软松薄，布面稍有毛绒感；线哔叽质地较挺阔些，布面光洁。

（4）用途：纱哔叽以印花居多，小花型用于制作女士时装、衬衫、儿童衣裤，大花型主要用作被面和装饰布。线哔叽一般加工成色布和印花布，主要用作外衣、春秋装、夹衣面料等。

4. 华达呢

华达呢属于毛织物的传统产品，后由毛织物发展到棉织物，如图4-8所示。

（1）种类：根据所用原料的不同，可分为半线华达呢和纱华达呢，常见的为半线华达呢，即线经纱纬华达呢，纱华达呢则很少见。

（2）原料及组织结构特点：采用二上二下加强左斜纹组织织制，倾斜角为63°，经纬密度之比为1.8∶1，纹路间距比卡其宽，比哔叽明显细密。

（3）织物风格：织纹清晰细致，斜纹线陡而平直，质地较厚实，手感松软有光泽，耐磨性好。主要匹染成色布，有蓝、青、灰等色。

（4）用途：适宜制作各种男女外衣和裤子。

图4-7 哔叽

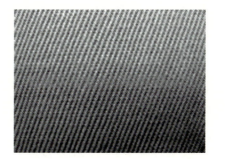

图4-8 单面华达呢

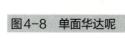
彩图（10）

（三）缎纹类

1. 直贡

直贡如图4-9所示。

（1）种类：根据所用纱线的不同，可分为纱直贡和半线直贡。根据印染加工的不同，可分为色直贡和花直贡。一般需经电光或轧光整理。

（2）原料及组织结构特点：采用五枚或八枚经面缎纹组织织制。由于织物表面大多被经浮线覆盖，厚直贡具有毛织物的外观效果，故又称贡呢或直贡呢；薄直贡具有丝绸中缎类的风格，故又称贡缎或直贡缎。

（3）织物风格：质地紧密厚实，手感柔软，布面光洁有光泽。直贡表面浮长较长，用力摩擦后织物表面易起毛钩丝，因此不宜用力搓洗。

（4）用途：印花直贡主要用于制作被面、衬衫、童装。素色直贡以黑色、深色居多，主要用作外衣料和裤料。

2. 横贡

横贡又称横贡缎，如图4-10所示。

（1）原料及组织结构特点：经纬纱所用纱支比直贡要细，多采用优质精梳棉纱。采用五枚二飞、五枚三飞纬面缎纹组织织制。纬纱浮长呈现于正面，看起来布面似由纬纱组成，经纬密度之比为5:3。

（2）织物风格：织物结构紧密，质地柔滑有光泽。布面光洁度优于直贡，比直贡更具有丝绸感，手感柔软丰满，悬垂性好，穿着舒适。缺点是不耐磨，易起毛钩丝，洗涤时不可用力搓洗。

（3）用途：横贡多做印花加工，又称花贡缎，经电光、轧光和树脂整理后不易起毛，抗皱保型性好，可作为高档时装、衬衫、裙子、童装、礼服的面料，亦可作为羽绒服面料和室内装饰用布。

彩图（11）

图4-9 直贡

图4-10 横贡

（四）起绒类

1. 灯芯绒

1750年灯芯绒首创于法国里昂，采用割纬起绒工艺，将布面做出间隔的圆润丰满绒毛的凸条纹，类似灯芯草，故名灯芯绒，又称条绒。如图4-11所示。

（1）种类：根据每英寸内的绒条数，可分为特细条、细条、中条、粗条、宽条、特宽条和间隔条灯芯绒等品种。根据印染加工的不同，可分为素色、色织和印花灯芯绒等品种。根据织造工艺的不同，可分为普通灯芯绒和提花灯芯绒。

（2）原料及组织结构特点：采用复杂组织中的起毛组织，以纬纱起毛居多。由一组经纱和两组纬纱交织而成，其中一组纬纱与经纱交织形成地组织，另一组纬纱和经纱交织形成有规律的较长浮长线，割绒后形成绒条。

（3）织物风格：外观圆润，绒毛丰满，手感厚实，质地坚牢，条纹清晰饱满，保暖性好。需要注意的是灯芯绒经日久摩擦绒毛容易脱落，缝时可局部衬上衬里，减缓脱毛现象；洗涤时，不宜用热水强搓，洗后不宜压烫，以免倒毛、脱毛；裁剪时要注意倒顺毛，防止出现服装外观颜色深浅不一的阴阳面现象。

（4）用途：适合制作各种男女外衣、童装、鞋帽等。特细条可用于制作衬衫、裙装，也可用作窗帘、沙发套、帷幕、手工艺品、玩具等材料。一直以来，灯芯绒都十分流行，棉加氨纶弹力灯芯绒、印花灯芯绒及新型后整理灯芯绒的出现使这一典型棉织物更具有时代气息。

2. 平绒

平绒是经纱或纬纱在表面形成短密平整绒毛的棉型织物，如图4-12所示。

（1）种类：根据织造方法的不同，可分为经平绒和纬平绒。根据印染加工方法的不同，可分为染色平绒和印花平绒等品种。

（2）原料及组织结构特点：采用复杂组织中的双层组织织成。经平绒是绒经和地经与地纬交织形成的双层组织，经割绒后成为两幅单层经平绒，地组织多采用平纹；纬平绒则由绒

彩图
（12）

图4-11 灯芯绒

图4-12 平绒

纬和地纬与地经交织而成，绒纬经割绒后，布面形成平整的绒毛，地组织多用平纹。此外，也有以一上二下、一上三下斜纹组织织制的。

（3）织物风格：绒面平整而丰满，绒毛短而稠密，质地厚实，手感柔软有光泽，弹性好，不易起皱，坚牢耐穿。

（4）用途：经平绒的绒毛较长，常用作沙发面料，以及各种坐垫、帷幕等用料；而纬平绒的绒毛短密平整，适合作冬季罩衫、夹袄、马甲、短外套的用布及鞋帽料、绲边料等。

3. 绒布

绒布是经过拉毛后织物表面呈现散乱绒毛状的棉型织物，如图4-13所示。

（1）种类：根据起绒面的不同，可分为单面绒布和双面绒布。根据组织结构的不同，可分为平纹、斜纹、提花和凹凸绒布。根据印染加工的不同，可分为漂白、染色、印花和色织绒布。根据织物厚薄的不同，可分为厚绒布和薄绒布。

（2）原料及组织结构特点：一般捻度的经纱和低捻度的纬纱织成坯布，经起绒后，使纬纱纤维尾端被拉出，表面出现蓬松细软的绒毛，绒布即是由此制成的。单面绒布大多采用二上二下斜纹组织，双面绒布一般采用平纹组织。

（3）织物风格：外观优美，手感柔软，舒适保暖，吸湿性强，尤其适合贴身穿着。需注意的是洗涤时不要用力搓洗，以免损伤织物和绒毛的丰满度。

（4）用途：一般用作冬季衬衫、内衣、睡衣、童装面料及衬里。

（五）起皱类

1. 泡泡纱

泡泡纱是指布身呈凹凸状泡泡的薄型棉型织物，是棉型织物中具有特殊外观风格特征的织物，如图4-14所示。

（1）种类：泡泡纱产生凹凸泡泡的方法主要有以下几种。织造法——在织布时利用经纱张力的不同形成泡泡，一般以条状花纹为多。经纬向紧度越高，泡泡越明显。织造法形成的

彩图（13）

图4-13　绒布

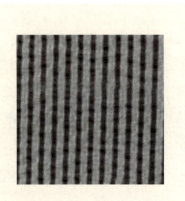
图4-14　泡泡纱

泡泡有较好的保型性，泡泡最持久。化学处理法——根据棉纤维遇碱剧烈收缩的性质，按照图案要求，将浓碱液印于底坯上，接触碱液处收缩，未接触碱液处凸起，从而形成泡泡，用化学处理法形成的泡泡耐久性最差。机械法——利用轧辊压出凹凸不平的花纹，再经树脂整理，使轧纹能在一定时间内不变形，这种布也称轧纹布。用机械法形成的泡泡耐久性较差，在高温作用下泡泡容易消失。根据印染加工方法不同，可分为素色、印花和色织泡泡纱。

（2）原料及组织结构特点：使用纯棉或涤棉的中特纱或细特纱，以平纹组织织成。

（3）织物风格：外观独特，美观新颖，立体感强，轻薄凉爽，穿着舒适不贴身，洗后不需熨烫。需要注意的是为了保持泡泡持久不变形，洗涤时水温不宜太热，不能用力搓洗。

（4）用途：是夏季衣料的畅销品种，适合用作女装、童装、睡衣面料，还可用作床上用品、台布等。

2. 树皮绉

树皮绉是织物表面具有树皮绉效果的棉型织物，如图4-15所示。

（1）种类：根据原料不同，可分为全棉、涤棉和涤黏树皮绉。

（2）原料及组织结构特点：使用普通捻度的经纱和高捻度的纬纱以特殊的绉组织织制，经染整松式加工后纬向收缩成树皮状凹凸不平的起皱效果。

（3）织物风格：有较强的树皮绉效果，立体感强，手感柔中有刚，富有弹性，尺寸稳定性好，外形美观大方，吸湿透气，穿着不贴身，具有仿麻效果。

（4）用途：纯棉树皮绉常用作夏季衣料；涤棉树皮绉多用作春夏及夏秋之间妇女儿童的服装面料；涤黏中长树皮绉适宜制作春秋冬季外套、套裙和夹克衫，也可用于制作窗帘、床罩等室内装饰品。

3. 折皱布

折皱布是经折皱整理加工而成的表面具有各种皱纹的棉型织物，如图4-16所示。

（1）种类：折皱布形成的方法有三种：一是机械加压加热法，即通过手工打折皱、绳装

彩图
（14）

图4-15 树皮绉

图4-16 折皱布

轧皱、热压轧皱等产生折皱效果；二是通过揉搓起皱；三是使用特殊的设备形成特殊形状的折皱。

（2）原料及组织结构特点：折皱布的组织结构简单，可以通过表面的折皱变化来丰富服装的效果。

（3）织物风格：具有随意和怀旧的风格，符合消费者追求个性和流行的要求，顺应人们回归自然的穿着心理。

（4）用途：适宜制作时装。

（六）色织布

1. 牛仔布

牛仔布又称劳动布或坚固呢，是一种紧密粗厚的色织棉布，其名称来源于美国西部牛仔穿着的"牛仔裤"，一经问世便风靡全球，至今长盛不衰，如图4-17。

（1）种类：根据原料不同，可分为全棉牛仔布、棉加氨纶弹力牛仔布、棉与黏胶或蚕丝交织牛仔布、羊毛与蚕丝混纺或交织牛仔布。根据厚薄不同，可分为厚型、中厚型和轻薄型牛仔布。根据后整理加工不同，可分为石磨、水磨、雪磨、磨毛、生物酶石洗等牛仔布。

（2）原料及组织结构特点：纱号粗、密度高，经纱用靛蓝色染色纱，纬纱用漂白或原色纱，采用平纹、斜纹、破斜纹、复合斜纹、缎纹或小提花组织织成，一般采用三上一下左斜纹组织。

（3）织物风格：质地厚实，织纹清晰，坚牢耐磨，保暖性强，风格粗犷。经预缩、烧毛、退浆、水洗等整理，使织物既柔软又挺括且缩水率减小。需要注意的是，久穿领口、袖口、裤口易发生折裂。

（4）用途：适宜制作工作服、休闲服、夹克衫、牛仔服、风衣、猎装等。

2. 牛津纺

牛津纺以英国牛津大学命名，早期为专供该校学生校服的传统精梳棉织物面料，如图4-18所示。

彩图
（15）

图4-17　牛仔布

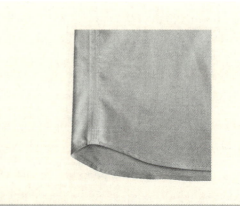

图4-18　牛津纺

（1）原料及组织结构特点：主要采用二上二下纬重平组织织制（双经单纬），也有方平组织。经纱颜色深，一般为靛蓝色，纬纱颜色浅，一般为浅色或本色，经密大于纬密。

（2）织物风格：织物呈双色效果，色泽调和文静，风格独特，手感柔软，光泽自然，布身气孔多，透气性好，穿着舒适。

（3）用途：主要用作男女衬衫、两用衫、休闲服、妇女裙料等，也可用作室内装饰用布。

复习与思考题

1. 简述棉型织物的特点。
2. 简述府绸的组织结构特点。
3. 简述单面卡其与双面卡其的区别。
4. 简述纱卡与线卡的区别。
5. 简述横贡缎与直贡缎的区别。
6. 简述灯芯绒、平绒、绒布的区别。
7. 简述牛仔布的织物风格。

实训题

1. 收集棉型织物若干块制作样卡，说明其原料、组织结构特点、织物风格、用途。
2. 市场调研：搜集市场上其他棉型织物，制作样卡，了解它们的织物风格及用途。

单元二　麻型织物

一、麻型织物的特点

麻型织物强度极高，吸湿、导热、透气性甚佳，穿着凉爽，易皱，外观较为粗糙、硬挺，对酸碱反应不敏感，抗霉菌，不易受潮发霉，色彩鲜艳。一般用来制作休闲装，目前也多用其制作夏装。

二、麻型织物的种类

麻型织物是指用麻纤维纯纺、混纺或交织而成的织物。

（一）按所用原料分类

（1）苎麻布：指用100%苎麻为原料织成的布。

（2）亚麻布：指用100%亚麻为原料织成的布。

（3）麻混纺布：指用麻纤维和其他纤维按一定比例混纺织成的布。

（4）麻交织布：指用麻与其他原料分别做经、纬纱交织而成的布。

（二）按加工方法分类

（1）手工苎麻布：俗称夏布，是采用土法织造的布，因质量好坏不一，故多用来制作蚊帐、麻衬、衬布等。

（2）机织苎麻布：采用机器纺织加工而成的麻布，其品质和外观优于手工夏布，布面紧密平整，匀净光洁，经漂白或染色后可用于制作各种服装。

（三）按印染整理加工分类

（1）原色亚麻布：指未经任何印染整理加工，保持织物原有色泽的麻布。

（2）漂白亚麻布：指坯麻布经过漂炼加工而获得的，本白或漂白的麻布。

（3）印花麻布：指坯麻布经过漂炼加工后，再进行染色、印花加工的麻布。

三、常用麻型织物品种

（一）苎麻织物

1. 夏布

手工织制的苎麻布统称夏布，夏布是我国传统的纺织品之一，历史悠久，驰名中外，如图4-19所示。

彩图
（16）

图4-19　夏布

（1）种类：根据印染加工方法的不同，可分为本色、漂白、染色和印花等夏布品种。

（2）原料及组织结构特点：多以平纹为主，原料有细特纱也有粗特纱。

（3）织物风格：细特纱的夏布布面条干均匀，组织紧密，色泽匀净，穿时透气散热，挺爽凉快。粗特纱的夏布组织疏松，色泽较差。

（4）用途：细特纱的夏布适合做夏季衣料，粗特纱的夏布多用于制作蚊帐、滤布以及用作衬料。

2. 苎麻布

苎麻布是指机织的苎麻织物，如图4-20所示。

（1）种类：根据印染加工的不同，可分为原色、漂白、染色和印花等苎麻布品种。

（2）原料及组织结构特点：一般以中特数纱线织制，采用平纹、斜纹和小提花组织。

（3）织物风格：织物品质比夏布细致光洁，布身结构紧密，质地优良，吸湿散热快，挺爽透气，出汗后不贴身。

（4）用途：是夏令时节的理想衣料，此外也可作抽绣、台布、茶几布、窗帘布和装饰用布。

3. 爽丽纱

爽丽纱是纯苎麻细薄型织物的商业名称。因织物轻薄如蝉翼，略透明，具有丝绸般光泽和挺爽感，故取名"爽丽纱"。爽丽纱在国际市场上是紧俏商品，如图4-21所示。

（1）原料及组织结构特点：经纬向都使用精梳苎麻纤维纺成的细特单纱织制，织物经特殊工艺整理而成。

（2）织物风格：穿着舒适，风格清爽，目前只有漂白品种。

（3）用途：是用以制作高级时装及装饰用手帕、抽绣制品的高级布料。

（二）亚麻织物

1. 亚麻细布

亚麻细布，如图4-22所示。

（1）种类：根据印染加工不同，可分为原色、漂白、染色和印花等亚麻细布品种。

图4-20 苎麻布

图4-21 爽丽纱

图4-22 亚麻布

彩图（17）

（2）原料及组织结构特点：采用细特、中特亚麻纱织制，一般以平纹组织为主，部分采用变化组织和提花组织。

（3）织物风格：布面呈现细条痕状，并夹有粗节纱，形成类似麻织物的特殊风格。吸湿散热快，织物表面光泽柔和，不易吸附灰尘，易洗易烫，透凉爽滑，穿着舒适，较苎麻布松软，但弹性差、易折皱。

（4）用途：适于制作服装或用作抽绣及装饰用布。

2. 亚麻帆布

亚麻帆布，见图4-23。

（1）原料及组织结构特点：纱支较粗，大多使用不经任何煮、漂工艺的亚麻干纺原纱织制。织品通常不经炼漂加工，有的也采用特殊后整理加工，如拒水、防腐、防火等后整理加工。

（2）织物风格：织物较亚麻细布厚重，吸湿散湿快，拒水性好，织物挺括，强度高。

（3）用途：一般用作蚊帐、油画布、地毯布、麻衬布、包装布等。

彩图
（18）

图4-23　亚麻帆布

复习与思考题

1. 简述麻型织物的特点。

2. 简述爽丽纱的织物风格。

3. 简述亚麻细布的原料及组织结构特点。

实训题

1. 收集麻型织物若干块并制作样卡，说明其原料、组织结构特点、织物风格、用途。

2. 市场调研：搜集市场上其他麻型织物，制作样卡，了解它们的织物风格及用途。

单元三　丝型织物

一、丝型织物的特点

丝型织物轻薄、柔软、滑爽、透气，色彩绚丽，富有光泽，高贵典雅，穿着舒适，但是易产生折皱，容易吸身、不够结实，较易褪色。它可用来制作各种服装，尤其适合制作女装。

二、丝型织物的种类

丝型织物主要指以桑蚕丝为原料织成的纯纺或混纺、交织的纺织品。

（一）按所用原料分类

（1）真丝绸：指纯桑蚕丝绸，如塔夫绸、双绉、电力纺等，其具有光泽柔和、质地柔软、手感滑爽、穿着舒适、有弹性等特点，是理想的高档夏季服装面料。

（2）柞丝绸：指柞蚕丝绸或以柞蚕丝原料为主的丝绸，如柞丝纺、柞丝哔叽等，其具有质地平挺滑爽、手感厚实、弹性好、坚牢耐用的特点。柞丝绸比桑蚕丝绸价格便宜，但光泽和颜色不如桑蚕丝绸。

（3）绢纺绸：指用绢丝织成的织品，如绢丝绸、绵绸等。虽然绢纺原料为丝织厂的下脚料，但其织物亦不失为高档的服装面料，其具有光泽柔和、手感柔软、吸湿悬垂性好的优点，不过绢纺服装穿着后有易发霉、发毛的缺点。绢纺绸多用于制作男女衬衫、睡衣、睡袍等。

（4）人丝绸：指经纬均采用黏胶人造丝织成的织品，如立新绸、美丽绸、有光纺。人丝绸具有质地轻薄、光滑柔软、色彩鲜艳的特点，但其强度低、弹性差、易起皱，穿着时人丝绸服装底边易变形。人丝绸的缩水率较大，裁剪前应先进行预缩处理。

（5）合纤绸：指用合成纤维长丝织成的织品，如涤丝绸、锦丝绸、涤纶乔其纱等。合纤绸具有天然丝织物的外观，但绸面更平挺，身骨更坚牢，耐磨性、弹性更好。缺点是光泽不够柔和，吸湿透气性差，穿着时有闷热感。

（6）交织绸与混纺绸：指用人造丝或天然丝与其他纤维混纺或交织而成的仿丝绸织品，如织锦缎、羽纱、线绨等，其面料的特点由混纺或交织的纤维的性质决定。

（二）按组织结构及外观特征分类

可分为纺、绉、缎、绢、绸、葛、绫、纱、罗、锦、绒、绨、呢、绡14大类。

（三）按用途分类

（1）衣着用绸：在丝绸织物中，以衣着用绸的品种为最广。如纺、绉、缎、绢、绸、葛、绫、纱、罗、绒、锦、呢、绡等均可作衣着用料，亦可用于制作领带、被面、围巾、头巾、手帕等。

（2）装饰用绸：如窗帘用乔其纱，壁毯用古香缎，帷幕用乔其绒，美术装饰用风景丝织物，裱画用花绫等。

（3）工业用绸：如绝缘用的绝缘绸，过滤用的滤绸，筛选用的筛绢，制伞用的尼龙伞绸、涂层尼丝纺以及野外帐篷用绸等。

（4）国防用绸：如航空用的降落伞绸，飞机上用的羽翼绸等。

（四）按外观花色分类

（1）素色丝绸：经染色加工而成的单一颜色的丝绸。

（2）印花丝绸：经印花加工得到的丝绸。

（3）织花丝绸：经、纬纱经炼染后采用提花组织织出有花纹图案的丝织物。

（4）织花加印染丝绸：先采用提花组织织出花形图案，再进行印染加工得到的丝绸。

（五）按染整加工分类

（1）生丝丝绸：先织制后炼染的织物。

（2）熟织丝绸：经、纬丝经炼漂、染色后再进行织造的丝织物。

知识拓展

砂洗绸及其衍生物

砂洗绸是用真丝绸加工而成的。加工的方法主要有两种：一种是起毛法，另一种是机械磨砂法。起毛法是对处于松弛状态下的丝织物使用砂洗化学剂使真丝纤维膨化、疏松，再利用织物与织物以及织物与机械之间的摩擦，使包覆在外层的微纤裸露而产生绒毛。这种加工法效果较好，在亚洲各国使用较多。机械磨砂法源于意大利，是用细砂磨洗丝绸使其表面产生毛绒。这种加工方法在欧洲各国使用较多。

砂洗绸质地深厚，手感腻、糯、柔、滑，且具有较好的弹性、悬垂性和抗皱性，是丝织物中的高档产品。

三、常用丝型织物品种介绍

（一）纺类

纺类是采用平纹组织织制的质地轻薄、平整细洁的花、素丝织物，是丝绸中最简单的一种。常用原料有桑蚕丝、人造丝、锦纶丝、涤纶丝等。经、纬丝一般不加捻，以生织后印染为主，也有熟织条格和提花品种。其织物具有质地轻薄坚韧、绸面细洁的特点。

1. 电力纺

电力纺俗称纺绸，最早用手织机织造，后改用电力织机织造，故称电力纺，如图4-24所示。

（1）种类：根据织物重量不同，可分为重磅纺和轻磅纺。重磅纺为408 g/m²以上，轻磅纺为408 g/m²以下。

（2）原料及组织结构特点：经纬均选用2.2～2.4 tex（20/22 D）的高级生丝与2～3根桑蚕丝合并而成，经密为500～640根/10 cm，纬密为379～450根/10 cm，采用平纹组织织制而成。

（3）织物风格：质地轻薄、柔软、平挺、滑爽，光泽自然，比一般绸类飘逸透凉。绸面比纱类细密，富有桑蚕丝织物独有的风格。

（4）用途：重磅电力纺适宜制作夏令男女衬衫、裙子、裤子等，轻磅电力纺宜制作头巾、窗帘、彩绸、绢花等。

2. 杭纺

杭纺主要产于浙江杭州，故得名杭纺，又名"素大纺"或"老纺"，是历史悠久的传统产品，如图4-25所示。

（1）原料及组织结构特点：经纬均选用5.6～7.8 tex×3（3/50/70 D）的农工丝，经密为421～447根/10 cm，纬密为314～324根/10 cm，采用平纹组织织制而成。杭纺的重量是纺类产品中最重的。

（2）织物风格：组织紧密，织纹清晰，绸面平整光洁，手感滑爽，质地坚牢耐穿，色泽柔和自然，穿着舒适凉爽。大多为匹染，一般有本白、藏青和灰等色。

（3）用途：适宜制作男女衬衫、裙子和裤子。经过水洗、砂洗整理后可作春秋外衣面料。

3. 绢丝纺

绢丝纺，如图4-26所示。

图4-24　电力纺

图4-25　杭纺

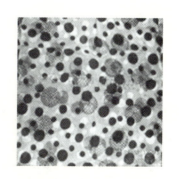

图4-26　绢丝纺

彩图
（19）

（1）种类：根据印染加工的不同，可分为染色、印花、色织、彩条、彩格等绢丝纺品种。

（2）原料及组织结构特点：经纬均选用4.76 tex×2或7.14 tex×2的桑绢丝线，经密为400根/10 cm，纬密为300根/10 cm左右，采用平纹组织织制而成。

（3）织物风格：质地丰满坚韧，绸面平挺，光泽柔和自然，手感柔软，具有良好的吸湿透气性。

（4）用途：适宜制作男女衬衫、内衣、睡衣等。

4. 富春纺

富春纺是早期的仿真丝产品，如图4-27所示。

（1）原料及组织结构特点：经向选用120 D有光或无光人造丝，纬向选用18 tex（32 s）有光黏胶短纤维。经密大于纬密，采用平纹组织织制而成。

（2）织物风格：质地丰厚，绸面光洁，绸身柔软滑爽，穿着舒适，光泽艳丽美观，吸湿性强。因为经细纬粗，因此布面呈现横细条纹。需要注意的是织物易皱，湿强度差，缩水率较大，制作服装前须进行预缩或放码处理。

（3）用途：适宜制作夏季服装、被套，也可作男女冬季棉袄的面料。

（二）绉类

绉类是传统丝织物品种，具有悠久的历史，采用平纹或其他组织织制而成。经或纬加强捻，或经纬均加强捻，织物外观具有小颗粒状的皱纹，富有弹性。

1. 双绉

双绉是中国传统的丝织品，因其绸面呈现双向的细致皱纹，所以被称为双绉。双绉在国际上被称为"中国绉"，是我国丝绸出口的重要品种，盛销不衰，深受欢迎，如图4-28所示。

（1）种类：根据印染加工方法不同，可分为纯白、染色、印花及轧染、拔染等双绉品种。

（2）原料及组织结构特点：经纬均为桑蚕丝。经向选用2.2~2.4 tex（20/22 D）的生丝，纬向选用4.4~4.8 tex（40/44 D）的生丝。经丝弱捻或不加捻，纬丝强捻，两根左捻，两根

彩图
（20）

图4-27 富春纺

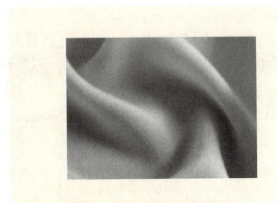

图4-28 双绉

右捻轮流交换织入。经密为590~640根/10 cm，纬密为380~400根/10 cm。经密平、纬稀绉，经炼染后织物表面出现隐约可见的、均匀的鳞状皱纹，且沿横向隐约有光泽明暗之差。

（3）织物风格：手感柔软而富有弹性，光泽柔和，轻薄透凉，穿着舒适，织物表面具有隐约的细皱纹，是丝绸中的高档产品。需要注意的是缩水率较大，一般在10%左右，制作服装前须进行预缩处理。

（4）用途：适宜制作女衣裙、衬衫、时装等。

2. 留香绉

留香绉是我国传统的丝织品，具有民族特色，深受女性和少数民族地区人民的欢迎，如图4-29所示。

（1）原料及组织结构特点：经向选用2.2~2.4 tex（20/22 D）两合股厂丝及8.33 tex（75 D）有光人造丝，纬向选用2.2~2.4 tex（20/22 D）三合股强捻桑蚕丝，组织多采用平纹提花组织或皱纹提花组织。

（2）织物风格：质地柔软，色泽鲜艳夺目，地组织光泽柔和，提花花型饱满，光亮明快，花纹雅致，花型以梅花、兰花、蔷薇花为主。需要注意的是由于提花浮长较长，面料易起毛钩丝，因此不宜多洗。

（3）用途：适宜制作棉袄、民族服装、舞台戏装等。

3. 乔其绉

乔其绉又名乔其纱，如图4-30所示。

（1）种类：根据印染加工方法不同，可分为素色和印花乔其绉两种。

（2）原料及组织结构特点：根据所用的原料，可分为真丝乔其绉、人造丝乔其绉、涤丝乔其绉和交织乔其绉四种。经纬均采用两左捻、两右捻双股强捻厂丝相间交织，密度较小。经纬密度、捻度及捻向基本平衡，属生丝织品，经炼染后才成成品，采用平纹组织织制而成。

（3）织物风格：绸面分布着均匀皱纹与明显的纱孔，质地轻薄稀疏，悬垂性好，轻盈飘

彩图（21）

图4-29 留香绉

图4-30 乔其绉

逸，手感柔滑，外观清淡雅致，透明似蝉翼，弹性好，是丝绸中较轻的一种。

（4）用途：一般用来制作连衣裙、舞台服装，也可以作装饰用绸，如纱巾、窗帘以及灯罩、宫灯等家居及手工艺品。

（三）缎类

缎类是以缎纹组织或以缎纹组织为地的花素丝织物。经纬丝一般不加捻或少加捻，所用原料为桑蚕丝、黏胶丝或两者交织。按外观可分为素缎和花缎，素缎表面洁净无光，花缎表面有各种精细的花纹。缎类织品手感光滑柔软，质地紧密厚实，外观富丽，色彩鲜艳，但不耐磨，易起毛钩丝。

1. 素软缎

素软缎，如图4-31所示。

（1）种类：根据印染加工方法不同，可分为染色和印花等素软缎品种。

（2）原料及组织结构特点：原料多为桑蚕丝与黏胶丝，采用八枚经面缎纹组织。

（3）织物风格：质地柔软，色彩鲜艳，高雅大方，洁净无花，绸面平滑光亮似镜，绸身平挺。

（4）用途：适合制作女装、舞台服装，也可作高级里料或刺绣、印花等工艺加工的坯料。

2. 花软缎

花软缎，如图4-32所示。

（1）原料及组织结构特点：多选用桑蚕丝与黏胶长丝，采用八枚经面缎纹地纬起花组织织成。

（2）织物风格：织物表面有人造丝提花，花型有大有小，图案以牡丹、月季、菊花等自然花卉为主，轮廓清晰，色彩鲜艳，花纹突出，层次分明，立体感强，质地柔软。

（3）用途：适合制作旗袍、晚礼服、棉袄、舞台服装、镶边、被面等。

3. 织锦缎

织锦缎是我国传统的熟织提花丝织品，是丝绸中最精美的产品，素有"东方艺术品"之称，在国际上享有很高评价，如图4-33所示。

彩图（22）

图4-31　素软缎

图4-32　花软缎

图4-33　织锦缎

（1）原料及组织结构特点：由桑蚕丝、黏胶人造丝或两者交织，采用缎纹大提花组织织成。在经面缎纹地组织上起彩色纬浮花，一组纬纱与经纱交织成缎纹地组织，另两组纬纱在正面起纬花，由于纬纱采用多种不同颜色的长丝分段换色，织物反面呈现彩色横条。

（2）织物风格：花纹精细，层次清晰，质地厚实紧密，绸身平挺，色彩绚丽悦目，富有光泽，颜色一般三色以上，最多可达七色至十色，图案以梅、兰、竹、菊以及龙凤呈祥、福寿如意等花卉图案为主。缺点是不耐磨、不耐洗，表面容易刮毛钩丝。

（3）用途：适宜制作高级礼服、唐装、棉袄面、舞台服装、领带、台毯、靠垫、书籍装帧等。

4. 古香缎

古香缎，如图4-34所示。

（1）原料及组织结构特点：采用桑蚕丝与黏胶丝交织而成，属于熟织提花绸缎。

（2）织物风格：外观与织锦缎十分相似，密度小于织锦缎，与织锦缎合称为"姐妹缎"。质地较松软，纬花的丰满感、细致感和色彩层次略逊于织锦缎。图案以各种富有民族风格的亭台楼阁、山水风景、小桥流水、花鸟鱼虫或人物故事为主，织物挺而不硬，软而不疲，富有弹性。

（3）用途：适宜制作女士西式睡衣、袄面、戏装、台毯或用作照相册、集邮册的外包面等。

（四）绢类

绢类是平纹或平纹变化组织的花素丝织品，经纬丝均先染成单色或复色，再进行熟织。经纬丝一般不加捻或只有弱捻，原料可以是桑蚕丝、人造丝或者桑蚕丝与人造丝及合纤长丝交织。织物表面细密平整，坚韧挺括，比缎、锦薄而坚韧。

1. 天香绢（双纬花绸）

天香绢又称双纬花绸，如图4-35所示。

（1）原料及组织结构特点：经向为厂丝，纬向为有光人造丝，以平纹地提花组织织成。

彩图
（23）

图4-34 古香缎

图4-35 天香绢

（2）织物风格：手感柔软，质地细密、薄韧、滑软，织纹层次丰富而清晰，花型为满地散小花，花纹正面亮，反面暗，绢面平纹地上提有缎纹闪光花纹且形成双色效果。缺点是不耐磨、不耐穿。

（3）用途：适宜制作女装、旗袍、童装、斗篷等。

2. 塔夫绢（塔夫绸）

塔夫绢又称塔夫绸是高档丝织品，其名称源于法文 Taffeta 的译音，如图 4-36 所示。

（1）种类：根据印染加工和组织结构的不同，可分为素色、格子、条子、闪光和提花塔夫绢。

（2）原料及组织结构特点：经纬均选用高级的桑蚕丝，经炼漂染色后织制而成，是熟织织品。经向选用两个复捻熟丝，纬向选用三根并和单捻熟丝，采用平纹组织织造。织物密度高，且经密大于纬密。

（3）织物风格：质地紧密，绸身韧洁，光滑平挺，花纹光亮突出，色彩鲜艳而柔和，有精致感，不易沾染尘土，但被折叠、重压时易起折痕且不易消退。

（4）用途：适宜制作羽绒服、羽绒被以及里子绸、伞绸、毛毯包边等。

（五）绸类

绸是丝织物的总称，所有无明显其他13大类品种特征的丝织物都可以被称为绸。绸可采用平纹组织或变化组织或同时混用几种基本组织和变化组织（除纱、罗、绒组织外）织造。

绸的原料有桑蚕丝、黏胶长丝、合纤长丝纯织或交织，有生织和熟织两种。绸质地紧密，比纺要厚，耐用性好。

1. 锦绸

锦绸，如图 4-37 所示。

（1）种类：根据印染加工不同，可分为本色、素色和印花等锦绸品种。

彩图（24）

图4-36 塔夫绢

图4-37 锦绸

（2）原料及组织结构特点：锦绸的原料是䌷丝，䌷丝是缫丝后的蛹衬、茧衣或纺制绢丝的落丝等下脚料，经过纺纱而成的短纤维。䌷丝粗细不匀、杂质多、纤维短、不光洁，在丝绸系列中属于第二级原料。

（3）织物风格：手感厚实，外观粗糙不平挺，光泽较弱，布面散布着粗细不匀的疙瘩，因此有"疙瘩绸"之称。

（4）用途：适宜制作衬衫、裤子、外衣等。

2. 双宫绸

双宫绸，如图4-38所示。

（1）种类：根据印染加工方法的不同，可分为素色、条子、格子、混色和闪光等双宫绸品种。

（2）原料及组织结构特点：以厂丝作经，双宫丝作纬，采用平纹组织交织而成。由两根或两根以上的蚕共同结成的茧叫双宫茧，由双宫茧缫成的丝被称为双宫丝。双宫丝纤维较粗、条干不匀，光泽较差。

（3）织物风格：质地紧密挺括，绸面不平整且有疙瘩，外观粗犷，是丝绸中别具风格的品种，也是国际市场上颇为流行的品种之一。

（4）用途：适宜制作西式服装，还可以用作装饰用布。

（六）葛类

葛类是经纬选用两种或两种以上材料，采用平纹组织、经重平组织、急斜纹组织纺织成的花素丝织物，属中低档丝织品，如图4-39所示。

一般经细纬粗，经密纬稀，织物结实耐用，地纹表面光泽弱，具有明显的横向凸条纹。

葛类根据外观可分为素葛和提花葛两类，素葛表面洁净无花，只有横棱纹。提花葛在横凸条地组织上起经缎花，花纹光亮平滑，层次分明，有的还饰以金银线，外观富丽堂皇，是较高级的装饰用布，具有代表性的品种为文尚葛（又称朝阳葛）。

彩图（25）

图4-38 双宫绸

图4-39 葛

（1）原料及组织结构特点：经向为黏胶人造丝，纬向为丝光棉股线，采用急斜纹组织织制。经密大、纬密小，经线细、纬线粗。

（2）织物风格：绸面凸条饱满明显，手感厚实，正面光泽柔和，反面光泽明亮。素文尚葛绸面无花纹，素净雅致。花文尚葛以龙凤寿字为多，花纹微亮突出。需要注意的是缩水率较大，有10%左右，耐水洗性较差。

（3）用途：适宜做春秋服装。

（七）绫类

绫类是以斜纹组织或斜纹变化组织为基础，表面具有明显斜纹纹路，或以不同斜向组成山形、条格形花纹的花素丝织物，有素绫和花绫两种，素绫是以斜纹组织或斜纹变化组织为基础，而花绫则是在斜纹地组织上织有对凤、环花、麒麟、孔雀、仙鹤、万字寿团等民族传统图案纹样。原料有桑蚕丝、柞蚕丝和人造丝、醋酸丝等。

1. 真丝斜纹绸

真丝斜纹绸，又称真丝绫、桑丝绫，如图4-40所示。

（1）种类：根据印染加工不同，可分为漂白、素色和印花等真丝斜纹绸品种。

（2）原料及组织结构特点：经纬均采用厂丝，为生货绸，采用二上二下斜纹组织织制而成。

（3）织物风格：表面有明显的斜纹，质地柔软、轻薄、飘逸、光滑，色泽明亮而柔和。

（4）用途：主要用以制作领带，也适宜制作女士裙衫，还可用作高档服装的里子或作装饰用绸。

2. 美丽绸

美丽绸，如图4-41所示。

（1）原料及组织结构特点：经纬均采用有光人造丝，以三上一下斜纹组织织制而成。

（2）织物风格：绸面纹路清晰，手感滑润，略比丝绸粗硬，正面光泽明亮，反面暗淡。需要注意的是不宜喷水烫，否则正面易失去光泽并产生水渍，缩水率较大，为5%，服装制作前应放足缩量。

彩图
（26）

图4-40 真丝斜纹绸

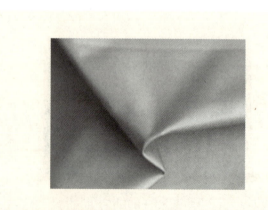
图4-41 美丽绸

（3）用途：适宜制作服装夹里，是高档里子绸。

3. 羽纱

羽纱又称棉线绫、棉纬绫，如图4-42所示。

（1）原料及组织结构特点：经向选用人造丝、纬向棉纱，以三上一下斜纹组织织制而成。

（2）织物风格：表面织纹清晰，手感柔软，正面比反面光亮平滑。

（3）用途：适宜制作服装夹里，是中档里子绸。

（八）纱类

纱类采用特殊的绞纱组织，织物表面有清晰而均匀纱孔的花素织物。经纬纱一般采用加捻桑蚕丝，织物轻薄透明并有细微的皱纹。

1. 香云纱

香云纱又名莨纱，是一种20世纪40、50年代流行于岭南的独特的夏季服装面料，是广东省的特产、世界上最早的涂层织物，如图4-43所示。

（1）原料及组织结构特点：经纬均采用桑蚕丝，经上胶晒制而成。香云纱目前只有广东佛山顺德可以生产，离开此地的环境条件就不能生产，因此它是不用申请专利的专利产品。

（2）织物风格：穿着爽滑、透凉、舒适，容易散发水分，易洗快干。不黏皮肤，轻薄而不易折皱，柔软而富有身骨，耐洗耐穿、耐晒，洗时不用肥皂，只要在清水中浸泡后大把搓洗即可，不宜搓刷以免脱胶，洗后不能熨烫，否则容易折裂。需要注意的是绸面褐色烤胶部分不耐摩擦，容易磨损脱胶露底，尤其是衣服的臀部、肘部、袖口、裤脚口等处。

（3）用途：适宜制作各式男女夏装。

2. 芦山纱

芦山纱，如图4-44所示。

（1）原料及组织结构特点：真丝织品，经纬加捻，以平纹组织织制。门幅较窄，只有78.5 cm，比一般丝绸要窄。

彩图（27）

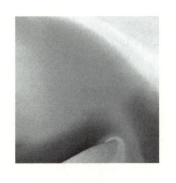

图4-42 羽纱

图4-43 香云纱

图4-44 芦山纱

（2）织物风格：布面有小花纹和清晰的小纱孔，轻薄、透气、凉爽，穿着舒适。

（3）用途：适宜制作男女夏季衬衫，也可作香云纱的绸坯。

（九）罗类

罗类是采用纱罗组织中的罗组织织制而成的织物。罗组织是将经纱每隔一根或三根以上的奇数纬丝扭绞一次而成。织物表面呈现直条或横条形纱孔，纱孔呈横条的称"横罗"，纱孔呈直条的称"直罗"。罗类织物结构紧密，布面有清晰的纱孔，因此挺括且凉爽透气，是极好的夏装面料。具有代表性的品种是杭罗。杭罗因产于杭州而得名，如图4-45所示。

（1）原料及组织结构特点：选用真丝，以平纹的纱罗组织织制而成。分七丝罗、十三丝罗和十五丝罗。所谓n丝罗是根据纬线的织入数而定，如七丝罗是指每织入七根纬纱后，经纱扭绞一次的罗组织。杭罗有横罗和直罗两种，但多数为横罗。

（2）织物风格：布面光洁平整，质地柔糯，纱孔清晰，舒适透气，挺括滑爽，悬垂性好，耐洗耐穿。

（3）用途：适宜制作男女衬衫、便服等。

（十）锦类

锦是我国传统高级多彩提花丝织物，是丝绸中最精美的产品。锦是采用斜纹、缎纹组织，以真丝与人造丝交织而成的绚丽多彩的色织大提花织物。花纹色彩三色以上，最高可达十三四色。织物质地紧密，厚实丰满，手感光滑，外观绚丽多彩，富丽堂皇，花纹高雅大方，精致古朴。多采用龙、凤、仙鹤、梅、兰、竹、菊以及文字"福、禄、寿、喜"等传统图案。我国传统的三大名锦有宋锦、云锦和蜀锦。

1. 宋锦

宋锦是我国宋代创制的锦缎织物，现代宋锦是模仿宋代锦缎图案花纹和配色而织成的织物，如图4-46所示。

（1）原料及组织结构特点：纯桑蚕丝或桑蚕丝与有关黏胶丝交织而成，采用缎纹地提花

彩图（28）

图4-45 杭罗

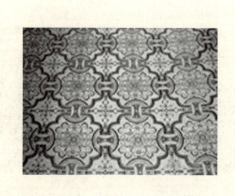
图4-46 宋锦

组织织制而成。

（2）织物风格：锦面平挺，织制精美，纹样淳朴古雅，配色典雅和谐，纹样有吉祥动物纹如龙、凤、麒麟等以及装饰性花果和文字纹等，富有浓郁的中华民族传统文化的气息。手感柔软，色泽光亮。

（3）用途：常用于制作书画装帧、舞台服装及民族服装。

2. 云锦

云锦产于南京，因锦缎瑰丽如云而得名，相传有600年历史，如图4-47所示。

（1）原料及组织结构特点：以桑蚕丝与金银丝、黏胶丝，采用缎纹地提花组织织制。

（2）织物风格：质地紧密厚重，风格典雅豪放，布局严谨庄重，用色浓艳，对比强烈，层次分明，花型题材有缠枝花和各种云纹等。

（3）用途：在明、清时期，云锦主要是宫廷用的贡品，皇上穿的金色大花锦缎衣袍，多数是云锦产品。现主要用于袄面、唐装、台毯、被面等。

3. 蜀锦

蜀锦产于四川，故得名"蜀锦"，如图4-48所示。

（1）原料及组织结构特点：桑蚕丝熟制品，采用缎纹地提花组织织制。

（2）织物风格：组织紧密，质地厚实，色彩绚丽，图案有团花、莲花、对禽、对兽等。

（3）用途：适宜制作高级服装、民族服装、戏装、腰带及领带等。

（十一）绒类

绒类是桑蚕丝或化纤长丝通过起绒组织织成的表面有耸立或平卧绒毛或绒圈的花、素丝织物。其织物绒毛紧密、耸立，质地丰厚，手感柔软而富有弹性，色泽鲜艳，外观类似天鹅绒，是丝绸中的高档产品。

1. 乔其绒

乔其绒，如图4-49所示。

图4-47　云锦

图4-48　蜀锦

彩图（29）

（1）原料及组织结构特点：采用桑蚕丝和黏胶丝交织的双层经起绒的绒类织物。

（2）织物风格：绒毛耸密挺立，顺向倾斜，光彩夺目，色光柔和，手感柔软，富有弹性，悬垂性强，富丽堂皇，注意不宜水洗。

（3）用途：适合制作高档旗袍、晚礼服、宴会服，以及少数民族礼服。

2. 金丝绒

金丝绒，如图4-50所示。

（1）原料及组织结构特点：地组织的经纬纱均选用厂丝，以平纹二重组织织制，再经割绒、刷毛处理而成。

（2）织物风格：毛绒较其他绒类为长，并稍有顺向倾斜，色光柔和，质地坚牢，手感柔软而富有弹性。需要注意的是制作服装时一定要注意倒顺毛一致，以倒毛为主，熨烫时只能在反面轻烫，不可重压，不可喷水。

（3）用途：适宜制作礼服、演出服、旗袍、服装镶边，也是少数民族服饰用料之一。

（十二）绨类

绨类是以黏胶长丝为经，棉纱或棉蜡线作纬，采用平纹提花或斜纹变化组织织制而成的质地较粗厚的花、素织物，如图4-51所示。

（1）原料及组织结构特点：以黏胶长丝作经、丝光棉线作纬的称线绨，以黏胶长丝作经、上蜡棉线作纬的称蜡线绨。

（2）织物风格：花线绨的花形以亮点小花、梅、竹、团龙、团凤为主。织物质地厚实，绸面粗糙，织纹简洁而清晰，手感平挺。

（3）用途：小花线绨一般用作衣料，大花线绨多用作被面和装饰用料。

（十三）呢类

呢类是应用各种组织和较粗的经纬丝线织制，质地丰厚、有毛型感的丝织物。

（1）原料及组织结构特点：采用的组织有变化组织、绉组织、平纹组织或斜纹组织等。

彩图
（30）

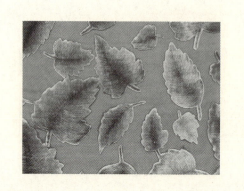

图4-49　乔其绒

图4-50　金丝绒舞台幕布

经纬丝线较粗，经向为长丝，纬向为短纤维纱。

（2）织物风格：织物表面有毛茸，光泽少，织纹粗犷手感丰满。

（3）用途：适合制作春秋冬外衣、棉袄或用作装饰绸。

（十四）绡类

绡类是采用平纹或透孔组织织制，经纬密度较低，轻薄透明的丝织物。经纬纱都加捻或加弱捻，二左二右间隔排列，构成类似纱组织孔眼的花、素织物。经纬密度小，孔眼方正清晰。代表品种有真丝绡，如图4-52所示。

（1）原料及组织结构特点：选用纯桑蚕丝，采用平纹组织织制。重量较轻，只有$24\ \text{g/m}^2$左右。

（2）织物风格：薄如蝉翼，稀疏透明，手感平挺，柔软而富有弹性。

（3）用途：适宜制作婚纱、晚礼服、舞台服装、绣品坯料、头巾、面纱，还可用于舞台布景、灯罩的制作等，在国际市场上很受欢迎。

彩图
（31）

图4-51　绨

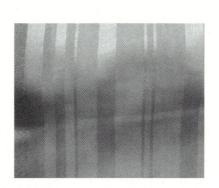

图4-52　真丝绡

复习与思考题

1. 简述丝型织物的特点。

2. 简述留香绉的织物风格。

3. 简述织锦缎与古香缎的区别。

4. 简述美丽绸与羽纱的区别。

5. 简述香云纱的织物风格。

6. 简述锦类织物的特点。

实训题

1. 收集若干块丝型织物，制作样卡，说明其原料、组织结构特点、织物风格、用途。
2. 市场调研：搜集市场上其他丝型织物，制作样卡，了解它们的织物风格及用途。

单元四 毛型织物

一、毛型织物的特点

毛型织物防皱耐磨，手感柔软，高雅挺括，富有弹性，保暖性强；颜色丰富，遇水不易掉色，但是因其易变形、缩水性强，洗涤较为困难；其具有一定厚度和保暖性，不大适用于制作夏装，通常适合制作礼服、西服、大衣等正规、高档的服装。

二、毛型织物的种类

毛型织物是以羊毛、兔毛、骆驼毛等为原料，或以羊毛与其他化纤混纺、交织的织物，一般以羊毛为主，习惯上又称之为"呢绒"。

根据毛织物生产工艺及外观特征的不同可分为以下几种：

（1）精纺呢绒：又称精梳呢绒，用优质细羊毛或较好的羊毛（原料长度一般在55 mm以上），经精梳工艺制成毛纱（毛纱的线密度一般为17～33 tex，即30～60 N），经合股后织成织物（织物重量一般为100～380 g/m²）。主要品种有华达呢、哔叽、啥味呢、凡立丁、派力司、马裤呢、贡呢、驼丝锦、女式呢和花呢等。

（2）粗纺呢绒：又称粗梳呢绒，经粗梳毛纱工艺纺制成毛纱（毛纱的线密度为50 tex，即20 N以下），再织成织物（织物重量一般为180～840 g/m²），然后再进行缩绒、起毛等加工。主要品种有麦尔登呢、海军呢、制服呢、法兰绒、粗花呢等。

（3）长毛绒：用棉纱和粗梳毛纱分别作地经和绒经，棉纱作纬，用双层起毛组织织制，再经割绒、剪毛、蒸刷后制成。主要品种有衣里绒、衣面绒、工业用绒、化纤毛绒等。

（4）驼绒：用粗梳毛纱作绒面纱，棉纱作地纱，用针织机编织，并经乱绒、拉绒而成。主要品种有美素驼绒、花素驼绒和条子驼绒等。

三、常用毛型织物品种

（一）精纺呢绒

精纺呢绒一般指采用60～70支优质细羊毛或混用30%～55%的化学纤维为原料纺成特数小的精梳毛纱，再织制而成的织物。精纺呢绒质地紧密，呢面平整光洁、织纹清晰，富有弹性。

1. 平纹类

（1）凡立丁：凡立丁是用精梳毛纱织制的轻薄型毛织物，如图4-53所示。

① 原料及组织结构特点：经纬向均选用单色双股线，细度较细，捻度较大，密度较小，是精纺呢绒中密度最小的一个品种，常见重量为170～200 g/m²。

② 织物风格：织纹清晰，呢面平整光洁轻薄，手感滑爽而富有弹性，光泽柔和自然，比派力司稍感柔糯。多为匹染，以浅色为多。

③ 用途：适宜制作春秋初夏上衣、西裤、裙子，也可做夏季男装、制服等。

（2）派力司：派力司是由混色精梳毛纱织成的轻薄型毛织物，是精纺呢绒中最轻薄的一种，如图4-54所示。

① 原料及组织结构特点：一般经向用股线，纬向采用单纱，织物重量比凡立丁稍轻。

② 织物风格：呢面有不规则雨丝花纹，弹性好。派力司经过烧毛处理，呢面平整光洁，手感滑爽，质地轻薄，光泽柔和。一般是条染混色，以浅灰、中灰居多。

派力司与凡立丁的主要区别在于：派力司是混色夹花的，凡立丁是单色的；派力司的密度比凡立丁大一些，重量比凡立丁稍轻，一般为140～160 g/m²。

③ 用途：适宜制作夏季西裤、套装、时装等。

2. 斜纹类

（1）华达呢：又称轧别丁，由英文Gabardine的音译而来，是一种由精梳毛纱织制的紧

彩图
（32）

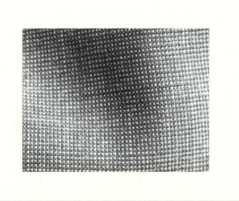

图4-53 凡立丁

图4-54 派力司

密斜纹毛织物，属于高档服装面料，是精纺呢绒的主要品种，如图4-55所示。

① 种类：根据组织结构特点的不同，可分为单面华达呢、双面华达呢和缎褙华达呢。

② 原料及组织结构特点：单面华达呢采用二上一下右斜纹组织织制，双面华达呢采用二上二下加强斜纹组织织制，缎褙华达呢采用加强缎纹组织织制。华达呢选用64支毛纱纺成股线，倾斜角为63°，经密约是纬密的2倍。

③ 织物风格：呢面平整光洁不起毛，织纹清晰，挺直饱满，手感滑糯，光泽柔和，自然无极光，有身骨和弹性，强度很高，呢身特别厚实紧密，坚韧耐穿。多为匹染，以藏青、米色、咖啡、银灰色为主。

④ 用途：适宜制作高档西服、风衣、制服、西裤、套装等。

（2）哔叽：哔叽的原意是"天然羊毛颜色的一种斜纹毛织物"，但实际上产品与原来的含义已有所不同，如图4-56所示。

① 种类：根据用纱粗细和织物的重量不同，可分为厚哔叽、薄哔叽；根据所用原料的不同，可分为纯毛哔叽、毛涤哔叽、毛黏锦混纺哔叽和纯化纤涤黏哔叽。

② 原料及组织结构特点：经纬向一般选用双股线，采用二上二下右斜纹组织织制，正反面纹路相似，倾斜角为45°~50°，经密略大于纬密，密度适中，纹路间隔宽于华达呢，呢面比华达呢平坦，但不如华达呢紧密和细洁，身骨较稀疏。

③ 织物风格：呢面光洁平整，织纹清晰，手感滑糯有身骨，悬垂性好。一般以匹染为主，颜色以藏青为主，其次有灰、黑、咖啡等色。

哔叽与华达呢的主要区别：手感上，哔叽丰糯柔软，华达呢结实挺括。在经纬密比例上，哔叽经密大于纬密，华达呢经密约为纬密的2倍。在呢面纹路上，哔叽纹路清晰平整，倾斜角为45°~50°，可以看见纬纱，华达呢纹路清晰而挺立，其倾斜角为63°，斜纹陡而平直，间距宽，纬纱几乎看不见。

④ 用途：适宜制作男女西服、套装、职业装等。

彩图
（33）

图4-55　单面华达呢

图4-56　哔叽

（3）啥味呢：啥味呢名称来源于英文Semifinish，意思是"经缩绒整理的呢料"，是一种有轻微绒面的精纺毛织物，也是中厚型混色斜纹毛织物，属精纺呢绒面料中的风格产品之一，如图4-57所示。

① 种类：根据印染整理后加工不同，可分为光面啥味呢和毛面啥味呢。

② 原料及组织结构特点：常采用二上二下右斜纹组织，少数采用二上一下右斜纹组织，纹路倾斜角为45°～50°，纹路较平坦，间距较宽，经密略大于纬密。

③ 织物风格：光面啥味呢呢面平整光洁、纹路清晰。毛面啥味呢光泽自然柔和，手感不板不烂，有身骨、弹性好。

④ 用途：适宜制作男女西服、中山服及夹克衫等。

啥味呢与哔叽的主要区别：啥味呢是混色的，哔叽是单色的；啥味呢的外观具有十分均匀的夹花状色泽；市场上供应的哔叽大多是光面的，而啥味呢多为毛面的。

（4）马裤呢：马裤呢是由精梳毛纱织制的厚型毛织物，是精纺呢绒中最重的品种，是传统的高级衣料，因用于缝制骑马装而得名，如图4-58所示。

① 原料及组织结构特点：采用急斜纹组织，倾斜角为63°～76°，正面右斜纹粗壮，反面呈扁平纹路左斜纹，经纬密度较高，经密大约是纬密的两倍，重量在340～400 g/m²以上。

② 织物风格：呢面有粗壮凸出的斜纹条，织物厚实，坚牢耐穿，风格粗犷，手感挺实而富有弹性，颜色以军绿为主。

③ 用途：适宜制作猎装、马裤、军装、大衣等。

（5）巧克丁：巧克丁原意含有"针织"的意思，因其外观呈现如针织物一般明显的罗纹，如图4-59所示。

① 原料及组织结构特点：采用急斜纹组织，倾斜角为63°左右，表面呈双根并列的急斜纹条子。

② 织物风格：呢面比马裤呢细而平挺，不如马裤呢厚重，每两根斜纹线一组，类似针

彩图
（34）

图4-57　啥味呢

图4-58　马裤呢

图4-59　巧克丁

织物的罗纹外观，呢面平整细洁，手感挺括丰厚，弹性好，光泽自然，颜色以灰、蓝、米、咖啡色为多，也有混色、夹色的。

③ 用途：适宜制作大衣、西服、制服、风衣等。

3. 缎纹类

（1）贡呢：贡呢是由精梳毛纱织制而成的中厚型紧密毛织物，是精梳毛织物中经纬密度最大且最厚的品种，也是精纺毛织物中历史悠久的传统高级产品，如图4-60所示。

① 种类：根据组织结构的不同，可分为横贡呢、斜贡呢和直贡呢三种。

② 原料及组织结构特点：倾斜角在14°左右的为横贡呢，倾斜角在45°左右的为斜贡呢，倾斜角63°～76°的为直贡呢。贡呢以直贡呢为主，一般贡呢都指直贡呢。贡呢经纬纱特数细，密度大，重量为270～350 g/m²。

③ 织物风格：光泽明亮柔和，织纹清晰，呢面平整光洁，厚实紧密挺括，手感滑糯而富有弹性，穿着悬垂贴身。但耐磨性差，易起毛钩丝，色泽以乌黑为主，又称礼服呢，其他还有藏青、灰色以及各种闪色和夹色的。

④ 用途：适宜制作高级礼服、男女套装、大衣等。

（2）驼丝锦：驼丝锦又称克罗丁，是由精梳毛纱织成的中厚型毛织物，其名来源于英文Doeskin，原意为"母鹿皮"，比喻品质精美，如图4-61所示。

① 原料及组织结构特点：经纬纱特数细，重量为280～360 g/m²，以缎纹变化组织织制。经纬密度较大，织物表面有阔而扁平的凸条和狭而细斜的凹条间隔排列。

② 织物风格：织物紧密而细致，布面洁净，织纹清晰，手感柔软、滑糯而富有弹性，丝泽滋润。颜色以黑色为主，还有藏青色、白色、紫红色等。

③ 用途：适宜制作礼服、套装等。

4. 花呢

花呢是花式织物的总称，织物外观呈点、条、格等多种花形图案，是精纺呢绒中花色变

彩图（35）

图4-60 贡呢

图4-61 驼丝锦

化最多的品种。

（1）板司呢：板司呢是英文Basket的译音，意思是"似以藤篮编织的花纹"，如图4-62所示。

① 原料及组织结构特点：以方平组织织制，多为色织，色纱一深一浅排列，对比强烈，表面形成小格或细致状花纹。

② 织物风格：呢面平整，手感丰满、软糯而富有弹性。

③ 用途：适宜制作春秋西服、套装等。

（2）海力蒙：海力蒙是英文Herring Bone的译音，意思是像"鲱鱼骨头"的花样，如图4-63所示。

① 种类：根据印染后整理加工的不同，可分为光面与轻微绒面。

② 原料与组织结构特点：以二上二下斜纹组织织制，相邻的左右斜纹构成人字花纹，通常经纱为浅色，纬纱为深色，使人字纹层次分明。

③ 织物风格：结构紧密，手感丰糯。

④ 用途：适宜制作西服等。

（3）女衣呢：女衣呢又称女色呢，精纺女士呢，是精纺呢绒中松软轻薄型的女装面料，如图4-64所示。

① 种类：根据原料的不同，有棉、毛、丝、麻和化纤，还有各种稀有动物毛、新颖化纤和金银丝等。根据外观不同，可分为方格女衣呢、珠圈女衣呢、双面女衣呢等。

② 原料及组织结构特点：一般采用松结构织制，重量轻。

③ 织物风格：花色繁多，颜色鲜艳明快，织纹清晰，图案多样，手感柔软而富有弹性。

④ 用途：适宜制作春秋季各式女装。

（二）粗纺呢绒

粗纺呢绒是由分级长毛、精梳短毛、部分60～66支毛及30%～40%的化学纤维纺成特数

图4-62　板司呢

图4-63　海力蒙

图4-64　女衣呢

彩图
（36）

较高的粗梳毛纱而织成的织物。因其经过缩绒和起毛工艺，因此呢面有绒毛覆盖，不露底纹，保暖性强，织物厚实，牢度大。

1. 麦尔登

麦尔登是用粗梳毛纱织制的质地紧密有绒毛的毛织物，是粗纺呢绒中品质较好的品种。其名称来源于英国当时的纺织生产中心列斯特郡的Melton Mowbray，简称Melton，如图4-65所示。

（1）原料及组织结构特点：采用一级改良毛或60支羊毛为主原料，混以少量精梳短毛或粘胶纤维，采用二上二下、二上一下斜纹组织织制，也有少数用平纹或破斜纹组织的。织物重量为360～480 g/m^2。

（2）织物风格：重缩绒，呢面正反面都有一层细密的绒毛覆盖，呢面平整光洁，不露底纹，不易起毛起球，质地厚实紧密，手感丰润而富有弹性，身骨挺实，耐磨性好，色泽以深色为主，有藏青、原色、咖啡、深灰色等，近年来也加入了鲜艳的颜色，如红、黄、蓝、紫。

（3）用途：适宜制作冬季大衣、制服、帽子等。

2. 海军呢

海军呢是采用粗梳毛纱织成的一种紧密而有绒毛的毛织物，因适宜制作海军服而得名，品质仅次于麦尔登，如图4-66所示。

（1）原料及组织结构特点：采用一级或二级改良毛或混入部分粘胶纤维纺成粗纺毛纱，以二上二下斜纹组织织制，经缩绒、起毛、剪毛等整理工艺加工而成，重量为360～490 g/m^2。

（2）织物风格：呢面丰满平整，质地紧密而有身骨，不露底，基本不起球，手感挺实而富有弹性，耐磨性好，颜色以海军蓝、军绿及深绿色为主。

（3）用途：适宜制作海军服、舰艇服、大衣、海关服等。

3. 制服呢

制服呢属粗纺呢绒中较低档的品种，如图4-67所示。

彩图
（37）

图4-65　麦尔登

图4-66　海军呢

图4-67　制服呢

（1）原料及组织结构特点：原料品质较低，比海军呢差，采用二上二下斜纹或破斜纹组织织制，经缩绒、起毛、剪毛等整理工艺加工而成，重量为 $450 \sim 520$ g/m²。

（2）织物风格：织物表面较粗糙，有耸立绒毛，不丰满，稍有露底，质地紧密不易起球，色泽不够匀净，摩擦后易掉毛，但织物较厚实，保暖性好，色泽有藏青、黑色等。

（3）用途：适宜制作各式春秋服装。

4. 法兰绒

法兰绒是混色柔和而有绒面的中高档毛织物，其名来源于英文 Flannel，如图4-68所示。

（1）种类：根据织物的外观，有厚型法兰绒和薄型法兰绒之分。

（2）原料及组织结构特点：传统的法兰绒是将部分纤维染色，再与本色纤维混合后得到混色毛纱（以黑白混色为中灰、浅灰居多），然后用平纹或斜纹组织织制而成的，重量为 $260 \sim 320$ g/m²，薄型的法兰绒重量为 200 g/m²。

（3）织物风格：经缩绒、拉毛整理后织物表面有细洁的绒毛覆盖，半露底纹，绒毛丰满细洁，混色均匀，手感柔软而富有弹性，悬垂性和保暖性都好。

（4）用途：厚型适宜制作男女西服、夹克、大衣、便装、童装等，薄型适宜制作春秋衬衫、连衣裙、短裙等。

5. 粗花呢

粗花呢是粗纺呢绒中花色品种规格最多的一种，根据原料品质、纱线粗细和染整后加工不同，可分为纹面型、呢面型和绒面型三种。通过选用不同的原料、纱线、组织和不同的后整理加工，可得到不同外观、质地、纹理各异的花呢。

（1）钢花呢：也称火姆斯本，是英文 Homespun（家庭手工纺织）的译音，起源于英国最早用手工纺织的一种粗呢，如图4-69所示。

① 原料及组织结构特点：采用平纹、斜纹组织，多为纹面型和呢面型。

② 织物风格：织物表面均匀散布着各色彩点，似钢花四溅，色彩斑斓，结构粗松，质

彩图
（38）

图4-68　法兰绒

图4-69　钢花呢

地较好。

③用途：适宜制作男女西服、时装等。

（2）海力斯：出产于英格兰西北海岸的赫布里底群岛南部的小岛，利用当地羊毛手工纺织而成，也称为"赫布里底呢"，属于低档粗花呢，如图4-70所示。

①原料及组织结构特点：羊毛品质较低，纱号较粗，结构疏松，采用二上二下斜纹或破斜纹织制，呈人字花型或格子花型，可单色也可混色。

②织物风格：织纹清晰，手感挺实，夹有枪毛，风格粗犷，色泽以棕、灰为主。

③用途：适宜制作男西服和女时装。

6. 大衣呢

大衣呢属于粗花呢绒中规格较多的一类，为厚型织物。根据织物外观和结构，大衣呢可分为顺毛大衣呢、立绒大衣呢、拷花大衣呢和花式大衣呢。

（1）顺毛大衣呢（图4-71）：

①原料及组织结构特点：原料除羊毛外，常采用山羊绒、马海毛、兔毛、驼绒、牦牛绒等特种动物纤维与羊毛混纺，以斜纹和纬面缎纹组织织制，经洗呢、缩绒、拉毛、剪毛等工艺加工而成。

②织物风格：表面绒毛较长，向同一方向倒伏，手感轻柔滑顺，膘光足。

③用途：适宜制作女式大衣和时装。

（2）立绒大衣呢（图4-72）：

①原料及组织结构特点：选用弹力较好的羊毛，以变化斜纹和五枚纬面缎纹组织织制，经洗呢、缩绒后反复拉毛、修剪工艺加工而成。

②织物风格：绒面丰满，绒毛密集而整齐，手感柔软而富有弹性，质地坚牢耐磨，不易起球，光泽自然柔和。

③用途：适宜制作女式大衣和时装。

彩图
（39）

图4-70　海力斯

图4-71　顺毛大衣呢

图4-72　立绒大衣呢

（3）拷花大衣呢：拷花大衣呢是一种呢面呈现本色人字立体花纹的立绒、顺毛型大衣呢，如图4-73所示。

① 原料及组织结构特点：织物表面配置起毛纬纱，经洗呢、缩绒、拉毛、剪毛等工艺再经拷花过程，使组织疏松、绒毛耸立或顺齐，呈人字、斜纹、水波形或不同形状的凹凸立体花型，采用纬二重组织或双层组织织制而成。

② 织物风格：呢面丰满富有弹性，保暖性好，坚牢耐穿，不易起球，色泽以深色为主。

③ 用途：适宜制作冬季男女大衣。

（4）花式大衣呢：是大衣呢中变化最多的品种，如图4-74所示。

① 种类：根据呢面外观不同，可分为花式纹面大衣呢和花式绒面大衣呢。

② 原料及组织结构特点：花式纹面大衣呢将色纱和组织相结合，有人字形、圈圈形、条格形等。花式呢面大衣呢经缩绒起毛工艺加工而成，其选用色纱和花式线，以平纹、斜纹、小花纹及纬二重或双重组织织制而成。

③ 织物风格：花式纹面大衣呢肌理丰富，装饰感强。花式绒面大衣呢呢面丰厚、手感柔软。

④ 用途：适宜制作冬季大衣、时装等。

（三）长毛绒

长毛绒亦称海虎绒、海勃绒，采用双层织法，绒经同时与上下层交织，织后用割绒机将线坯割开成为两幅有绒毛的织物，如图4-75所示。

（1）种类：根据织造和染整后加工不同，可分为素色、夹花、印染和提花等品种。

（2）原料及组织结构特点：机织长毛绒由三组经纱交织而成，地经、地纬用棉纱，起毛经纱用精梳毛纱并用双层织造法织成。

（3）织物风格：绒面平整，毛长挺立丰满，绒面光泽明亮柔和，手感丰满而有温暖感，质地厚实。

（4）用途：适宜制作冬季女装以及帽子、衣领等服饰配件。

（四）驼绒

驼绒也称骆驼绒，属于粗梳毛纱和棉纱交织的针织拉绒针织物，因以羊毛染成驼色而得名，如图4-76所示。

（1）种类：根据织物外观不同，可分为美素驼绒、花素驼绒和条子驼绒等。

（2）原料及组织结构特点：用棉纱织成地布，粗梳毛纱织成绒面，再经拉毛起毛工艺制成。

（3）织物风格：美素驼绒为纯素色，以鲜艳明快为主，花素驼绒则具有混色夹花或均匀白丝混纺的夹花风格，条子驼绒以通坯纵向直条或水波浪色条为花纹，色彩艳丽，活泼协调。驼绒质地松软，手感厚实而富有弹性，绒面丰满，保暖性好，成衣性好。经向拉伸伸长

30%～45%，纬向拉伸伸长60%～85%，做成衣服后，穿着贴身舒适。需要注意的是裁剪时要注意驼绒绒毛的顺向，以免拼接不当影响外观。

（4）用途：适宜织制冬季服装衬里、童装、大衣等。

彩图（40）

图4-73　拷花大衣呢

图4-74　花式大衣呢

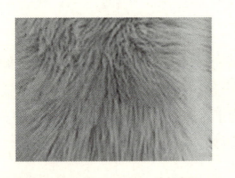

图4-75　长毛绒

图4-76　驼绒

复习与思考题

1. 简述毛型织物的特点。

2. 简述精纺呢绒与粗纺呢绒的区别。

3. 简述派立司与凡立丁的区别。

4. 简述哔叽与华达呢的区别。

5. 简述啥味呢与哔叽的区别。

6. 简述驼丝锦的组织结构特点。

7. 简述法兰绒的织物风格。

8. 简述驼绒的原料及组织结构特点。

实训题

1. 收集若干块毛型织物，制作样卡，说明其原料、组织结构特点、织物风格、用途。

2. 市场调研：搜集市场上其他毛型织物，制作样卡，了解它们的织物风格及用途。

单元五　化纤织物

　　化纤织物的优点是色彩鲜艳、质地柔软、悬垂挺括、滑爽舒适，缺点是耐磨性、耐热性、吸湿性、透气性较差，遇热容易变形，容易产生静电。其可用以制作各类服装。常见的化纤织物有黏胶纤维织物、涤纶纤维织物、锦纶纤维织物等。

一、黏胶纤维织物的特点

　　黏胶纤维织物的性能主要由黏胶纤维特性决定。

　　黏胶纤维吸湿性是化学纤维中最好的，因此其织物穿着舒适，特别适合制作夏季服装。织物手感柔软，质地光滑，悬垂性好；染色性能好，色彩鲜艳，色谱齐全；但织物染色牢度欠佳，易褪色；强度低，尤其湿态强度只有干态强度的50%～70%，因此水洗时不能用力搓洗，避免损伤织物；抗皱性和弹性较差，因此服装保型性较差；缩水率大，一般在10%左右，且织物在水中会变厚、发硬、发涩，因此其织物在制作前应放足缩率或预先缩水。

　　黏胶纤维织物是化学纤维中最早出现的产品，随着纺织染整技术的发展，黏胶纤维织物不断创新，通过免烫整理提高其保型性，从大众化面料提升至高档成衣、时装面料。

二、涤纶纤维织物的特点

　　涤纶纤维最大的优点是抗皱性和保型性好，其织物具有洗可穿性。纤维强度高，且湿态强度和干态强度相同，其织物耐穿、耐用、耐洗，且耐磨性仅次于锦纶。耐日光性好，仅次于腈纶。耐热性也是合纤中最好的，具有热可塑性。但其吸湿导湿性差，织物穿着有闷热感，舒适性差且易产生静电，易吸附灰尘而沾污。染色性差，抗熔性较差。

随着高新技术、染整技术的发展应用，涤纶纤维正向"仿真"和"天然化"的方向发展。涤纶纤维织物不仅花色品种是合成纤维中最多的，用量也是最大的。

三、锦纶纤维织物的特点

锦纶纤维的强度和耐磨性居所有纺织纤维之首；吸湿性也是合成纤维中较好的；染色性较好，色谱齐全，比重小，质轻，在合成纤维中仅次于丙纶、腈纶，是羽绒服和登山服的首选面料；弹性和延伸性好，其织物耐穿耐用。缩水率小，易洗快干，但抗皱性、保型性、免烫性均不如涤纶；耐热性不佳，耐日光性差，暴晒后会使织物强度大大降低，易磨损且颜色会泛黄，易产生静电使其织物易吸附灰尘而沾污；织物摩擦后易起毛、起球，织物表面缺乏光泽，有蜡样感。

四、腈纶纤维织物的特点

腈纶纤维蓬松、柔软，含气量大，温暖感强，故有"合成羊毛"之称。导热系数小，保暖性优于羊毛，其织物是毛毯、人造毛皮和仿毛毛线等冬季防寒衣料的良好材料；耐光性能好，居所有纺织纤维之首，是户外服装的理想面料；色泽艳丽，耐热性居合成纤维第二位。质轻，价格低，是理想的冬季服装填料，但吸湿性和通透性较差，穿着时有闷热感，易产生静电使其织物易吸附灰尘而沾污；耐磨性差，是合成纤维中最差的，因此其织物耐用性较差。

五、维纶纤维织物的特点

维纶纤维的吸湿性是合成纤维中最好的，接近棉纤维，被称为"合成棉花"，因此维纶纤维大量用作棉花的代用品或与棉纤维混纺用于制作内衣，但其比棉布更结实、更坚牢耐用，更耐磨。其热传导率低，保暖性与羊毛织物接近，比重小，因此具有轻而暖的优点；染色性差，不易染出鲜艳的色彩，耐热性差，喷水熨烫或热水浸泡后会发生湿热收缩，抗皱性差，易起毛，总体风格不尽如人意，至今只作为棉混纺布的内衣用料；其品种单调，在服装中应用有限。

六、丙纶纤维织物的特点

丙纶纤维质量轻，是所有纺织纤维中最轻的一种，其重仅为棉花的3/5，因此很适合做冬季服装的絮棉或滑雪衣、登山服等的面料。其强度高、耐磨性好，质地坚牢，但吸湿性差，基本不吸湿，故其织物穿着后有闷热感，易产生静电，其织物易吸附灰尘而沾污，耐热性和热稳定性较差，受热易软化收缩，因此其织物熨烫温度不可高于 100 ℃，其染色困难，丙纶纤维织物很少有鲜艳的色彩，应用有限。

七、氯纶纤维织物的特点

氯纶纤维难燃，是服装用纤维中最不易燃的，因此其织物适用于救火衣、特需工作服和室内装饰用布。其保暖性好，优于羊毛纤维，可用作冬季防寒衣絮料，轻而保暖；有很强的耐酸、耐碱和耐氧化剂性能，因此其织物大量用作化工工作服、工业滤布等；电绝缘性很强，由摩擦产生的静电对风湿性关节炎有一定的电疗作用，因此氯纶针织内衣、毛线衣可辅助治疗风湿性关节炎；吸湿性极小，几乎为零，因此其织物穿着有闷热感，易产生静电吸附灰尘而沾污；染色困难；耐热性差，60～70 ℃时即开始软化收缩，因此，氯纶织物不能用热水洗涤，不可高温熨烫，穿着时也应避免接触高温物体。

八、氨纶纤维织物的特点

氨纶纤维具有高伸长、高弹性的特点，伸长率可达 480%～700%，弹性回复率高，穿着舒适，没有压迫感，并具有较好的耐酸、耐碱、耐磨性，但氨纶强力低，吸湿性和透气性差，因此通常不单独使用，只与其他纤维以包芯、包缠、交并的方式合成使用。

氨纶弹力纤维织物能够把服装造型的曲线美和服用舒适性融为一体，已经广泛用于各类服装，是目前国际上最流行的服装面料之一。

复习与思考题

1. 简述涤纶纤维织物的特点。
2. 简述锦纶纤维织物的特点。
3. 简述腈纶纤维织物的特点。

实训题

1. 收集化纤织物若干块，制作样卡，说明其原料、组织结构特点、织物风格、用途。

2. 市场调研：搜集市场上其他化纤织物，制作样卡，了解它们的织物风格及用途。

单元六　针织物

一、针织物的特点

针织物的织造方法与机织物不同，是由线圈相互串套而成的织品，因此具有其自身独特的特点：

1. 延伸性、弹性好

这是针织物最大的一个特点。因此，运动衣、舞蹈服装、紧身服、内衣、袜子等均选用针织物。

2. 柔软性、透气性好

针织物手感柔软，穿着舒适透气，是制作内衣和夏季服装的极好材料。

3. 抗皱性好

针织物不易折皱变形，其抗皱性要优于同原料的机织物。

4. 成型性好

成型性是针织物独有的特性，针织物的成型加工省去了裁剪工序，节省了原料和人力，提高了劳动生产率。因此，针织物可直接织制内衣裤、毛衫毛裤、手套、袜类、弹力塑身衣等。

5. 纬编针织物易脱散

脱散性使纬编针织物线圈失去串套而出现破缝、破洞，这不仅影响织物外观，而且直接影响织物的使用寿命。

6. 尺寸稳定性差

由于针织物的尺寸不稳定，不仅裁剪时容易产生裁片尺寸不准确，而且服装在加工、穿着、使用过程中也容易造成伸长、肥大、松懈、起拱变形、歪斜走样等问题。

7. 挺括性差

由于组织结构松散不固定，因此挺括度不及同样原料的机织物，因而不适合制作外衣、正装、礼服等。

8. 具有卷边性

针织物在天然状态下，布边发生包卷的现象叫卷边性。卷边性会影响针织物的裁剪、制作、加工和使用。一般双面针织物，边缘处正反面线圈的内应力大致平衡，所以基本不卷边。

9. 易起毛、起球和钩丝

这些问题的存在都会影响到针织物服装的外观效果、服用性能和使用寿命。

随着纺织技术的不断发展和染整加工技术的不断提高及原料应用的多样化，现代针织物更加丰富多彩，并且步入多功能及高档化的发展阶段，针织服装的休闲化、时装化顺应了人们生活方式的变化。目前，针织服装已从内衣发展到外衣，其产品在服用、装饰等方面都得到了长足的进步。针织面料和服装呈现出舒适化、外衣化、时装化、功能化、环保化的发展趋势。

 知识拓展

针织内衣的发展趋势

近年来，为了满足消费者的不同需要，市场上出现了一些新型内衣产品。如保暖内衣、保健内衣、蕾丝内衣、彩棉内衣、全成型针织内衣等，同时普通内衣也在面料花色、辅料、造型的选择上更加注重功能性和装饰性，呈现"内衣外穿"、健身、保健、智能、环保的新趋势。

二、常用针织物品种介绍

（一）纬编针织物

纬编针织物质地柔软，具有良好的延伸性、弹性和透气性，因此适用性很广，但挺括度和尺寸稳定性不如经编针织物。

纬编针织物使用原料广泛，可由各种纤维纯纺，也可由各种纱线混纺。

1. 汗布

汗布，见图4-77。

（1）原料及组织结构特点：原料有棉纱、真丝、苎麻、腈纶、涤纶的纯纺纱与涤/棉、棉/腈、毛/腈等混纺纱线，以纬平针组织织制。

彩图
（41）

图4-77 汗布

（2）织物风格：质地轻薄柔软，布面光洁，手感平滑，横纵向具有较好的延伸性，穿着舒适随意，但脱散性和卷边性严重。

（3）用途：适合制作汗衫、背心、文化衫、睡衣裤、婴儿服等。

2. 绒布

绒布是指织物的一面或两面覆盖着一层稠密短细绒毛的针织物，是花色针织物的一种，如图4-78所示。

（1）种类：根据织造方法和织物外观的不同，可分为单面绒和双面绒。单面绒又分为厚绒、薄绒和细绒三种。根据染整后加工不同，可分为漂白、素色、夹花、印花等绒布品种。

（2）原料及组织结构特点：单面绒是由衬垫组织的针织坯布反面经拉毛处理而成。原料采用涤纶纱或涤纶丝，起绒通常选用较粗的捻度较低的棉纱、腈纶纱、毛混纺纱。

（3）织物风格：厚绒较为厚重，绒面蓬松，保暖性好。薄绒纯棉原料的手感柔软，穿着舒适；纯化纤面料色泽鲜艳，缩水率小，吸湿性强，穿着舒适性较差。细绒绒面较薄，布面洁净美观。

（4）用途：厚绒多用来制作冬季绒衫裤，薄绒纯棉适合制作春秋季绒衫裤，薄绒纯化纤适合制作运动衫裤。细绒纯棉适合制作妇女和儿童内衣，细绒纯化纤适合制作运动服和外衣。

3. 罗纹布

罗纹布是正面线圈纵行和反面线圈纵行相间配置而成的针织物，如图4-79所示。

（1）原料及组织结构特点：原料有纯棉、纯毛、纯化纤及涤纶与棉、黏胶与棉、腈纶与棉、腈纶与毛混纺，采用罗纹组织织制。

（2）织物风格：横向拉伸时有很大的弹性和延伸性，裁剪时不会出现卷边现象，但逆编结方向易脱散。

（3）用途：适宜制作袖口、裤脚口、领口、袜口、衣服下摆等处，也多用来织制弹力衫

彩图
（42）

图4-78 绒布

图4-79 罗纹布

以及紧身合体款式的时装等。

4. 棉毛布

由纬编双罗纹组织织制而成的双面针织物，因其主要用于棉毛衫裤，故名棉毛布，如图4-80所示。

（1）种类：根据染整后加工不同，可分为本色、素色、印花和色织等品种。

（2）原料及组织结构特点：原料有棉纱、腈纶等纯纺以及棉与腈纶、棉与维纶、棉与涤纶、黏胶与棉纱等混纺，其中棉和腈纶使用为多，采用双罗纹组织织制。

（3）织物风格：表面平整，正反面外观相同，均有绒圈覆盖，纹路清晰整齐，手感柔软而厚实，保暖性强，结实耐穿，横向延伸性大，尺寸稳定性好，无卷边现象。

（4）用途：纯棉类适宜制作春、秋、冬三季的内衣、棉毛衫裤。腈纶、棉腈混纺，涤棉混纺更适合制作运动服及外衣。

5. 法兰绒针织物

法兰绒针织物，见图4-81。

（1）原料及组织结构特点：采用两根涤腈混纺混色纱针织而成。

（2）织物风格：表面有混色效应，经缩绒、起毛整理后，绒面细致而丰满，手感柔软轻松，坚牢耐穿。

（3）用途：适宜制作针织西裤、上衣、童装、休闲服等。

6. 网眼布

网眼布，见图4-82。

（1）原料及组织结构特点：原料有纯棉纱、涤棉混纺纱和涤纶变形丝，采用集圈组织织制，织物表面有网眼效应，不同的集圈组织产生不同类型的网眼。

（2）织物风格：穿着吸湿透气，凉爽舒适，外观花型多样。

（3）用途：适宜制作衬衫、裙子、汗衫等。

彩图（43）

图4-80　棉毛布

图4-81　法兰绒针织布

图4-82　网眼布

7. 涤盖棉

涤盖棉，见图4-83。

（1）原料及组织结构特点：由两种原料交织而成，一般正面是化学纤维，如涤纶、锦纶等，反面是天然纤维的棉、丝等，采用双罗纹组织织制。

（2）织物风格：集合了涤纶针织物和棉针织物优点于一体，外观挺括，坚牢耐穿，抗皱性和色牢度好，内层柔软，吸湿性、透气性好，不易产生静电。

（3）用途：适宜制作运动服、夹克衫、休闲服等。

8. 天鹅绒

天鹅绒，见图4-84。

（1）原料及组织结构特点：以棉纱、涤棉混纺纱或涤纶长丝、锦纶长丝等做地经，用棉纱、涤纶长丝、涤纶变形丝、涤棉混纺纱、醋酯纤维等做起绒纱，可采用毛圈组织经割圈形成，也可将起绒纱按衬垫纱编入地组织，经割圈形成。

（2）织物风格：手感柔软、丰厚，绒毛紧密而直立，坚牢耐磨，悬垂性好，高雅华贵，色泽明亮而柔和。

（3）用途：适宜制作礼服、旗袍、舞台服装、时装、披肩、睡衣等。

9. 摇粒绒（羊丽绒）

摇粒绒，见图4-85。

（1）原料及组织结构特点：按原料可分为短纤维和长纤维，成分一般是全涤纶的，另外还可以与其他任何面料进行复合处理。按后加工可分为素色和印花，素色摇粒绒根据个人要求的不同，可分为抽条摇粒绒、压花摇粒绒、提花摇粒绒等；印花摇粒绒根据印花的浆料不同，有渗透印花、胶浆印花、转移印花彩条等多个花色品种。摇粒绒由大圆机织制而成，织成后坯布先经染色，再经拉毛、梳毛、剪毛、摇粒等多种后整理工艺加工处理。面料正面拉毛、摇粒，蓬松密集而又不易掉毛、起球。反面拉毛稀疏匀称，绒毛短少，组织纹理清晰。

彩图
（44）

图4-83 针织涤盖棉

图4-84 针织天鹅绒

图4-85 摇粒绒

（2）织物风格：手感柔软，蓬松感强，弹性好。保暖性好，透气性好，御寒效果佳。印花面料花型新颖别致，颜色丰富多彩，格型自然流畅。

（3）用途：适宜制作冬季衣服的里料，还可以做床上用品、地毯、大衣、夹克、手套、围巾、帽子、抱枕、靠垫及鞋子和玩具等。

（二）经编针织物

经编针织物的纵向尺寸稳定性好，脱散性小，不会卷边，织物挺括，透气性好，但横向延伸性、弹性和柔软性不如纬编针织物。

经编针织物使用原料广泛，可由纤维混纺，也可由各种纱线混纺。

1. 网眼织物

网眼织物，见图4-86。

（1）原料及组织结构特点：基本上所有纺织纤维都可以织制经编网眼织物。一般以合成纤维为主，采用变化经平组织织制。网眼形状多而复杂，有方形、圆形、菱形、六角形、波浪形等。

（2）织物风格：质地轻薄，弹性和透气性好，手感滑爽柔挺。

（3）用途：适宜制作夏季男女衬衫，还可用于制作蚊帐、窗帘、汽车坐垫等。

2. 丝绒织物

丝绒织物，见图4-87。

（1）种类：根据织物外观不同，可分为平绒、条绒、色织绒等。

（2）原料及组织结构特点：底部一般采用天然纤维和化学纤维，绒纱多采用腈纶、涤纶、羊毛、毛黏混纺、黏胶和醋酯长丝。采用拉舍尔经编织成由底布与毛绒纱构成的双层织物，再经割绒机割绒后成为两片单层丝绒。

（3）织物风格：表面绒毛浓密耸立，手感柔软、丰厚而富有弹性，保暖性好。

（4）用途：适宜制作各式服装、童装，也可做装饰布和汽车坐垫包覆材料。

彩图（45）

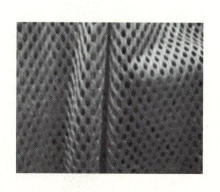

图4-86　经编网眼布

图4-87　经编丝绒

3. 经编起绒织物

（1）种类：根据外观特征不同，可分为经编麂皮绒（图4-88）、经编金丝绒（图4-89）、经编平绒（图4-90）等。

（2）原料及组织结构特点：以涤纶长丝等合纤或黏胶丝作原料，采用编链组织与变化经绒组织相间织制而成。

（3）织物风格：经拉毛工艺处理后表面有耸立或平排的紧密绒毛，外观似呢绒，绒面丰满厚实，手感挺爽柔软，悬垂性好，织物易洗、快干、免烫，但在使用中易产生静电吸附灰尘而沾污。

（4）用途：适宜织制冬季男女大衣、风衣、上衣等。

4. 毛圈织物

毛圈织物，见图4-91。

（1）种类：根据起圈情况可分为单面毛圈和双面毛圈，根据织物表面结构可分为毛巾毛圈与绒类毛圈。

（2）原料及组织结构特点：以合成纤维作地纱，棉纱或棉、合纤混纺纱作衬纬纱，以天然纤维、再生纤维、合成纤维作毛圈纱，采用毛圈组织织制而成。

彩图（46）

图4-88　经编麂皮绒

图4-89　经编金丝绒

图4-90　经编平绒

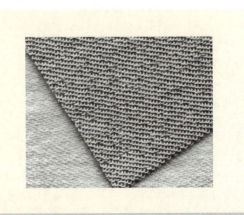
图4-91　针织毛圈布

（3）织物风格：手感丰满、厚实，弹性好，吸湿性、保暖性也好，毛圈结构稳定。

（4）用途：适宜制作睡衣、浴衣、婴儿服、休闲服、运动服等。

5. 花边织物

花边织物，见图4-92。

（1）种类：根据门幅宽窄，可分为宽幅、窄幅花边织物；根据染色加工，可分为素色、彩色花边织物；根据花边形状，可分为直条布边、曲条布边等花边织物品种。

（2）原料及组织结构特点：以合成纤维和人造纤维为主，采用棉纱、地组织，多采用六角形和矩形网孔，由衬纬纱线在地组织上形成较大衬纬花纹。

（3）织物风格：手感柔软而富有弹性，花型立体感强，层次分明，实体与镂空对比明显。

（4）用途：适宜制作女式衣裤、礼服、演出服、衬衫、裙子等，既可以与其他面料搭配使用，也可单独使用，深受女性朋友的欢迎。

6. 蕾丝面料

蕾丝面料，如图4-93~图4-96所示。

彩图
（47）

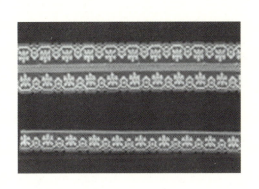

图4-92 花边织物

图4-93 高弹提花蕾丝面料

图4-94 网眼提花蕾丝面料

图4-95 定位蕾丝面料

（1）种类：根据织造方法的不同，蕾丝面料可分为高弹提花蕾丝面料、网眼提花蕾丝面料、定位蕾丝面料和钩织棉线蕾丝面料。此外，蕾丝还可以植绒，也与其他面料进行复合制成复合面料。

（2）原料及组织结构特点：原料一般采用涤纶、锦纶、氨纶、棉。面料横向稳定性好，抗钩丝。

（3）织物风格：面料轻而透，手感顺滑，光泽饱满，外观十分美观，花型丰富多变，立体感强，弹性好，舒适感强。

（4）用途：适宜制作晚礼服、婚纱、女士衬衫、裙，还可以做服装的辅料。蕾丝植绒和蕾丝复合面料可以制作风衣、春秋套装等。

7. 珊瑚绒

珊瑚绒，见图4-97。

（1）原料和组织特点：采用涤纶超细纤维为原料。纤维间密度较高，呈珊瑚状，覆盖性好，犹如活珊瑚般轻软的体态。

（2）织物风格：质地细腻，手感柔软，不起球，不掉色，吸水性能出色，是全棉产品的三倍。对皮肤无任何刺激，外观美观，颜色丰富，色彩斑斓。

（3）用途：玩具、睡袍、婴儿制品、童装、服装里料、鞋帽、毛毯、工艺品等。

彩图（48）

图4-96 钩织棉线蕾丝面料

图4-97 珊瑚绒

复习与思考题

1. 简述针织物的特点。

2. 简述纬编针织物与经编针织物的区别。

实训题

1. 收集针织物若干块，制作样卡，说明其原料、组织结构特点、织物风格、用途。
2. 市场调研：搜集市场上其他针织物，制作样卡，了解它们的织物风格及用途。

单元七　毛皮与皮革

毛皮与皮革既是古老的大众服装材料，又是很现代的高档服装材料。从动物身上剥取的带毛的皮为生皮（或称原料皮）。生皮湿态时很容易腐烂，干燥后则干硬如甲，怕水，易生虫，易发霉发臭。经过鞣制等处理，才能形成具有柔软、坚韧、耐虫、耐腐蚀等良好服用性能的裘皮和皮革。生皮经过鞣制加工后的带毛的皮为毛皮（或称裘皮），生皮经过鞣制加工后的光面或绒面的皮板为皮革。

一、毛皮

毛皮是防寒服装的理想材料，轻便柔软，坚牢耐用，皮板密不透风，毛绒间的静止空气又可以保存热量。毛皮服装具有吸湿、透气、保暖、耐用、华丽的特点。毛皮既可作服装面料，又可充当服装里料与絮料。

（一）毛皮的构造

毛皮由毛被与皮板组成。

1. 毛被

毛被由针毛、绒毛、粗毛（枪毛）三种体毛组成。针毛是伸到最外部呈针状的毛，数量少，粗且长，具有一定的弹性。它不仅能体现毛皮亮丽的光泽和华丽的外观，而且能保护绒毛不被浸湿、僵结和磨损。绒毛紧贴皮板，细短柔软，数量较多，主要起到保持体温的作用。绒毛的密度和厚度越大，毛皮的防寒性能就越好。粗毛的数量、长度、外形和作用介于绒毛和针毛之间，不仅具有保暖作用，而且具有保护和美化毛皮外观的功能。

2. 皮板

皮板由表皮层、真皮层和皮下层三层组成。表皮层比较薄，牢度很低，主要起保护动物体免受外来伤害的作用，在皮革加工中会被除去。真皮层是皮板的主要部分，厚度为皮板厚度的90%～95%。真皮层分为两层，上面一层为粒面层，具有粒状构造，形成皮革表面的"粒面效果"；下面一层为网状层，主要由胶原纤维、弹性纤维和网状纤维呈网状交错构成，它使皮板结实，有弹性，能整体抗击外来冲击力，如果此层较厚，可以刨为几层。皮下层主要为脂肪，非常松软，因为脂肪分解后会损害毛皮，因此需在制革工序中被除去。皮下层与真皮层的连接处是疏松的结缔组织，构成毛皮动物的毛皮开剥层。

（二）分类

毛皮材料种类很多，根据动物毛的长度、绒毛的密度、皮板的经济价值等条件，可把毛皮分为四类。

1. 小毛细皮

属于高级毛皮，毛短而细密且柔软。主要品种有黄鼠狼皮（图4-98）、水獭皮（图4-99）、灰鼠皮（图4-100）、花鼠皮（图4-101）等，适宜做毛皮帽、长短大衣等。

2. 大毛细皮

属于高档毛皮，毛长，张幅大，经济价值高。主要品种有狐狸皮（图4-102）、水貂皮（图4-103）、麝鼠皮（图4-104）等，可制作皮帽、长短大衣、斗篷等。

3. 粗毛皮

属于中档毛皮，毛粗而长，张幅较大，主要是各种羊的皮。主要品种有细毛羊皮、半细毛羊皮、粗毛羊皮、羔皮、山羊皮（图4-105）、绵羊皮（图4-106）等，可做帽、长短大

图4-98 黄鼠狼

图4-99 水獭

图4-100 灰鼠

图4-101 花鼠

衣、坎肩、衣里、褥垫等。

4. 杂毛皮

属于低档毛皮，毛长皮板差。主要品种有花面狸皮（图4-107）、兔皮（图4-108）等，可用于制作衣、帽及童装大衣等。

图4-102　狐狸

图4-103　水貂

图4-104　麝鼠

图4-105　山羊

图4-106　绵羊

图4-107　花面狸

图4-108　兔子

（三）毛皮质量要求

鉴定毛皮的品质可以归纳为"看、吹、摸、抓"四种方法。

"看"是看毛皮的花纹、光泽、色彩等；"吹"是吹开长毛看毛的松软程度、绒毛的细密程度；"摸"是摸毛皮光滑、细腻、粗糙的程度；"抓"是抓皮板的柔软程度，检查有无掉毛的现象。

毛皮的质量取决于毛被质量、皮板质量、毛被与皮板之间的结合程度，板质和伤残等方面。以具有密生的绒毛、厚度厚、重量轻、含气性好的为上乘。

1. 毛被质量

毛被的质量主要从毛丛长度、毛被密度、光泽、弹性、柔软度等几个方面衡量

（1）毛丛长度：毛丛长度指毛被上毛的平均伸直长度。毛丛长度长的毛皮御寒能力强，防寒效果好。

（2）毛被密度：毛被密度指毛皮单位面积毛的数量和细度。毛被密度大则毛皮御寒能力强，耐磨性好，外观质量好，价格高而名贵。

（3）毛绒的粗细度和柔软度：一般来说，毛细绒足的质量好，毛粗绒疏的质量差。

（4）毛被的颜色与光泽：毛被的颜色决定着毛皮的价值与档次。色泽纯正、背纹清晰、光泽柔和、有油润感的毛皮品质佳。

（5）毛被的弹性：毛丛弹性越大，毛丛越蓬松不易成毡，则毛皮质量越好。

2. 皮板质量

皮板的厚度厚、弹性好、强度高，则质量好。

3. 毛被与皮板的结合度

毛被与皮板的结合强度大，则毛皮品质高。

4. 板质和伤残

板质的好坏取决于皮板的厚度，厚薄均匀程度，油性大小，板面的粗细程度和弹性强弱等。皮板和毛被伤残的多少，面积大小及分布状况对毛皮质量的影响很大。

二、皮革

皮革是各种兽皮、鱼皮等真皮层厚度比较厚的原皮，经鞣制加工而制成光面或绒面的。皮革与原料皮相比耐腐蚀性、耐热性、耐虫蛀性及弹性均有提高，且手感柔软、丰满，保型性好，因此应用广泛。衣用皮革主要有服装革和鞋用革，以猪、羊、牛、马、麂皮等为主要原料，此外鱼类皮革、爬虫类皮革也可用作服装的装饰革及箱包等的加工制作。天然皮革遇水不易变形、干燥不易收缩，耐化学药剂、防老化等；但天然皮革不稳定，大小厚度不均匀一致，加工难以合理化。

（一）皮革的分类

1. 按皮革的张幅和轻重分类

（1）轻革：指张幅较小和较轻的皮革，它是用无机鞣剂鞣成的革，如各种鞋面、服装革、手套等。生产和销售成品革时以面积计算。

（2）重革：指张幅较大和较重的皮革，用较厚的动物皮经植物鞣剂或结合鞣制，用于皮鞋内、外底及工业配件等处。生产和销售时以重量计算。

2. 按剖层的部位分类

（1）头层革：是皮革剖层中除去表皮层最上面的一层，又分粒面革和半粒面革。在诸多的皮革品种中，粒面革品质最好，因为它是由伤残较少的上等原料皮加工而成的，革面上保留完好的天然状态，涂层薄，能展现出动物皮自然的花纹美。它不仅耐磨，而且具有良好的透气性，如图4-109所示。

但是一般的原料皮上几乎都有一些缺陷，有的动物活着时就有，有的则是死后剥皮或防腐保藏期间出现的。此外如果制革加工不当，也会产生缺陷，这时就需要通过磨革工序把头层皮的伤残去掉，将皮革的粒面层轻轻磨去一部分，称半粒面革，也称修面革。半粒面革保持了天然皮革的部分风格，毛孔平坦呈椭圆形，排列不规则，但是手感比较硬。

（2）二层革：是用剖去头层革之后剩下的皮料经过涂饰或贴膜等系列工序制成的，与头层革相比，二层革的牢度、耐磨性较差，是同类皮革中比较廉价的一种，如图4-110所示。除二层革外还有三层革，三层革是更差的革料。

3. 按皮革的外观分类

（1）粒面革：一般来讲，猪皮、牛皮、羊皮等都可做成粒面革，如图4-111所示。

（2）光面革：一般来讲，大多数动物皮表面都会有各种伤残。因此这类皮革的表面常常需要进行打磨或修饰，通常是在皮革上面喷涂一层有色树脂，经打光或抛光工艺，掩盖皮革表面纹路或伤痕，制成表面平坦光滑、无毛孔及皮纹、光泽感极佳的皮革。

彩图（49）

图4-109　头层革

图4-110　二层革

图4-111　粒面革

光面革强度高、耐脏、耐磨且有良好的透气性，具有光亮耀眼、高贵华丽的风格，多用于制作时装、皮具。

（3）绒面革：指表面呈绒状的皮革，利用皮革正面经磨革制成的，被称为正绒；利用皮革反面经磨革制成的，被称为反绒；利用二层皮磨革制成的，被称为二层绒面。正绒是用机器把真皮上表面的粒面磨去后而得到的绒毛细致、色调均匀的产品，因此正绒做成的制品售价要高于反绒和二层绒产品。

绒面革由于没有涂饰层，其透气性能较好，外观独特，穿着舒适，但其防水性、防尘性和保养性较差，绒面革易脏且不易清洗和保养，如图4-112所示。

牛皮、猪皮自身厚度较厚，所以可以有头层正绒、反绒、二层绒甚至三层绒产品；而羊皮较薄，最多也只能做成头层正绒或头层反绒。

（4）修面革：这种皮革经过较多的加工将粒面表面部分磨去，用以掩饰原有粒面的瑕疵，然后通过不同整饰方法，如磨砂、打磨、压花、涂层等，造出一个假粒面以模仿全粒面皮的皮革。包括压花革、漆皮革、激光革等，如图4-113所示。

4. 按加工方法分类

（1）再生皮：是将各种动物的废皮及真皮下脚料粉碎后，调配化工原料加工制成的。其表面加工工艺同真皮的修面皮一样，特点是皮张边缘较整齐、利用率高、价格便宜；但皮身一般较厚，强度较差，只适宜制作平价公文箱、拉杆袋、球杆套等定型工艺产品和平价皮带，其纵切面纤维组织均匀一致，可辨认出流质物混合纤维的凝固效果，如图4-114所示。

（2）水染皮：指将牛、羊、马、鹿等头层皮漂染各种颜色制成的皮，如图4-115所示。

（3）开边珠皮：又称贴膜皮革，是沿着脊梁抛成两半，并修去松皱的肚腩和四肢部分的头层皮或二层的开边牛皮，在其表面贴合各种净色、金属色、珍珠色、幻彩双色或多色的

彩图（50）

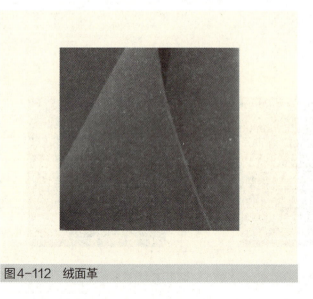

图4-112 绒面革　　　图4-113 修面革

PVC薄膜加工而成，如图4-116所示。

（4）修面皮：是将较差的头层皮坯，表面进行抛光处理，磨去表面的疤痕和血筋痕，用各种流行色皮浆喷涂后，压成粒面或光面效果的皮，如图4-117所示。

（5）印花或烙花皮：选料同压花皮一样，只是加工工艺不同，是经印刷或烫烙而成的有各种花纹或图案的头层或二层皮，如图4-118所示。

彩图（51）

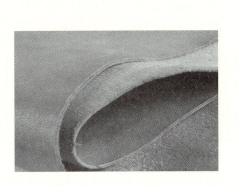

图4-114　再生皮

图4-115　水染皮

图4-116　开边珠皮

图4-117　修面皮

图4-118　印花皮

（二）常用皮革品种

1. 猪皮革

猪皮革，见图4-119、图4-120。

（1）外观特征：粒面毛孔圆而粗大，毛较斜地插入革内，毛孔在粒面上的排列是三五个毛孔排列为一组，每组相隔较远，革面呈现明显的三角形图案。

（2）特点：猪皮胶原组织细而松弛，含有大量脂肪，故比牛皮柔软。粒面层很厚，因此耐磨性好，不易松面和起层，由于毛孔粗大，因此透气性优于牛皮。但皮质粗糙，外观凹凸不平、不光滑，易吸水和变形，皮厚粗硬，弹性较差。

（3）用途：绒面革和经过磨光处理的光面革是制鞋的主要原料。

2. 牛皮革

一般来说，牛皮是世界皮革工业最重要的生皮原料的来源。牛皮革应用在服装上的有黄牛皮和水牛皮两种，我国年产牛皮约2 000万张，主要为黄牛皮。

（1）黄牛皮（图4-121、图4-122）：

① 外观特征：粒面毛孔细小呈圆形，毛较直地插入革内，毛孔分布均匀且紧致，但排列无规则。粒面较细致光滑，胶原纤维组织紧密，皮层厚而丰满且厚薄均匀。

② 特点：强度高，耐穿耐磨，有弹性且耐折性好，吸湿透气性好，粒面经打磨后光亮度较高，绒面革的绒面细密，是优良的服装材料。

③ 用途：是牛皮中的主要原料，主要用来制作服装、皮鞋、箱包及篮球、足球等。

（2）水牛皮（图4-123、图4-124）：

① 外观特征：毛孔呈圆形，孔眼粗大，毛较直地插入革内，毛孔数量较黄牛革少，毛孔比黄牛皮粗大、稀疏，毛孔分布均匀，粒面凹凸不平、较粗糙。

② 特点：革质较松弛，细致、丰满、滋润、耐磨性、强度、外观均不如黄牛皮，柔软性不佳，成品不如黄牛皮美观耐用。

③ 用途：适宜制作沙发面、皮包、皮箱及皮鞋等。

3. 羊皮

羊皮应用于服装上的主要有山羊皮和绵羊皮。

（1）山羊皮（图4-125、图4-126）：

① 外观特征：表面毛孔呈扁圆形，斜插入革内，毛孔清晰，排列有规律且呈鱼鳞状。

② 特点：山羊皮的皮身较薄，皮面略粗，粒面层和网状层各占真皮厚度的1/2，两者之间的联系比绵羊皮的紧密。因此成品革的粒面紧实细致，有高度光泽，手感坚韧、柔软、有弹性，透气性好。强度也高于绵羊皮革，是皮革服装首选料。

③ 用途：适宜制作皮带、服装、手套、高档皮鞋、软包等。

图4-119　猪

图4-120　猪皮革

图4-121　黄牛

图4-122　黄牛革

图4-123　水牛

图4-124　水牛革

图4-125　山羊

图4-126　山羊皮

（2）绵羊皮（图4-127、图4-128）：

① 外观特征：同山羊皮。

② 特点：胶原纤维细而疏松，弹性纤维发达，脂肪含量较多，薄而柔软，毛孔细小，立体感较弱，但粒面比山羊皮光滑细致，柔软性比山羊皮更好，弹性、延伸性大，但牢度不如山羊皮，耐用性差。

③ 用途：适宜制作服装、手套，也适用于皮鞋和小皮件。

4. 麂皮

天然麂皮是一种名贵皮革，具有天然皮革之王的美称，麂皮服装是国际市场上的高档品，由于受到自然条件限制，因而产量少，价格高，如图4-129、图4-130所示。

（1）外观特征：毛孔粗大而稠密、粗糙，斑痕较多，一般加工成绒面革。

（2）特点：质地坚韧、透气性好，绒面革细腻光滑、柔软，吸湿性好，但怕蛀、有味、易发霉。

（3）用途：适宜制作服装、手套等。

彩图
（53）

图4-127　绵羊

图4-128　绵羊皮

图4-129　麂

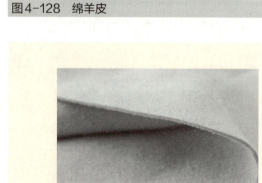

图4-130　天然麂皮

（三）皮革质量要求

皮革的质量要求，概括起来是"轻、松、软、挺、滑、香、牢"七个字。即要求皮革的单位面积重量轻，纤维疏松而柔软，富于弹性，挺括，手感滑爽，有丝绸感或丝绒感，且香味宜人，耐撕裂。

此外，服装皮革还要求厚薄均匀，颜色均匀，色差小，具有较好的透气性和吸湿、放湿性。绒面革则要求绒毛均匀细致、长短一致，还要有适当的厚度，以保证必要的强度，不可为了轻软、舒适而一味求薄。过薄的服装皮革，尤其是磨去粒面的正面绒服装革，其强度相对降低，如果绒面革过于薄，则制成的皮衣在穿着时很容易被撕破。

真皮标志是在国家行政管理局注册的证明商标，如图4-131所示。凡佩挂真皮标志的皮革产品都具有三种特性：① 该产品是用优质真皮制作的；② 该产品是做工精良的中高档产品；③ 消费者购买佩挂真皮标志的皮革产品可以享受良好的售后服务。不是用真皮制作的产品就不能佩挂真皮标志，欲佩挂真皮标志，需经过中国皮革工业协会严格的审查，批准后，方可佩挂。中国皮革工业协会每年都要对其进行质量检测，以保证产品质量。

三、人造毛皮与人造皮革

为了保护野生动物，维持生态平衡，降低毛皮和皮革制品的成本，扩大其来源，人们采用了仿真技术，开发并生产出人造毛皮和人造皮革等新品种作为天然毛皮和皮革的代用品，近年来，人造毛皮与人造皮革有了较大的发展。

（一）人造毛皮

人造毛皮是人工制造，外观类似动物毛皮的产品。

人造毛皮分为底布和毛绒两部分，底布用棉或黏胶纱线机织或针织而成。毛绒由腈纶纤维构成，有单层也有双层，外层为异形腈纶纤维的针毛，光亮粗直，内层为收缩腈纶纤维的绒毛。

图4-131 真皮标志

　　人造毛皮手感柔软，光泽自然，绒毛蓬松，质地松软，保暖性好，单位面积重量比天然毛皮松，抗菌防霉，易保管，价格低廉，花色品种多，但防风性差，掉毛率高。

　　1. 机织人造毛皮

　　机织人造毛皮，见图4-132。

　　（1）原料及组织结构特点：采用双层经起绒组织织成。一般底布用棉纱作经纬纱。在双层组织的起绒毛机上织造。若采用彩色绒经，可织制各种花色斑纹效果，也可经印花加工达到仿天然外观，属高档机织人造毛皮。

　　（2）织物风格：质地厚实，绒面丰满弹性好。

　　（3）用途：适宜制作妇女冬季大衣、冬帽、衣领等，也可用作大衣、夹克的里料。

　　2. 针织人造毛

　　针织人造毛，见图4-133。

　　（1）种类：根据其织造工艺不同，可分为纬编人造毛皮和经编人造毛皮两类。其中纬编人造毛皮发展最快，应用最广。纬编人造毛皮的种类有：素色平剪绒、提花平剪绒和仿裘皮绒三类。

　　（2）原料及组织结构特点：针织人造毛是在针织机上采用长毛绒组织织制成的，底布用纱一般选用棉、涤纶、腈纶，毛纱一般选用腈纶、氨纶或黏胶纤维。

　　（3）织物风格：素色平剪绒毛面平整，手感柔软。提花平剪绒毛面平整，手感柔软，配色协调，外观美丽。仿裘皮绒层次分明，色彩和谐高雅，手感柔软，仿真性强。经编人造毛皮毛丛松散，绒面平整光洁，绒面固结牢度好，织物厚实。

　　（4）用途：适宜制作冬装衬里、女装及童装等。

　　3. 人造卷毛皮

　　人造卷毛皮，见图4-134。

　　（1）原料及组织结构特点：原料一般选用黏胶纤维、腈纶或变性腈纶等纤维。

彩图
（54）

图4-132　机织人造毛皮

图4-133　针织人造毛皮

图4-134　人造卷毛皮

（2）织物风格：织物表面具有天然羊毛皮的花绺花弯，柔软轻松，风格别致，色泽以黑白色为主。

（3）用途：适宜制作服装面料，也可用作填充物。

（二）人造皮革

人造皮革主要是在棉布、化纤布等底布上，涂上聚氯乙烯、聚氨酯等。使表面具有类似天然皮革结构的物质。人造皮革质地柔软，穿着舒适，美观耐用，保暖性强。具有吸湿透气、色牢度好等特点。如涂上特殊物质，还可具有防水性。人造皮革防蛀、无异味、免烫、尺寸稳定，适合做春秋季大衣、外套运动衫等服装及装饰用品，也可做鞋面、手套、帽子等。常见的人造皮革有人造革和合成革两类。

1. 人造革

（1）原料及组织结构特点：在机织底布、针织底布或无纺布上面涂上聚氯乙烯树脂（PVC），经轧光等工序整理后制成的一种仿皮革面料。

根据塑料层的结构，可以分为普通人造革（图4-135）和泡沫人造革（图4-136）两种。后者是在普通革的基础上，将发泡剂作为配合剂，使聚氯乙烯树脂层中形成许多连续的、互不相同细小均匀的气泡结构，从而使制得的人造革手感柔软，有弹性，与真皮革接近。

彩色人造革是在配制树脂时就加入颜料，再加入配制好的胶料充分搅拌，这种有色胶料涂刮到基布上就形成了色泽均匀的人造革（图4-137）。

为了使人造革具有类似天然皮革的外观，往往会在其表面轧上类似皮纹的花纹，如压出仿羊皮、牛皮等花纹，即压花。

（2）织物风格：人造革采用的基布不同，仿皮革的手感就有所不同。其质地轻柔，强度和弹性好，变形小，耐污耐洗，防水性好，颜色鲜艳且不褪色，但吸湿透气性差，耐磨性也不如天然皮革，长时间摩擦和使用后，表面的涂层会剥落，露出底布，失去仿真效果。

（3）用途：适宜制作服装、鞋靴、箱包等。

彩图（55）

图4-135 普通人造革

图4-136 泡沫人造革

图4-137 彩色人造革

单元七 毛皮与皮革 151

2. 合成革

合成革见图4-138。

（1）原料及组织结构特点：在机织底布、针织底布或无纺布表面涂上聚氨酯树脂（PU）而制成。

（2）织物风格：外观比人造革更接近天然皮革，服用性能更优于人造革。强度和耐磨性好，表面光滑紧密，易于洗涤去污，易缝制。由于表面涂层有微孔结构，因此具有一定的透气性和透湿性，涂层较薄而有弹性，因此织物柔软，穿着舒适。合成革光泽漂亮，不易发霉和虫蛀，比普通人造革更接近天然革。在防水、耐酸碱、耐微生物方面优于天然皮革。

（3）用途：适宜制作服装、鞋靴、箱包等。

3. 人造麂皮

人造麂皮，见图4-139。

（1）原料及组织结构特点：人造麂皮可以将人造革进行表面磨毛处理而制成。也可以通过在织物上植绒而制成。植于织物表面的细绒主要是棉、人造纤维、锦纶等短纤维。

（2）织物风格：绒毛细密，光泽柔和，手感柔软，外观与天然麂皮十分相像，吸湿透气性比人造革和合成革都要好，穿着舒适。

（3）用途：多用于时装、薄大衣、风衣等，也大量应用于室内装潢。

彩图
（56）

图4-138　合成革

图4-139　人造麂皮

 知识拓展

超纤皮革简介

超纤皮革

超纤皮革

超纤皮革全称为超细纤维仿真沙发革，也叫再生皮，属于合成革中的一种新研制开发的高档皮革，是最好的人造毛皮。超纤皮的外观效果最像真皮，其产品具有耐磨、耐寒、透气、耐老化、质地柔软以及外观漂亮等优点，同时其厚薄均匀性、撕裂强度、色彩鲜艳度及革面利用率等方面还优于天然皮革，已经成为当代合成革的发展方向。其主要应用于箱包、服装、鞋、车辆、汽车坐垫、汽车脚垫、家具、仿皮沙发等制作中。

复习与思考题

1. 简述生皮、毛皮、皮革的区别。
2. 简述毛皮的特点。
3. 简述毛皮的构造。
4. 简述大毛细皮、小毛细皮、粗毛皮、杂毛皮的区别。
5. 简述毛皮的质量要求。
6. 简述正面革与绒面革的区别。
7. 简述皮革质量要求。
8. 简述人造毛皮的特点。
9. 简述人造革与合成革的区别。

实训题

1. 收集毛皮、皮革、人造毛皮、人造皮革若干块，制作样卡，说明其原料、组织结构特点、织物风格、用途。
2. 市场调研：搜集市场上其他毛皮、皮革、人造毛皮、人造皮革，制作样卡，了解它们的织物风格及用途。

单元八　新型面料

　　纺织材料的发展与社会现状、人们的需求、科学技术的发展水平等诸方面的因素有关。随着科学技术的发展，社会物质的极大丰富，人民生活水平的提高，人们穿着观念的改变，纺织品行业也呈现出飞速发展的态势。纺织品已从御寒、蔽体，发展到美观、舒适，从安全、卫生，发展到保健、强身，同时随着新技术、新设备、新工艺的使用，出现许多新功能、多功能、高功能的纺织品，极大地适应了现代人对服装的新要求。

一、新型天然材料

1. 天然彩棉

　　21世纪，环境保护已成为全人类关注的主题。天然彩棉纤维柔软、手感好，其服装色泽柔和、格式古朴、质地纯正、感觉舒适、安全，符合人们返璞归真、色彩天然的心态，因而其纺织品堪称"21世纪的宠儿"，被誉为"女性的第二健康肌肤"，迎合了市场的需求，是21世纪国际绿色纺织品市场上最具发展潜力的产品之一。新疆生产建设兵团农八师一四八团是我国首个彩棉实验基地，申请并获批中国彩棉之乡称号。

天然彩棉有零污染，舒适、抗静电、不起球，透汗性好，色牢度好，绿色环保，色彩自然纯正、柔和典雅、洗后鲜明等特点（图4-140）。产品的质地富于弹性、柔软透气、穿着舒适，具有健康、粗犷、休闲的风格，为健康的消费用品。

天然彩棉在颜色和材料特性上的优势，让其在纺织服装领域受到青睐。但其本身特性上也存在着一定局限性，例如色彩不均一、色彩稳定性差、颜色单调、产量低等问题。

天然彩棉主要用于织造各种服装，特别是贴身穿的内衣。

2. 保健麻——罗布麻

罗布麻是野生植物纤维，由于最初在新疆罗布泊被发现，故命名为罗布麻（图4-141）。

罗布麻是一种具有优良品质的麻纤维。除了具有一般麻类纤维的吸湿、透气、透湿性好、强度大等共同特性外，还具有丝一般良好的手感，纤维细长，耐湿抗腐，不仅可供纺织用，而且其产品还具有一定的医疗保健作用，高血压患者穿着有显著的降压效果。

罗布麻是我国近年来新开发的天然纤维，既具有麻类纤维的一些共同性质，又具有自身的一些优良的服用性能，而且还具有良好的医疗保健功能，特别适宜制作夏季的服装。

3. 彩色羊毛

俄罗斯的畜牧专家经多年研究发现，给绵羊饲喂不同的微量金属元素，能够改变绵羊的毛色（图4-142）。用彩色绵羊毛制成的毛织品，经风吹雨淋，其毛色仍然鲜艳如初。彩色羊毛纤维因不需染色，不含有染料残留的化学物质，未被腐蚀，因此韧性很强，质地坚固，耐磨耐穿，使用寿命长，对人体的保健及减少环境污染，将发挥不可低估的作用。彩色羊毛的出现无疑为纺织业带来革命性的变革。

彩图
（57）

图4-140 天然彩棉

图4-141 罗布麻

图4-142 彩色羊毛

4. 彩色蚕丝

利用家蚕基因突变可培育出彩色蚕丝，制成服装后颜色不会褪掉。目前我国转基因家蚕已有红、黄、绿、粉红、橘黄等颜色（图4-143）。

5. 果实纤维

果实纤维面料具有超轻舒柔、天然中空、生态抗菌、防霉不蛀、吸湿导湿、驱螨虫、抗静电、不起球等全部天然特性。是目前天然纤维中最轻、中空度最高的绿色生态纤维，其表面光滑，不显转曲，光泽明亮，耐酸性好，耐碱性能良好。

彩图
（58）

图4-143　彩色蚕丝球

二、新型人造纤维

1. 莫代尔纤维

莫代尔纤维是一种具有高湿度模量的纤维素再生纤维，这种纤维根据专门的纺丝工艺，利用高质量的木质浆料生产而成。纤维的生产加工过程清洁无毒，而且其纺织品的废弃物可生物降解，大大降低了对环境造成的破坏，具有良好的环保性能，被称为绿色纤维。

莫代尔纤维湿强度大大超过普通黏胶纤维，融合了天然纤维与再生纤维的长处，以其柔软顺滑、丝般感觉一枝独秀，具有广阔的发展前景。莫代尔织物具有棉的柔软、丝的光泽、麻的滑爽，而且其吸水、透气性能都优于棉，具有较高的上染率，织物颜色鲜亮而饱满，经过多次水洗后，依然保持原有的柔软与明亮，以及光滑、柔顺的手感。由于莫代尔纤维的优良特性和环保性，它已被纺织业公认为21世纪最具潜质的纤维。

莫代尔纤维与棉、涤混纺、交织加工整理后的织物，具有丝绸般的光泽，悬垂性好，手感柔软、滑顺，有极好的尺寸稳定性和耐穿性，是制作高档服装、流行时装的首选面料。其针织面料是目前国内外市场上颇为紧俏的内衣面料之一。但面料过于柔软，挺括性差，不太适合做外套服装。

2. 聚乳酸纤维

聚乳酸纤维也称PLA纤维，是由玉米制成的可完全降解的合成纤维，其制品废弃后在土壤或海水中经微生物作用可分解为二氧化碳和水，不会散发毒气，不会造成污染，是一种可持续发展的生态型纤维。

该纤维具有优异的性能：生物可分解、低污染、吸湿排汗性良好，抗起球性佳，弹性回复性良好，抗皱性佳，阻燃性佳，具有低发烟性以及防污染、耐紫外线、无毒等特性。

该纤维可与棉、羊毛混纺，或将长纤维与棉、羊毛、黏胶等生物分解性纤维混用，纺制成衣料用织物，可生产具有丝感外观的T恤、夹克衫、长袜等。主要应用于衣着材料、卫生材料、家具填充材料、热融纤维材料以及汽车用材、农业用材、空气滤材、地毯用材等。

由于聚乳酸纤维以价廉量多的淀粉做原料，又具有完全自然循环和能生物分解的特点，因而被众多专家推荐为"21世纪的环境循环材料"，是一种具有发展潜质的生态性纤维。

3. 甲壳质纤维

甲壳质纤维是一种天然多糖，以虾、蟹等的甲壳为原料，经提纯和化学处理后纺丝成的纤维。在自然界，甲壳质是一种仅次于纤维素的蕴藏量极为丰富的有机再生资源。

这种纤维具有极好的生物相容性，保湿、保温性以及生物降解性，是理想的卫生、保健纺织品和医用材料。

4. 大豆纤维

大豆纤维是从榨掉油脂的豆粕中提取植物球蛋白，采用生物工程等高科技技术处理，与高聚物合成后，经湿法纺丝制成的新型再生植物蛋白纤维，是一项由我国纺织科技工作者自主开发并在国际上率先实现了工业化生产的高科技技术。这项科技成果不仅改写了在化学合成纤维领域里中国原创技术空白的历史，还影响到新世纪新型纤维发展的研究方向。

大豆纤维具有天然纤维和化学纤维的众多优点。其纤维具有单丝细度细、比重轻、强度高、耐酸耐碱性好、吸湿导湿性好的特点，还具有羊绒般的柔软手感，蚕丝般的柔和光泽，棉的保暖性和良好的亲肤性等优良的服用性能。经医学权威机构检测，大豆纤维具有明显的抑菌功能，被专家誉为"新世纪的健康舒适纤维"。

5. 维勒夫特（Viloft）纤维

维勒夫特（Viloft）纤维是一种再生纤维素纤维，其主要原料是从木浆中提取出来的，原料数量大且可再生，废弃或淘汰的纺织品还可再生或天然降解，无污染性。

该纤维具有柔软性、抗静电性、保暖性、蓬松性，且洗涤方便，可调节湿气。

该纤维具备天然纤维和化学纤维的综合优点，与其他原料混纺时具有良好的可纺性，通过工艺的优化，结合其良好的亲和性能，使其服饰具有良好的穿着性，适用于家居服饰、运动服饰、休闲服饰、保暖服饰、针织产品等功能领域，值得大力推广应用。

6. 冰丝

冰丝，是一种改良过的黏胶纤维。黏胶纤维是把木浆、棉等植物纤维用化学品溶解成黏度非常好的类似胶水一样的溶液，然后通过化学反应析出植物纤维并拉成短绒或长丝，短绒的叫人造棉，长丝的叫人造丝，冰丝的主要成分就是这种人造丝。所以，冰丝和棉一样，都是天然的植物成分，具有棉的特性和品质，丝的手感和光感。

冰丝的优点是含湿率非常适合人体，透湿透气，光滑凉爽，防静电，防紫外线，色彩多样且柔和，同时具有真丝一样的悬垂感和保型性。

冰丝的缺点是比较容易脏，容易粘污垢，长时间不洗就洗不掉。潮湿后强度变差，洗多了或在潮湿空气中时间长了容易发硬。耐酸耐碱性比棉差，要用中性洗涤剂轻柔手洗。

7. 天丝纤维（Tencel）

天丝纤维属当今流行的环保型"绿色纤维"面料，是由荷兰AKZO公司发明并授权英国考陶尔兹（Courtaulds）公司制造的一种新型再生纤维素纤维，Tencel也是英国Acocdis公司生产的LYOCELL纤维的商标名称，在我国注册的中文名为"天丝"。该纤维原料来自木材，其生产过程符合环保要求，完全在物理作用下，溶剂可循环使用，产品使用后可以生化降解，无毒，不会对环境造成污染，是典型的绿色环保纤维。

它有棉的"舒适性"、涤纶的"强度"、毛织物的"豪华美感"和真丝的"独特触感"及"柔软垂坠"，无论在干或湿的状态下，均极具韧性。在湿态下，它是第一种湿强力远胜于棉的纤维素纤维。缺点是在湿热环境下容易变硬，弹性较差，纤维间抱合力差，受外界摩擦后容易起球。

天丝纤维织物主要用于制作高档牛仔服、高级女士内衣、女士时装以及高级衬衣、休闲服和便服等。

8. 竹碳纤维

竹碳纤维是在纤维素纤维表面涂有一种纯天然的超细竹碳添加剂加工而成的纤维。该纤维织成的面料除了具有远红外保健功能、抑菌功能，还具有高吸附功能和平衡水分作用。

经国家权威部门检测，该面料在人体正常波长范围内远红外辐射率与正常具有远红外功能纤维的数值相当。该面料具有抑菌作用，这是天然植物添加剂移植到化纤中的一个新亮点。添加剂本身是具有很强的吸附功能的，用竹碳纤维制成的织物可以直接吸附人体异味、烟油味和甲醛等化学气味。竹碳添加剂自身具有水分平衡作用，既可用做干燥剂，又可作为保湿剂。因此，用竹碳纤维制成的内衣具有排汗吸湿的功能。天热不闷热，天凉又保暖。

9. 海藻纤维（SeaCell）

海藻具有保湿作用，含有矿物质钙、镁，维生素A、维生素E、维生素C等成分，对皮肤有自然美容的效果，海藻纤维是利用海藻内含有的碳水化合物、蛋白质（氨基酸）、脂肪、纤维素和丰富的矿物质等优点所开发出的纤维，在纺丝溶液中加入研磨得很细的海藻粉末予以抽丝而成。可以用来制作衬衣、家用纺织品、床垫等。

10. 竹纤维（Bamboo Yarns）

竹纤维是由竹子经粉碎后采用水解、碱处理及多段式的漂白精制而成浆粕，再由不溶性的浆粕予以变性，转变为可溶性黏胶纤维用的竹浆粕，再经过黏胶抽丝制成，纺制成竹纤维素纤维，也称竹子再生纤维素纤维。另一种制造竹纤维的方法是将竹子搅碎后，经过高温蒸煮，除去糖分和脂肪，再经消毒、晾干等物理方法制成，这种竹纤维被称为原生竹纤维。竹纤维具有优良的着色性、反弹性、悬垂性、耐磨性、抗菌性，特别是吸湿放湿性、透气性居各纤维之首。而运用天然竹纤维生产的纺织品最大的优点是凉爽、柔滑、光泽好，上色性好，吸湿性好。

11. 牛奶蛋白质纤维

牛奶蛋白质纤维是以牛奶中分离出的蛋白质为基本原料，经过液态牛奶去水、脱脂以及蛋白质分子与丙烯腈分子的接枝共聚等技术化学处理和机械加工制得的再生蛋白质纤维。该纤维的生产过程对环境无污染，由其制得的面料，富含17种氨基酸及大量保湿因子，因而可以对肌肤起到滋润、吸湿透气等保健功能。

牛奶蛋白纤维的断裂强度高，比羊毛、棉、黏胶和蚕丝还好，其断裂伸长率、吸湿性也比棉纤维高，密度则低于棉纤维。另外，牛奶蛋白纤维的初始模量和抵抗变形能力也比较好。

牛奶蛋白纤维可纯纺，也可以与棉纤维、毛纤维、竹纤维、大豆纤维、苎麻纤维、合成纤维等混纺。牛奶蛋白纤维纯纺织物，手感柔软、滑爽、吸湿性好、具有抗菌消炎的功效。牛奶蛋白纤维与棉纤维混纺，可提高织物的柔软性和亲肤性；与羊绒混纺，可改善其质感，制成薄型织物如牛奶羊绒大衣、内衣、外衣面料等；与麻纤维混纺，可制成外衣、T恤、衬衫等的面料；与合成纤维混纺，可改善合成纤维的吸湿导湿性。

牛奶蛋白纤维综合性能优异，可采用机织、针织、非织造等方式处理。牛奶蛋白纤维可以用于制作多种服饰，如时装、童装内衣、床上用品、日常用品等方面。

12. 蜘蛛丝纤维

蜘蛛丝具有强度高、韧性好、弹性好及耐磨性好的优点，它与人体具有较好的相容性，能促进伤口痊愈。因此，蜘蛛丝在医疗等方面应用很广，可用作伤口包覆材料，眼科、神经科等精细的手术缝线，韧带和肌腱修复移植以及其他人体器官的替代品等。

13. 蛹蛋白纤维

蛹蛋白纤维是通过化学方法提取蚕蛹蛋白，经特有的生产工艺配置成纺丝液，再同黏胶纤维按一定比例进行混纺而成的。

蛹蛋白纤维织物具有蚕丝的手感和风格，并且在染色性、悬垂性、抗折皱性和回弹等方面优于蚕丝。蛹蛋白纤维含有18种氨基酸，可促进人新陈代谢，并具有止痒、抗紫外线辐射的功能，主要用于高档服装面料。

三、新型合成纤维

1. 聚对苯二甲酸丁二酯纤维（PBT）

PBT是一种新型的聚酯纤维。PBT纤维手感柔软，耐光性、耐热性、耐化学药品性俱佳。拉伸弹性、压缩弹性较好，弹性回复率优于涤纶，具有涤纶纤维一般的洗可穿性以及抗皱挺括，尺寸稳定性好的优点，但其价格比氨纶便宜。因此，近年来在弹力织物中得到广泛的应用。一般用于制作泳衣、体操服、弹力牛仔裤、连裤袜及医疗绷带等。

2. 聚对苯二甲酸丙二酯纤维（PTT）

PTT纤维是一种新型的聚酯纤维。PTT纤维的各项物理指标和性能都优于PET纤维，其兼有涤纶和锦纶的特性。防污性能好，手感柔软，染色性和弹性俱佳，同时具有优良的抗折皱性和尺寸稳定性，可用于开发高档服装和功能性服装。

3. 贝特纶（BETTERA）

该纤维是由PTT为原料生产的。适合与毛、棉、麻、粘胶、大豆纤维等混纺。手感柔软、蓬松、富有回弹性，属于短纤。

贝特纶集涤纶、腈纶和锦纶的特点于一身，其既有锦纶的柔软性、回弹性和抗污渍性，又有腈纶的蓬松性及涤纶的抗皱性和耐腐蚀性，且抗起毛起球，性能突出，能用分散性染料常压染成深色，将成为涤纶、锦纶的强有力竞争对手。贝特纶不仅保持了合成纤维的优良性能，且强度也满足了纺纱要求。它与棉混纺可赋予织物柔软性，提高尺寸稳定性；与黏胶混纺可提高织物的抗皱性。在针织领域，曾有人将贝特纶描述成"未来的弹力纤维"。

贝特纶纤维诸多优异特性使它可用于生产各种类型的服装：休闲服装、运动服、内衣及礼服，尤其在迅速增长的弹性市场同样中具有极大的吸引力。

4. 银纤维

银纤维是通过特殊技术，将一层纯银永久地结合在纤维表面上所得的高科技产物。这种结构不仅使银纤维保持了原有的纺织品属性，更赋予了它银所具有的神奇功能。

最初的银纤维生产技术是以尼龙6为基体，采用化学镀银技术在尼龙纤维的表面形成一层银的镀层而形成的纤维。

随着科学技术的发展，银纤维从最初的化学镀银法，发展到以纳米技术为底层技术，采用化学法、物理法结合的银纤维生产技术，生产面料即纳米银纤维面料。

银具有良好的导电性，这种性能是一般导电金属的数倍乃至数百倍，而导电性是抗辐射的基础原理，因此用银纤维织成的面料是屏蔽电磁辐射的优秀材质（图4-144）。

银纤维具有防霉除臭功能，细菌滋生会让身体产生臭味，而银纤维表面的银离子能非常迅速将阿摩尼亚及变质的蛋白质吸附其上而降低或消除臭味（图4-145）。

由于"银"快速传导的特性，可促进血液循环，可以消除或显著减轻疲劳感，达到医疗卫生保健的功用，可用于制作手术服，护士服、医院消毒敷料、绷带、口罩等。在高致病环境其广谱、高效、安全、持久的抗菌功能有助于抵御病菌对人体的侵害（图4-146、图4-147）。

5. 聚乙烯纤维（乙纶）

聚乙烯纤维又称乙纶，是聚烯烃纤维的一种。该材料本身具有较高的导热速率，可以迅速地将热量疏导出去，常被用作凉感材料，也被称为自带冰凉感的纤维。使用该纤维材料织成的织物手感丝滑，具有仿真丝的效果。同时，该材料本身化学键结构稳定，具有一定的疏水性和抑菌防霉功能，是一种综合性能优良的纤维新材料。由该纤维织成的面料具有明显的冰凉感，且经久耐用，广泛应用于床垫、坐垫、凉席、冰袖及运动服等领域，由于其凉爽、亲肤的触觉感受，给消费者带来了全新的生活体验。

6. 凯夫拉纤维（气凝胶纤维）

中空纤维和超细纤维是化学纤维中保暖性能较好的纤维，通过对其的研究发现，纤维材料的保暖性能与纤维材料内部静止空气含量成正比，与纤维直径大小成反比，与整体材料密度成反比。气凝胶纤维具有孔隙率极高、密度超低等显著特征，理论上是隔热保温效果最好的一种纤维，其有望取代超细纤维、颠覆羽绒，成为下一代保暖纤维的最重要发展方向。

图4-144　孕妇防辐射服

图4-145　防臭袜

图4-146　医用大褂

图4-147　迷彩服

7. 易热宝纤维

易热宝纤维是一种高回潮的改性腈纶纤维，引入了大量的 $-OH$、$-NH_3$、$-COOH$、$-CONH$ 等亲水性基团，吸湿性很高，在温度 20 ℃和相对湿度 65% 下，吸湿能力约是棉花的 3.5 倍。同时该纤维可以根据环境长期反复地进行吸放湿（呼吸）式循环，吸湿的同时吸附热，吸水后可自行发热。因此，这种纤维可以令织物吸收人体发出的湿气（微量水分）而产生热量，加快平衡皮肤与衣物的温度，缓和调节两者温差。此外，易热宝纤维极高的吸湿性能，能防止出汗后的冷感，让衣内长时间干爽舒适，一直暖融融。

四、功能型服装材料

（一）卫生保健服装材料

1. 微元生化纤维

这种纤维是将多元微量元素的无机材料通过高科技技术复合，制成超细微粒，再添加到化学纤维中形成的。穿着微元生化纤维织物能改善人体微循环，并对多种疾病（如冠心病、心脑血管疾病等）有较好的辅助治疗作用，对风湿性关节炎、前列腺炎、肩周炎等症有辅助消炎作用。

2. 远红外线纤维

这种纤维是将陶瓷粉末或钛元素等作为红外添加剂添加到纤维中，使纤维产生远红外线，可渗透到人体皮肤深处，产生体感温升的效果，达到保温保健作用。

国内 20 世纪 90 年代推出了一种阳光纤维，即具有吸收外界光线和热量并产生远红外线作用的涤纶。用这种纤维制成的服装不仅具有抑菌作用而且还能促进血液循环。因此它对妇女有活血杀菌之益，对老年人有延年益寿之功。目前市场已有远红外内衣、被子、袜子及护肘、护膝、鞋垫等。

3. 药物添加剂材料

为了满足消费者崇尚自然和卫生保健的需要，日本中纺公司推出了多种利用中草药、植物香料等制成的天然染料和处理剂。添加这种材料的织物具有抗菌、防臭、防螨虫、防霉、防病的功效，目前市场上已推出药物添加剂材料的内衣裤、袜子、床上用品等。

4. 防污服装材料

这种材料是通过防污加工或拒污加工后整理而制成的。它可以使污物不附着在织物表面，并能使污染物质在洗涤过程中容易脱落，从而达到卫生保健的目的。例如，利用纳米材料在特殊催化剂的作用下，研制开发出的纳米自洁材料，具有自洁、拒水、拒油的特性，而且不影响织物的透气性。用这种材料制成的服装可大量节水，大大减少洗涤废水对环境的污染。美国还研制成功一种不脏不皱的纳米裤，这种裤子不会产生折皱，也不吸收液体（图 4-148）。

（二）舒适性服装材料

1. 防水透湿材料

这种材料在潮湿的天气里既防水，又透气、透湿。可采用将高密度织物、复合织物、涂层织物复合等方法来制得。例如：外层采用吸湿透湿材料，芯层采用甲壳质膜层，里层采用纯棉织物而制成的新型运动服，既能通过棉里及甲壳质迅速吸收水分，又能通过防水透湿层向外扩散水分，同时甲壳质还有抗菌、防臭的性能，因此，穿着这种材料制成的运动服既能雨天防水，又解决了运动出汗闷热的不适感（图4-149）。

2. 休闲服装材料

太阳绒是一种新型保暖服装材料。这种材料是将传统的羊毛纤维充分绒化、蓬松后置于两层软镜面之间，形成薄厚可控的热对流阻挡层（气囊）。由于其导热系数较低，并对人体热射线起反射作用，因此其织物保暖性强；由于其构成中气囊是主体，空气量占90%，因此，其织物轻而柔软；由于其单位体积内纤维量比棉花少2/3，比羽绒少8/10，因此由它制成的服装美观而不臃肿。两镜面上有可开合的微孔，热时张开散热，冷时关闭保温，从而使温度可调并有透气性。

3. 凉爽服装材料

这种材料可采用多种方法制得。其一是在聚酯纤维中掺入金属氧化物而制得。金属氧化物能保持衣服内部凉爽，还能减弱由于紫外线和太阳光照射而引起的服装褪色。其二是使用杜邦公司推出的56%棉、24%聚酰胺、20%莱卡纤维制成的名叫"凉爽棉"的新型混纺织物。其三是将由水和乙二醇的混合物制成冷却剂置于衣服衬里中，由于冷却剂的循环作用，从而使人体降温、防暑。

4. 吸湿排汗材料

吸湿排汗材料主要是利用纤维截面异形化（Y字形、十字形、W形和骨头形等）使纤维表面形成凹槽，借助凹槽的芯吸导湿结构，迅速吸收皮肤表层湿气及汗水，并瞬间排出体外，再由布表的纤维将汗水扩散并迅速蒸发掉，从而达到吸湿排汗、调节体温的目的，使肌

图4-148 防污服装材料

图4-149 防水透湿材料

肤保持干爽与凉快。

目前应用最广且效果最好的，都是利用截面异形化生产的吸湿排汗纤维。如：美国杜邦公司的Coolmax纤维，台湾远东纺织的Topcool纤维，台湾中兴纺织的Coolplus纤维等。

吸湿排汗纤维织成的面料因具备质轻、导湿、快干、凉爽、舒适、易清洗、免熨烫等优良特性，而广泛被应用于运动服，户外、旅游休闲服，内衣等领域，深受消费者青睐。市场上，从机织到针织，从纤维到纱线，从面料到服装，家纺，随处可见吸湿排汗纤维产品的身影。

（三）安全防护服装材料

1. 热防护镀膜布

这种材料是在高温下利用蒸着法将金属镀在化学纤维或真丝布上，而后再经过涂覆保护层整理而成。由于金属镀膜特有的光泽（镜面），使其对可见光及远红外线具有较强的反射能力。因此，外层用金属镀膜布，中层夹用耐高温树脂和隔热材料制成的服装既轻便又柔软，穿着不感到热，亦不会被灼伤，可供高温环境作业及室外热辐射环境作业时使用（图4-150）。

2. 耐热阻燃防护材料

这种材料可采用多种方法制得。其一是将碳素纤维和凯夫拉（Kevlar）纤维混纺制成防护服。碳素纤维是一种以聚丙烯腈等纤维为原料，经预氧化和碳化处理的功能性纤维。凯夫拉为芳香族聚酰胺纤维，我国称其为芳纶1414。人们穿着这种防护服后能短时间进入火焰，它对人体有充分的保护作用，并有一定的防化学品性。其二是由PBI纤维和凯夫拉纤维混纺制成防护服，PBI纤维是一种不燃的有机纤维，其耐高温性能比芳纶更优越。它具有较好的绝缘性、阻燃性、化学稳定性和热稳定性。PBI纤维织物是制作航天服、消防服的优良材料。其三是德国推出的以三聚氰胺为主要成分的耐高温阻燃纤维，用它织成布或制成非织造布防护服，可在220℃高温下长时间连续使用，在火焰中不熔融，并有很好的化学稳定性和可染性。这种材料主要用于制作炼钢炉前的工作服、电焊手套以及石油钻井平台上的灭火服等。

图4-150　热防护镀膜布

3. 防电磁波服装材料

利用金属材料与其他纤维混纺成纱后再织成布即防电磁波辐射织物。这种材料克服了采用金属材料的服装笨重，涂金属材料的服装透气性差，不易洗涤，质地僵硬，穿着不舒适的缺点，而具有防微波辐射性能好、质轻、柔韧的优点，是一种比较理想的微波防护面料。微波透射量仅为入射量的十万分之一。主要用作微波防护服和微波屏蔽材料等。

4. 防紫外线辐射服装材料

对人类来说，紫外线是不可缺少的，可以起到杀菌、消毒，促进纤维素D合成，促进骨骼健康的作用。但是过量的紫外线又会带来如皮肤变黑、皮肤老化甚至罹患皮肤癌的副作用。在纺织纤维中除腈纶纤维具有较强的抗紫外线功能外，其他纤维抗紫外线功能均较差。因此要使纺织纤维具有抗紫外线功能必须对其进行防紫外线加工。如在纺织过程中加入紫外线吸收剂或紫外线反射剂，或采用后处理技术将紫外线防护剂附于织物上（图4-151）。

5. 安全反光服装材料

为了提高安全意识，减少交通事故的发生，各国竞相研制发光的服装材料，这种材料可采用多种方法制得。其一是在普通的化学纤维生产过程中加入发光物质，使服装在夜间能发光，如夜间发磷光的安全背心、安全鞋。其二是使用黄色荧光的涂层织物或小玻璃球涂层织物，当夜间灯光照射时能发出亮光，使司机能注意和看清目标避免交通事故的发生，通常用来制作背心、帽子和路标等，也可用来制作舞台服装、晚礼服等（图4-152）。

6. 防弹服服装材料

防弹服的出现和发展经历如下几个阶段。第一个阶段是20世纪30年代，出现了第一代防弹服，其材料主要是钢板合成金丝网，既硬又很笨重。第二个阶段是20世纪70年代以后，制造出新一代防弹服，采用聚酰胺纤维，多层凯夫拉纤维以及芳纶等材料，减轻了服装重量。第三个阶段是20世纪80年代以后，特别是近年来，采用复合材料，如轻质陶瓷纤维与玻璃钢，还有"蜘蛛丝"等材料，使防弹服具有抗连续冲击、抗碎裂扩展等特征，并能有效

图4-151 防紫外线辐射服装

图4-152 安全反光服装材料

地防止子弹近距离直射（图4-153）。

7. 核、生化武器防护服服装材料

这种防护服采用活性炭纤维织物制成。活性炭纤维是将布面含有氧化物的化学品加工处理，再将其送进含有二氧化碳的炉中加热至600~800 ℃，使布碳化并有活性，能吸收气味。这种材料可制作防护服装和防尘、防毒口罩等。活性炭纤维还可以制作防臭鞋垫和保健内裤。

8. 防蚊虫服装材料

澳大利亚研制的防蚊虫服装材料在特别药液中浸泡处理后，任何昆虫一落到衣服表面会被立即杀死，但此药对人体无害。美国研制的防蚊虫材料，其表面覆盖着二氯苯醚酯和除虫菊药膜，蚊蝇等接触后在15 s内死亡，但对人体无害。我国推出的经药物处理的防蚊虫睡衣，其药物能麻痹蚊子的中枢神经，使其丧失叮咬人的能力，且该药剂对人体无害（图4-154）。

9. 防病毒服装材料

面对严峻的疫情，一批批医护人员义无反顾地走在抗疫的第一线。防病毒口罩、医用防护服是医护人员保护自我生命安全的关键屏障。这些防病毒服装材料有很多就是用聚丙烯无纺布制成的。

从口罩的构成看，医用外科口罩一般共有三层：内层（吸湿层）、中层（核心过滤层）、外层（阻水层）（图4-155）。

图4-153　防弹服装材料

图4-154　防蚊虫服装材料

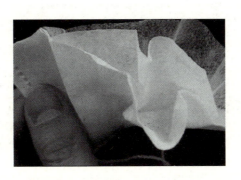

图4-155　口罩结构

按照国家的生产规定，医用口罩至少包含3层无纺布（N95级别的口罩，结构上做了优化：核心过滤层层数更多了，厚度更厚了）（图4-156）。

熔喷布，俗称口罩的"心脏"，是口罩的过滤层，是医用外科口罩与N95口罩的主要原材料，能过滤细菌，防止病菌传播。熔喷布是一种以高熔融指数的聚丙烯为原料，由许多纵横交错的纤维以随机方向层叠而成的膜，纤维直径范围0.5～10微米，大约为头发丝直径的三十分之一。

医用防护服要经"三拒一抗"（拒水、拒血液、拒酒精、抗静电）功能性整理，要求干燥、清洁、无霉斑，表面不允许有粘连、裂缝、孔洞等缺陷。熔喷布制作的医用防护服能有效地阻隔微生物颗粒和流体，对病毒有很好的防护作用（图4-157）。

在我国，医用防护服对应的标准为中华人民共和国国家标准GB 19082—2009（医用一次性防护服技术要求）。防护服分级标准为中华人民共和国医药行业标准YY/T 1499—2016（医用防护服的液体阻隔性能和分级），其将医疗防护服一共分为4级，等级越高，防护性能越好。

图4-156　SMS无纺布结构示意图

图4-157　医用防护服

五、智能型服装材料

1. 自动调温面料

利用新型纤维或运用加工新技术对普通材料进行处理，使服装面料具有吸光蓄能、预热吸湿的功能，从而达到自动调温的效果，这种面料主要用于服装和窗帘。

2. 变色面料

变色面料是仿变色龙皮肤应急系统诞生的。利用仿生学原理，目前相关机构已研制成功了一种能自动变色的光敏变色纤维，该纤维对光线和湿度都十分敏感，能够随着环境中温度湿度的变化而变化。

这种变色纤维通过在线添加纳米光致变色剂之后，便能随周围环境的光色变化而改变颜色，此外还能随温度的升高而显示不同的颜色。用变色面料制成的时装，受到追求时尚和个性化的年轻人所喜爱。同时该面料在军队服装中应用也较为广泛，穿着"变色军服"的战士在实际作战中可以起到很好的"伪装"作用。

3. 记忆面料

顾名思义是一种可以记忆形态的面料，又称记忆布或者形态记忆布等。具体来说这种面料在其原始状态固定后，如果发生形变，可以经过一些外界的刺激，回复到原始状态。

原料来自美国杜邦（DUPONT）的PTT（SORONA），其中含有谷物淀粉（葡萄糖）制成的生物PDO（1,3-丙而醇），其本身就有吸湿、排汗的功能。

用记忆面料制成的服装不用外力的支撑，就能独立保持任意形态并且可以呈现出任意褶皱，用手轻拂后即可完全恢复平整状态，不会留下任何折痕，保形具有永久性。

此种面料具有良好的褶皱恢复能力（良好的褶皱效果和恢复能力是目前国际最新潮的功能性面料的特点）、手感舒适、光泽柔和、质地细腻柔软、悬垂好、抗污染、耐化学性、尺寸稳定、抗静电、抗紫外线等特点。而最重要的是，有了"记忆"之后，面料变的免烫、易护理。

记忆面料适合做西装，风衣，夹克，女士套装等。

4. 其他智能型面料

利用微胶囊技术及新型纤维，可制成各种如香味面料、灭菌面料等智能型面料。此种面料适用于特殊需要的服装。

六、其他服装材料

1. 植绒面料

植绒是将纤维粉末（由废纤维通过磨碎或切断得到的短纤维，长度一般为0.3~0.8 mm）

垂直固定于涂有胶粘剂的物体或基材上（如塑料、木材、橡胶、皮革、纸张、布匹等）的方法。

静电植绒面料由于质地柔软，外观艳丽，起皱均匀，是一种理想的夹克衫面料。仿羊绒植绒织物是一种高档服用面料，表面有不规则的波纹状横向绉纹，产品雍容华贵，富有弹性，穿着舒适，其独特风格主要决定于底布的收缩性能。底布收缩的一个重要原因是进行了静电起绒加工，使其表面覆盖一层丰满均匀的绒毛，防止静电植绒粘合剂大量渗入底布而影响底布的收缩性能，同时，绒毛随底布的收缩而簇动，可促使静电植绒面凸起和凹下，产生一道道横向绉纹。

随着电子、纤维、化工、机械等工业的迅速发展，植绒布的品质不断提高，其用途也不断扩大。从原来的产业用布、装饰用布逐步发展到服装用布。近几年开发的新品种也越来越多，许多印染手段都应用到了植绒布上，如涂料印花、烫金印花、印花布植绒以及在植绒布上进行直接印花和拔染印花。这些手段的运用使植绒布的产品更为丰富，为服装行业增添了一道亮丽的风景线（图4-158）。

2. 复合面料

复合面料是将一层或多层纺织材料及其他功能材料经粘结贴合而成的一种新型材料。

复合面料又分普通复合面料（将面料和里料通过粘结剂粘合而成，从而改善面料质感，使其适合服装加工的工艺简化和规模生产）和功能复合面料（经过复合的面料具有防水透湿、抗辐射、耐洗涤、抗磨损等特殊功能）。

复合面料应用了"新合纤"的高技术和新材料，具备很多优异的性能（与普通合纤相比），如织物表现细洁、精致、文雅、温馨，织物外观丰满、防风、透气，具备一定的防水功能，它的主要特点是保暖、透气性好、耐磨性好。超细纤维织物手感柔软、透气、透湿，在触感和生理的舒适性方面，具有明显优势，但超细纤维织物的抗皱性较差；为了克服这一缺点，故采取了"复合"工艺，这样就大大地改善了超细纤维织物抗皱性差的缺点。复合面料在服装上的应用，使服装的风格更加丰富。

彩图
（59）

图4-158　植绒面料

 知识拓展

纳米科技与服装材料

纳米科技是20世纪80年代末期新崛起的一门高新技术。纳米技术在纺织领域，如制造纺织新原料、改善织物功能等方面，都有着开发价值和发展前途。

纳米（Nanometer）是一种长度计量单位，$1\ nm = 10^{-9}\ m$，一个原子为$0.2 \sim 0.3\ nm$。纳米结构指尺寸为$1 \sim 100\ nm$的微小结构对物质和材料进行研究处理，即用单个原子、分子制造物质的技术。

纳米材料是一种全新的超微固体材料，是由尺寸为$1 \sim 100\ nm$的纳米微粒构成的。纳米材料的特征是既具有纳米尺度（$1 \sim 100\ nm$），又具有特异的物理化学性质。

在纺织领域主要是把具有特殊功能的纳米材料与纺织材料进行复合，制备具有各种功能的纺织新材料。

1. 抗菌纤维

某些具有一定杀菌性能的金属粒子与化纤复合纺丝，可制得多种抗菌纤维，比一般的抗菌织物具有更强的抗菌效果和更好的耐久性。

2. 抗静电、防电磁波纤维

在化纤纺丝过程中加入金属纳米材料或碳纳米材料，可使纺出的长丝本身具有抗静电、防微波的特性。

3. 隐身纺织材料

某些纳米材料具有良好的吸波性能，将其加入纺织纤维中，利用纳米材料对光波的宽频带、强吸收、放射率低的特点，可使纤维不反射光，用于制造特殊用途的吸波防反射织物（如军事隐形织物等）。

4. 高强耐磨纺织材料

纳米材料本身就具有超强、高硬、高韧的特性，将其与化学纤维融为一体后，化学纤维将具有超强、高硬、高韧的特性。在航空航天、汽车等工程纺织材料方面有很大的发展前途。

5. 其他功能纤维

利用碳化钨等高比重材料能够开发出超悬垂纤维。利用铝酸锶、铝酸钙的蓄光性材料可以开发荧光纤维，利用某些金属复盐、过渡金属化合物由于随温度变化而发生颜色改变，利用其可逆热致变色的特征开发变色纤维。

纳米材料在纺织领域的应用才刚刚起步。近年来，已通过向合成纤维聚合物中添加某些超微或纳米级的无机粉末的方法，经过纺丝获得具有某些特殊功能的纤维。此外，还可利用纳米材料的特殊功能开发多功能、高附加值的功能织物。目前在国外，用静电纺制备微细旦纤维和对这种微细旦纤维性能及应用的研究已成为热点。

实训题

1. 收集新型材料若干块，制作样卡，说明其原料、组织结构特点、织物风格、用途。
2. 市场调研：搜集市场上的新型材料，制作样卡，了解它们的织物特点及用途。

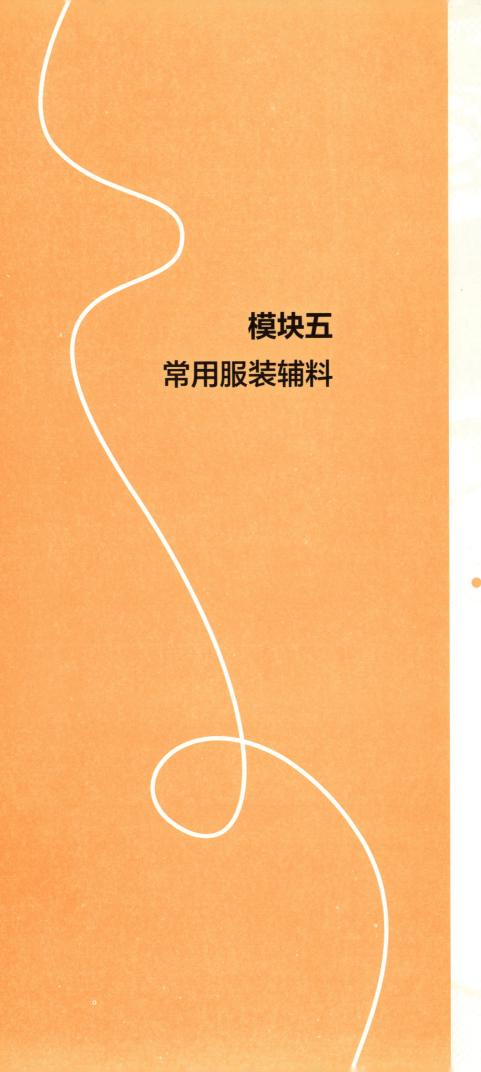

模块五

常用服装辅料

学习目标

1. 了解服装辅料的分类及组成。
2. 掌握里料的作用、分类、品种特点及用途。
3. 掌握里料的性能要求、里料与面料的配伍协调原则。
4. 掌握袋料选用注意点。
5. 掌握填料的作用。
6. 了解填料的种类。
7. 掌握填料主要品种的特点、用途。
8. 掌握填料的选用原则。
9. 掌握衬垫料的作用、分类、主要品种的特点及用途。
10. 掌握衬料的性能要求、衬料与面料的配伍协调原则。
11. 掌握线类材料的作用。
12. 掌握缝纫线的种类、主要品种的特点、用途、命名表示方法。
13. 掌握缝纫线的选用原则。
14. 掌握扣紧材料的作用。
15. 掌握纽扣的分类、主要品种的特点及用途。
16. 掌握纽扣的选用原则。
17. 掌握钩、环、拉链、搭扣带品种的特点及用途。
18. 掌握扣紧材料的选配原则。
19. 掌握装饰材料及其他材料品种的特点及用途。
20. 能识别常用服装辅料的大类。
21. 能识读商标和标志。

　　服装辅料指在制作服装时除了服装面料以外的其他一切辅助性材料。服装辅料对于服装起到辅助和衬托的作用，是制作服装不可缺少的材料。服装辅料选择的好坏直接影响服装的外观效果及内在质量。选择适宜的服装辅料能使整件服装的设计和造型达到最佳的效果，也能使服装面料的性质得到进一步的发挥。服装辅料和服装面料一起构成服装，并一起实现服装的功能。服装辅料与服装面料的配伍协调在设计和制作服装中显得越来越重要。不同款式、不同质地、不同用途的服装对辅料的要求也不相同。

　　服装辅料具有实用性、装饰性和功能性三大特性。长期以来，实用性是服装辅料的主要特性，其对服装起到造型、保型、连接、紧固的作用。随着服装行业的发展，服装辅料的装饰性更加凸显，辅料设计已融入整体设计之中，成为时尚、流行的关键元素。高品质的服装辅料能增强服装的质感和时尚感，是提高服装产品附加值的重要手段，对于提高服装的档次起着至关重要的作用。服装辅料在满足服装性能的同时，正朝着高科技、多功能、信息化、绿色环保等方向发展，以满足人们对服装永无止境的追求。

在这一模块中，将对各类辅料的作用、主要品种的性能与用途，以及使用注意点做一些介绍。

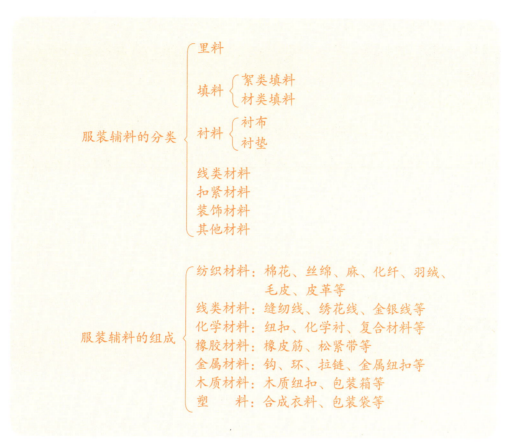

单元一　服装里料

服装里料指服装最里层的材料，是用来部分或全部覆盖服装面料或衬料的材料，通常称里子或夹里。一般用于中高档的呢绒服装，以及有填料、衬料的服装。里料是为了补充仅用面料不能使服装具有完备功能而附加的材料。服装里料在不同的服装中起着不同的作用。

一、里料的作用

1. 方便穿脱
服装里料大都柔软、平整、光滑，可使服装穿着柔顺舒适且易于穿脱。

2. 增加保暖性

服装里料可加厚服装，提高服装对人体的保暖、御寒作用。

3. 提高服装耐穿性

服装里料可以保护服装面料的反面不被沾污，减少对其的磨损，从而起到保护面料的作用，并能有效延长服装的穿着时间。

4. 使服装具有良好的保型性

服装里料给予服装附加的支撑力，减少服装变形和起皱，使服装更加挺括平整，达到最佳设计造型效果。

5. 提高服装的档次

近年来，随着人们对服装品牌重视程度的提高，企业越来越重视辅料的配套。在定织、定染里料的同时，在里料上常织（印）有品牌商标，这不仅使里料更加美观，而且也提高了服装的档次，同时也起到宣传的作用。

二、里料的分类

（一）按材料加工工艺分

1. 活络式夹里

活络式夹里又称活里子。即面料和里料不缝在一起，而是用纽扣、拉链或其他方法把面料和里料连在一起，根据需要可以把夹里卸下来。如有的棉袄、棉大衣用纽扣把面料和里料连在一起，棉夹克、羽绒服则用拉链把面料与里料连在一起。

2. 固定式夹里

固定式夹里又称死里子。即面料与里料缝在一起，不能脱卸，因此，洗涤比较困难。一般中山服、西服、套装、夹克衫等都是采用固定式夹里。

3. 全夹里

全夹里是指整件服装全部使用夹里。一般冬季服装和比较高档的服装用全夹里。

4. 半夹里

半夹里指不是整件服装全部用夹里，而是在服装经常受到摩擦的部位局部配装夹里，一般简做的服装常用这种形式。

（二）按夹里的质地分

1. 同质料夹里

面料和里料用同一种质地的材料。少数服装属于同质料夹里，如羽绒登山服就是采用同质料夹里，且多数采用尼龙绸。

2. 异质料夹里

面料和里料不是同一种质地的材料，如西服、中山服等绝大多数服装都采用异质料夹里。

（三）按里料的使用原料分

（1）棉布类：市布、粗布等。

（2）丝绸类：塔夫绸、花软缎、电力纺等。

（3）化纤类：美丽绸、涤纶塔夫绸等。

（4）混纺交织类：羽纱、棉／涤混纺布等。

（5）毛皮及毛织品类：各种毛皮及毛织物等。

三、里料的品种

1. 棉布里料

棉布里料具有吸湿透气好，穿着舒适柔软，不易产生静电，价格低廉的优点，但同时也具有不够光滑，弹性差，保型性差的缺点。其主要品种是市布，多用于婴、幼、儿童服装及中低档夹克、便服、冬装、休闲服等。

2. 真丝里料

真丝里料吸湿透气性好，轻薄、光滑、柔软，穿着舒适凉爽，不易产生静电，但缺点是不坚牢、加工困难、易泛黄。主要品种是电力纺、绢丝纺、洋纺等，常用于高档服装，如裘皮服装、真丝服装、全毛服装等，目前使用真丝里料的服装以外销为主。

3. 人造纤维里料

人造纤维里料手感柔软、光滑挺括，吸湿性和透气性比棉布好。颜色鲜艳、光泽好，但弹性差、抗皱性差、缩率大，尺寸稳定性差。主要品种有美丽绸、羽纱。常应用于呢绒服装以及厚型毛料西服中，也可与高档衣料的服装、皮革服装等相配用。

4. 合成纤维里料

合成纤维里料具有弹性好、不易起皱、坚牢挺括、易洗快干和尺寸稳定性好、强度高的优点，但同时具有吸湿性差、透气性差和易起静电、易沾污、易起球的缺点。其由于价廉而被广泛应用于羽绒服、夹克衫、风衣、滑雪衣等中低档服装。

5. 混纺交织里料

混纺交织里料结合了天然纤维与化纤里料的特点，服用性能有所提高，适用于中档及高档服装。

6. 毛皮与毛织物里料

该种里料最大特点是保暖性好，穿着舒适，常应用于冬装及皮革服装。

四、里料的选用

（一）里料的性能要求

里料只有具备一定的性能，才能与面料结合，产生良好的服装效果。

（1）具有良好的悬垂性。如果里料过硬、过重，则与面料不服帖。

（2）具有较好的导电性。否则会引起穿着不适，并产生服装走形。

（3）尺寸稳定性好。否则洗涤熨烫后会造成服装起吊或起皱。

（4）外观光滑。否则不利于服装的穿脱。

（二）里料与面料的配伍协调原则

1. 色彩搭配要协调

（1）里料与面料的颜色要相近或相同，色彩差异不应太大（里料需外露起装饰作用的例外）。

（2）一般女装里料的颜色不能深于面料的颜色，以防止面料被沾色。男装里料与面料的颜色应尽可能相似，且不能太艳，里料采用浅色可以避免透光。

2. 性能搭配要协调

（1）缩水性：里料与面料的缩水性应尽可能相同，防止因缩水性不同而引起服装的起皱或起吊。一般缩水性大的里料要预先缩水，并且在裁剪制作时要留有虚边。

（2）耐热性：里料的耐热性要与面料大致相同，只有这样才能使整件服装熨烫平整，平服挺括。

（3）色牢度：里料的色牢度要好，否则与面料搭色，会影响服装的外观质量。

（4）牢度：里料的牢度要与面料相适应，面料牢度高，里料也要选择牢度高一些的，防止因里料过早损坏而影响整件服装的使用寿命。

（5）重量、厚度：里料要比面料轻薄，不应使面料有轻飘感。

3. 价格要相协调

里料的价格一般不能高于面料。高档服装里料选择好一些、价格高一些的，而一般性的服装里料的档次可以低一些，做到经济实惠。

五、袋料

袋料指制作服装口袋的材料。对于服装来说，口袋具有实用性和装饰性的双重功能。口袋又分为明袋和暗袋两种。在选择袋料时，应考虑以下几方面因素：

1. 根据口袋的类型来决定袋料

如果是暗袋，主要是显示其实用功能，可用夹里或的确良等易洗快干的材料。如果是明袋，除了具有实用功能以外更主要的是显示其装饰功能。因此，袋布可选用大身面料，也可以根据款式设计的需要，采用对比色或其他形式的袋料。袋布的丝缕一般用直料，否则既难做又容易不平服。

2. 根据性能选择袋料

袋料的缩水率要与面料相当，应易洗快干。染色牢度要好，防止搭色污染面料。强度要好，结实耐用，满足袋布的强度和摩擦牢度的要求。袋料的重量不能超过面料，厚度也要比面料薄。

复习与思考题

1. 简述里料的作用。
2. 简述里料的性能要求。
3. 简述里料与面料的配伍协调原则。
4. 简述选择袋料的注意点。

实训题

1. 收集里料若干块，制作样卡，说明它们的特点及用途。
2. 市场调研：搜集市场上其他里料，了解它们的特点及用途。

单元二　服装填料

一、填料的作用

服装填料的主要作用是增强服装的保暖性，也有的作为衬里提高服装的保型性和增加服饰的立体感。科学地选用填料及合理的用量对于服装，尤其是冬季服装的设计制作十分关键。随着科技的进步，新发明的填料不断涌现，赋予了填料更多更广的功能，也开发了许多新产品，例如利用特殊功能的填料达到降温、保健、防热辐射等的功能性服装。

二、填料的种类

填料按其形态可分为絮类填料和材类填料两大类。

1. 絮类填料

絮类填料是无固定形状、松散的填充物，成衣时必须附加里子（有的还要附加衬胆），并经过机纳或手绗。主要的品种有棉花、丝绵、驼绒和羽绒等，用于保暖和隔热。

服装絮料指用于服装面料与里料之间，起保暖（或降温）及其他特殊功能的材料。

2. 材类填料

材类填料是用合成纤维或其他合成材料加工制成平面状的保暖性填料，品种有氯纶、涤纶、腈纶定型棉等，其优点是厚薄均匀，加工容易，造型挺括，抗霉变、无蛀虫，便于洗涤。

三、絮类填料的主要品种

1. 棉絮

棉絮是用剥桃棉或纺织厂的落脚棉弹制而成的，其质地柔软，保暖性好，亲肤舒适，主要用作棉袄、棉裤、棉大衣、棉被、棉坐垫等的填料。

2. 丝绵

丝绵是用蚕丝或剥取蚕茧表面的乱丝整理而成的，丝绵的用途同棉絮。丝绵与棉絮的不同之处在于其比棉絮轻、柔滑，由于丝绵纤维的长度、弹性、牢度和保暖性都比棉花好，因此价格也比棉絮高，其更适于做绸缎面料棉衣裤的絮料。

在使用丝绵时要注意：① 不能像棉絮那样将它拉成一缕一缕的，而应该用手绷，需要多长就绷多长。如果长度过长，千万不能用剪刀剪，防止穿着时丝绵钻出面料，形成小球，影响美观。只要在横向再绷一下即可使长度缩短。② 要防止丝绵往下滑，以致肩部或其他部位出现空洞。因此絮好丝绵后应用线将丝绵和夹里、面子绗一下，使之相对固定。

3. 羽绒

羽绒俗称"绒毛"，是鸟羽的一种，通常生长在雏鸟的体表及成鸟正羽的基部，具有质轻、柔软和保暖性强的特点，是保暖性最好的天然材料。

（1）鸭绒：鸭绒是经过消毒的鸭绒毛，具有质轻和保暖性强的特点。主要用来制作鸭绒服装、背心、裤子以及被子等。（图5-1、图5-2）。

（2）鹅绒：鹅绒是经过加工处理的鹅绒毛，鹅绒比鸭绒的绒朵大且饱满，品质更好，同等条件下，其保暖程度也高于鸭绒。一般国产鸭绒的膨松度在450左右，国产鹅绒的膨松度在400～600。其用途同鸭绒。（图5-3、图5-4）。

4. 骆驼绒

骆驼绒是从驼毛中选出来的绒毛，可以直接用来絮衣服，具有质轻、保暖性好的特点。用途同棉絮，但保暖效果比棉絮好且不容易毡并。

5. 羊绒

羊绒是从山羊毛中梳选出来的绒毛，也可以直接用来絮衣服，具有手感柔软、质轻、保暖性好的特点。

6. 混合材料

为了充分发挥各种材料的优势并降低成本，实际使用时往往会将不同絮类材料混合使用。如合成纤维与天然绒毛、羽绒混合，使絮料更加蓬松、保暖，提高了耐用性，且价格便宜，易于收藏保管。

四、材类填料的主要品种

材类填料具有保暖、松软、均匀的优点，与絮类填料最大的区别是具有固定的形状，可以与面料同时裁剪，同时缝纫，工艺简单，因此适合工业化大批量生产。

图5-1　鸭毛

图5-2　鸭绒

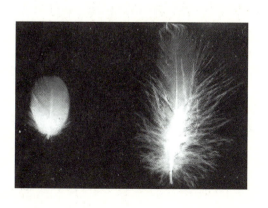

图5-3　鹅毛

图5-4　鹅绒

1. 泡沫塑料

泡沫塑料，外观像海绵，疏松多孔，柔软轻盈，保暖性和弹性均好，且易洗快干。但其长时间使用和被日光暴晒后韧性和弹性会逐渐降低，其透气性差、舒适性差，易老化发脆，故未被广泛采用。

2. 化学纤维絮片

化学纤维絮片常见的有中空涤纶短纤维絮片、腈纶短纤维絮片、氯纶短纤维絮片等。絮片具有保暖性强、厚薄均匀、质地轻软、加工方便、易洗快干的优点，是冬装物美价廉的材类填料，但使用时间长了易板结。

3. 太空棉

太空棉又称宇航棉或金属棉，是一种新型的非织造布料。这种材料具有轻盈、超薄、保暖、抗热等多重性能。在保暖方面，太空棉甚至超过了棉花、丝绵、羽绒等，而且有较强的透气性和舒适性。用这种材料填充的服装，不仅轻软、挺括、美观，而且制作方便，可以被直接加工。如今，这种材料已经成为企业进行冬季服装设计、制作的理想材料。

4. 毛皮

毛皮的皮板对外可防风御寒，毛被贴身向内可含气保温，因此其也是高档的冬季服装填料。用作填料的毛皮一般档次较低，常采用人造毛皮作毛皮的替代品，不仅价格便宜，而且防风保温性也不错。

5. 特殊功能填料

为使服装达到某种特殊的功能而采用的特殊填料。例如在劳保服装中利用金属镀膜做填料，可以起到热防护的作用；在宇航服装中使用消耗性散热材料，可以起到防辐射作用；至于服装中的保健填料，则更是屡见不鲜。

五、填料的选用原则

（1）保暖性好。
（2）价格适中。应选用与服装档次相适应的填料。
（3）护理容易。
（4）穿着轻松舒服。
（5）外形美观。不宜太厚、太蓬松。
（6）制作方便。

复习与思考题

1. 简述填料的作用。
2. 简述材类填料与絮类填料的区别。
3. 简述填料的选用要求。

实训题

1. 收集填料若干块，制作样卡，说明它们的特点、织物风格、用途。
2. 市场调研：搜集市场上其他填料，制作样卡，了解它们的特点及用途。

单元三　服装衬料

服装衬料指用于服装某些部位起衬托、完善服装可塑性或辅助服装加工的材料，主要包括衬布和衬垫两种。衬布按使用不同的部位和作用分有领衬、肩衬、胸衬、腰衬、袖口衬等。衬垫包括上装使用的垫肩、胸垫及下装使用的臀垫等。

一、衬料的作用

1. 保型和支撑的作用

服装的衬料是服装的骨骼，对服装起造型、保型、支撑、平挺和加固的作用。选择适当的衬料，能防止服装变形。在服装易受拉伸的部位，如服装的前襟和袋口、领口，用衬后会使面料不易被拉伸，保证服装尺寸的稳定性。另外，衬布的使用可使服装洗涤后不变形。

2. 美化和修饰作用

在不影响面料手感风格的前提下，衬料的硬挺和弹性，可使服装平挺、宽厚或隆起，对人体起到修饰作用。如柔软的衣领加入领衬后使衣领挺括、窝服和丰满；肩衬能使服装肩部平整饱满；胸衬能使整件服装的胸部丰满、挺拔、造型优美。

3. 增强服装的牢度和抗皱能力

在服装的某些部位加垫合适的衬料，能增强服装的牢度，增强服装的挺括度和弹性，使服装不易起皱。

4. 提高服装的保暖性

用衬料后服装面料增加了厚度，特别是前身衬、胸衬或全身使用黏合衬的情况，可提高服装的保暖性。

5. 使服装更易被加工

薄而柔软的丝绸、针织物等在缝制过程中因不易把握而使加工困难，用衬料后可改善缝制过程中的可握持性。

6. 使服装折边清晰平直且美观

在服装的折边处如止口、袖口及袖口衩、下摆边和下摆衩等处用衬布，可使折边更加笔直而分明，服装更显美观。

二、衬料的分类

1. 按衬的使用原料分

可分为棉衬、毛衬（黑炭衬、马尾衬）、化学衬（化学硬领衬、树脂衬、黏合衬）和纸衬等。

2. 按衬的使用对象分

可分为衬衣衬、外衣衬、裘皮衬、鞋靴衬、丝绸衬和绣花衬等。

3. 按衬的使用方式和部位分

可分为衣衬、胸衬、领衬和领底衬、腰衬、折边衬、牵带衬等。

4. 按衬的厚薄和重量分

可分为轻薄型衬（80 g/m² 以下）、中型衬（80~160 g/m²）和厚重型衬（160 g/m² 以上）。

5. 按衬的加工和使用方式分

可分为黏合衬和非黏合衬。

6. 按衬的底布（基布）分

可分为机织衬、针织衬和非织造衬。

三、衬布类的主要品种

（一）棉布衬

棉布衬是较原始的衬布，指未经整理加工或仅上浆作硬挺整理的棉布。

1. 粗布衬

粗布衬属于棉纤维平纹组织织物，外表比较粗糙，有棉花杂质存在，布身较厚实，质量较差。它作为一般质料服装的衬布，可用作大身衬、肩盖衬、胸衬等。

2. 细布衬

细布衬属于棉纤维平纹组织织物，外表比较细致、紧密。细布衬又分本白衬和漂白衬两种。本白衬一般用作领衬、袖口衬、牵带衬；漂白衬则用作驳头衬和下脚衬。

（二）麻衬

1. 麻布衬

麻布衬属于麻纤维平纹组织织物，具有一定的弹性和韧性，可用作各类毛料服装及大衣的各部位衬（图5-5）。

2. 平布上胶衬

平布上胶衬又叫上蜡软布衬，是棉与麻的混纺织物经过上胶而制成的平纹织物。它挺括滑爽，弹性和柔韧性较好，柔软度适中，但缩水率较大，因此要预先缩水后再使用，一般用于制作中厚型服装，如中山服、西服等。

（三）动物毛衬

1. 马尾衬

马尾衬以棉或涤棉混纺纱为经纱，马尾鬃为纬纱织成基布，经定型和树脂加工而成（图5-6）。它的幅宽与马尾大致相当，一般都是手工织成，因此马尾衬幅宽窄，产量少。现又开发出包芯马尾衬，即用棉纱绕马尾，使马尾连接起来，这样马尾衬的幅宽就不受马尾长度的限制且可以机织。马尾衬的特点是布面疏松，弹力很强，不易折皱，挺括度好。经过热定型的马尾胸衬能使服装胸部丰满，造型美观。常用作高档服装的胸衬，如中厚型男女服装、大衣等。

2. 黑炭衬

黑炭衬又称毛鬃衬或毛衬，是以棉或棉涤混纺纱为经纱，以动物纤维（牦牛毛、山羊毛等）或人发与棉或人造棉混纺纱为纬纱加工成基布，再经特殊整理加工而成的（图5-7）。因牦牛毛为黑褐色，故有"黑炭"之称。黑炭衬的特点是硬挺度较好，性能优良，纬向弹性好，经向悬垂性好，造型性也很好。因此多用作高档服装的衬料，如男女中厚毛料服装的胸衬、男女西服的驳头衬等。

图5-5　麻布衬

图5-6　马尾衬

图5-7　黑炭衬

彩图（60）

（四）化学衬

1. 黏合衬

黏合衬又称热熔衬，是将热熔胶涂于底布上制成的衬。使用时只需要在一定时间内，给其加温并施以一定的压力，使黏合衬与面料或里料黏合，使服装挺括、美观，富有弹性。黏合衬可以使服装加工简化并适用于工业化生产，因此被广泛采用。黏合衬根据底布的不同可分为机织黏合衬、针织黏合衬和非织造黏合衬三种。

（1）机织黏合衬：机织黏合衬常用棉以及棉与化纤混纺的平纹机织物为底布涂胶而成（图5-8）。其经纬密度接近，各方向受力稳定性和抗皱性较好。因机织底布的价格比针织底布和非织造底布高，故多用于中高档服装。

（2）针织黏合衬：针织黏合衬是以针织布为底布的黏合衬（图5-9）。弹性较大，所以通常搭配弹性大的针织服装使用。针织底布又有经编和纬编之分，经编有纺衬主要用于毛料服装，纬编有纺衬则用于全毛面料及薄型面料上，可使服装的柔软感和弹性都更胜一筹。

（3）非织造黏合衬：非织造黏合衬是以非织造布为底布经涂胶而成的（图5-10）。其底布常用纤维有黏胶纤维、涤纶纤维、腈纶纤维和丙纶纤维，其中以涤纶和涤纶混纺纤维为多。黏胶纤维非织造衬价格便宜，但强度较差；涤纶非织造衬手感较柔软；锦纶非织造衬有较大的弹性。总之，由于非织造衬生产简便，价格低廉，品种多样，所以发展很快，已成为当今广泛适用的服装衬料。其规格为90 cm，分薄、中、厚三种，薄型15～30 g/m²，中型30～50 g/m²，厚型50～80 g/m²，色泽以白色为主，黏合温度为140～150 ℃。它轻、软、薄、挺，缩水率小、弹性好、使用方便，一般用于衬衫的领子、袋盖及开袋部位。中型的无纺衬主要用于精纺呢绒，厚型无纺衬用于粗纺呢绒；每平方米重20克的薄型无纺衬用于丝绸及化纤面料。

2. 树脂衬

树脂衬是用纯棉、涤棉或纯涤纶的机织物或针织物为底布，经过漂白或染色等其他整理，并经树脂整理加工而制成的衬布（图5-11）。具有弹性好、硬挺度高、缩率小的特点。树脂衬以漂白为多，按厚度编号。多用于硬领中山服及衬衫的领衬或需要特殊隆起造型的部位等。裁剪时应考虑与面料丝缕的配合，最好斜裁，以增加弹性。

彩图
（61）

图5-8 机织黏合衬

图5-9 针织黏合衬

图5-10 非织造黏合衬

3. 薄膜衬

薄膜衬是由棉布、涤棉布与聚乙烯薄膜复合而成的衬布（图5-12）。在一定温度与压力下，能与其他材料牢固黏合在一起，具有弹性好、硬挺度高的优点，而且耐水洗性能好，主要用于硬领的领角部位。

4. 牵条衬（嵌条衬）

牵条衬是按用途分类而得名的，常用在服装的驳头、袖窿、止口、下摆衩、袖衩、绲边、门襟等部位，起到防止脱散、加固补强的作用。主要有机织黏合牵条衬及非织造黏合牵条衬。牵条衬的宽度有5 mm、7 mm、10 mm、12 mm、15 mm、20 mm、30 mm等不同规格。牵条衬的经纬向与面料或底衬的经纬向成一定的角度时，才能使服装的保型效果较好。特别在服装的弯曲部位，更能显示其弯曲自如、熨烫方便的优点（图5-13）。

（五）腰衬

腰衬是近年来开发的新型衬料，是用于裤和裙腰部的条状衬布，对裤腰和裙腰起硬挺、防滑和保型作用，在现代服装生产中的应用越来越普遍。这种衬是按使用部位命名的。常用锦纶或涤纶长丝或涤棉混纺纱线织成不同腰高的带状衬，该带状衬上织有凸起的橡胶织纹，以增大摩擦阻力，防止裤、裙下滑（图5-14）。

（六）纸衬

在毛皮和皮革服装及有些丝绸服装制作时，为防止面料磨损，使折边丰厚平直而采用纸衬。在轻薄和尺寸不稳定的针织面料上绣花时，绣花部位的背面也需附以纸衬，以保证花型能够准确成形。纸衬的原料是树木的韧皮纤维（图5-15）。

彩图
（62）

图5-11　树脂衬

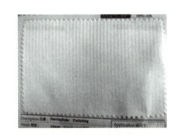

图5-12　薄膜衬

图5-13　牵条衬

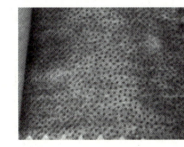

图5-14　腰衬

图5-15　无纺纸衬

衬布的流行趋势

衬布是服装的骨架、眼睛，它决定着服装品质的高低，对服装的档次起着至关重要的作用。在时装衬布方面，薄型弹力衬布将备受欢迎；西服衬方面要配合西服"轻、薄、软"的风格，开发与之配伍的高档西服衬料；职业服装衬料方面，要针对现代职业"轻、薄、软、庄重"等特点，采用多成分材料基布，经国际先进整理加工方法，达到环保产品要求。免烫衬布系列、水溶性衬布系列、绿色环保衬布产品将走俏市场。总之，各种衬布与面料黏合后要具有柔软、舒适、挺括、保型性好、洗后不变形的特点，同时能充分体现各类服装的个性。

四、垫料的主要品种

服装垫料指为了达到服装造型要求及修饰人体而使用的垫物。垫料的作用体现在服装的特点部位，利用制成的用于支撑或铺衬的物品，使该特定部位能够按设计要求加高、加厚、平整、修饰等，以使服装穿着达到合体挺拔、美观、加固等效果。

根据垫料在服装上的使用部位不同，垫料有肩垫（垫肩）、胸垫、领垫、袖山垫及其他特殊用垫之分。其中胸垫和肩垫是服装主要使用的垫料。

（一）胸垫

胸垫又称胸绒、胸衬，主要用于西服、大衣等服装的前胸夹里，可使服装的弹性好、立体感强，具有挺括、丰满、造型美观、保型性好的特点，如图5-16所示。早期用作胸垫的材料大多是较低级的纺织品，后来才发展用毛麻衬、黑炭衬作胸垫。随着非织造布的发展，人们开始用非织造布制造胸垫，特别是针刺技术的出现和应用，使生产多种规格、多种颜色、性能优越的非织造布胸垫成为现实。非织造布胸垫的优点是重量轻，裁后切口不脱散，保型性良好，洗涤后不收缩，保温性、透气性、耐霉性好，手感好；与机织物相比，对方向性要求低，使用方便且价格低廉，经济实用。

（二）肩垫

肩垫也叫垫肩，是衬在上衣肩部的类似三角形的垫物，可以加高加厚肩部，使肩部平整，从而达到修饰肩部的作用。不同的服装面料和款式造型对肩垫的形状、厚薄和大小要求各不相同。肩垫可以固定在服装上，也可以做成活络肩垫，可以用尼龙搭扣、揿纽或无形拉链装于服装肩部，以便随时取下或置换。肩垫按材料和生产工艺的不同有以下三种：

1. 针刺肩垫

有用棉、腈纶或涤纶为原料，以针刺的方法加工而成的肩垫，也有中间夹黑炭衬，再用针刺方法加工而成的复合肩垫。复合肩垫的弹性和保型性更好。一般多用于西服、军服、大衣等服装上（图5-17）。

2. 定型肩垫

是用涤纶喷胶棉、海绵、EVA粉末等材料，利用模具通过加热使之复合定型而制成的肩垫。一般多用于风衣、夹克衫和女套装等服装上，不同的模具形状可制成不同形状的肩垫（图5-18）。

3. 海绵及泡沫塑料肩垫

通过切削或用模具注塑而成。其制作方便，价格便宜但不耐洗涤。在包覆针织物后一般用于女衬衫和羊毛衫上（图5-19、图5-20）。

（三）领垫

领垫又称领底呢，是用于服装领里的专有材料。领垫代替服装面料及其他材料用作领里，可使服装平展，面里服帖、造型美观，增强弹性、便于整理定型，洗涤后缩水不走形。其主要用于西服、大衣、军警服及其他行业制服，便于服装裁剪、缝制，适合于批量服装生产。用好的领垫可提高服装的档次。我国的领垫是从20世纪80年代开始生产的。

图5-16　胸垫

图5-17　西服肩垫

图5-18　定型肩垫

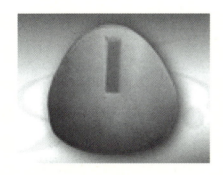

图5-19　时装肩垫

图5-20　海绵肩垫

五、衬料的性能要求

（1）领衬要求能充分地变形、成形，因此要具有一定的硬挺度和弹性。

（2）胸衬、大身衬、贴边衬要求经软、纬挺，弹性大，保型性和尺寸稳定性好，抗皱性好。

（3）衬衫衬要求尺寸稳定性好，且具有一定的硬挺度，易水洗，具有洗可穿性。

六、衬垫料与面料的配伍协调原则

1. 与面料性能相协调

一般来说，服装衬料与服装面料在厚薄、颜色、厚度、悬垂性、缩率、弹性等方面要相协调。面料厚则衬厚、面料薄则衬薄。衬的颜色不要深于面料，尤其是薄的面料。合纤面料用合纤衬；针织面料用针织衬；起绒面料或经防油、防水整理的面料及热缩性很高的面料，应选用非热熔衬；而作为固定用的衬料如牵条、夹里衬等应该是无收缩性的材料。

2. 与造型风格相协调

衬料为服装造型服务，必须满足服装造型的需要。如衣领、袖和腰部用硬挺的衬料；外衣胸部选用较厚的衬料；柔美飘逸的服装风格应选用轻薄柔软的衬料；挺拔刚性的服装风格应选用厚实硬挺的衬料；圆润的肩型应选用圆形肩垫；平肩袖一般选用齐头肩垫；插肩袖应选用圆头肩垫。

3. 与服装的用途相协调

经常水洗的服装应选用耐水洗的衬料，需要干洗的服装应选用耐干洗的衬料。

4. 与生产设备和工艺条件相协调

黏合衬使用简便、方便服装生产工艺，但没有设备就无法选用黏合衬。黏合方式与黏合衬种类的选择还要考虑到设备的幅宽、加热形式等条件。

5. 与服装的成本、价格相协调

在保证服装质量的前提下应尽量选用价格较低廉的衬料。

复习与思考题

1. 简述衬料的作用。
2. 简述垫料的作用。
3. 简述衬料的性能要求。
4. 简述衬垫料与面料的配伍协调原则。

实训题

1. 收集衬料、垫料若干块，制作样卡，说明它们的特点、织物风格、用途。
2. 市场调研：搜集市场上的衬料、垫料，了解它们的特点及用途。

单元四　线类材料

　　线类材料指连接服装衣片及用于装饰、编结和特殊用途的材料，是服装加工中不可缺少的辅料。线类材料主要指缝纫线，是服装的主要辅料之一。线在服装中起到缝合衣片、连接各部件的作用，有时也有装饰美化的作用。线类材料对于服装的质量、美观和穿着寿命都有重要的影响，是制作服装不可缺少的材料。它具有表面光洁、色泽均匀、坚牢耐磨、缩水率小的特点。随着服装加工的机械化、现代化和高速化的发展，对缝纫线的要求也越来越高。缝纫线必须具备三种基本品质，即可缝性、耐用性和外观质量。

一、线类材料的分类

　　按使用功能分为：
　　（1）缝纫线：指缝合纺织材料、塑料、皮革制品等用的线，包括天然纤维型、化纤型和混合型三种基本类型，它们在服装中应用极广。
　　（2）工艺装饰线：指用一定的工艺加工方法制成的具备显著的装饰功能的线，主要包括绣花线、编结线和镶嵌线三类，根据它们各自不同的特点应用于相应的服装及装饰用品上。
　　（3）特种用线：根据某种特殊需要而设计制成的线，例如特殊缝纫线的阻燃线和防针脚漏水缝线等，它们用途专一、成本较高、适用范围小。

二、缝纫线的主要品种

（一）按线的原料分

1. 棉线

　　棉线是用三股的棉纱经合股加捻再经过炼漂、上浆、打蜡等工艺制成的。棉线具有较高的拉伸强度，弹性较差，吸湿性好，导热性差，耐热性强。经过打蜡的纱线称蜡光线；经过丝光处理的纱线称丝光线。棉线有球线、轴线和宝塔线三种。蜡光线外表光洁滑润，质地坚韧，耐磨性好，有一定的硬挺感，适用于缝制皮革等。丝光线柔软细滑，并具有丝一般的光泽，而且强度高，适用于缝制棉织物、皮革及高温熨烫的衣物。

2. 丝线

丝线是以蚕丝为原料经合股加捻再染色而织成的线，一般呈绞状。丝线光滑、光泽明亮、耐高温、可缝性好，强度、弹性和耐磨性能均好于棉线。丝线有粗细之分，粗线用于缝制呢绒服装，锁眼钉扣等；细线用于缝制绸缎薄料服装。

3. 涤纶线

涤纶线是目前使用最多的缝纫用线。涤纶线是采用100%涤纶长丝或短纤维纺织而成的。它的特点是强度大，比棉高1.6倍；耐磨性好，是棉的2.5倍；缩水率小，仅0.4%；弹性、色牢度、耐腐蚀性强；尺寸稳定性俱佳；耐热性好；同时它的可缝性也好。因此用于对强度要求较高的产品，如缝制皮鞋、拉链、皮制品和滑雪衫、手套等。涤纶长丝弹力缝纫线弹性回复率在90%以上，伸长率在15%以上，多用于针织服装、运动装、健美裤、紧身衣等。要注意的是涤纶熔点低，在高速缝纫时易熔融，堵塞针眼，导致缝线断裂，故不适合在高速缝纫机上使用。

4. 锦纶线

锦纶线是由纯锦纶复丝制造而成的。它的特点是强度高、耐磨性好、吸湿性小，但耐热性差，因此它的熨烫温度不能超过130 ℃。与涤纶相比，它的强伸度大，弹性好，而且更轻，但它的耐磨性和耐光性不及涤纶。锦纶线一般用于缝纫化纤服装和呢绒服装，也适用于各种皮革和人造革制品等，有轴线和宝塔线两种。

5. 维纶线

维纶线由维纶纤维制成，其强度高，线迹平稳，主要用于缝制厚实的帆布、家具布、劳保用品等。

6. 涤棉混纺线

涤棉混纺线一般由65%涤纶和35%棉制成。它的特点是强度高，比纯棉线高40%，耐磨性好，比纯棉高1倍，缩水率小，仅0.5%左右，柔软性和弹性好。它克服了涤纶线不耐热的缺陷，因此较适于高速缝纫机（车速在3 000～4 000转/分），其熨烫温度在180 ℃以下，涤棉线可用于制作各类服装，用途广且产量大。

（二）按绕制方式分

1. 轴线

轴线长度有183 m和412 m两种，分纸芯（图5-21）和木芯（图5-22），适合家庭机缝。

2. 绞线

绞线多为手工用线，如手工用的棉纱线、真丝线、人造丝线等。

3. 球线

球线适于手工缝纫，长度为91.44 m，有棉球线、涤棉球线等，多用作缝制棉被、钉纽扣、打线丁等。

4. 宝塔线

宝塔线长度较长，有4 120 m、5 000 m、5 500 m等几种，退卷快，可减少缝纫结头，适于高速工业缝纫机（图5-23）。

彩图
（63）

图5-21　纸芯线

图5-22　木芯线

图5-23　宝塔线

三、缝纫线的命名表示方法

缝纫线的命名表示方法包括四个方面的内容，即纱线的粗细、色泽、原料种类及加工方法。在表示这四个方面时有一定的顺序，一般从左到右的顺序为：纱线粗细、色泽、原料种类、加工方法。如60/2×3白涤纶蜡光线，表示这种缝纫线是采用60支纯涤纶短纤维制成的纱，先经过两股合捻，再将这样的三股线捻合，经过蜡光工艺处理成白色的缝纫线。缝纫线按色泽分类如表5-1所示。

表5-1　缝纫线按色泽分类

数字	颜色	数字	颜色	数字	颜色	数字	颜色
01	白色	07	月蓝色	13	果绿色	19	米色
02	浅灰色	08	品蓝色	14	墨绿色	20	米黄色
03	中灰色	09	淡蓝色	15	粉红色	21	米褐色
04	深灰色	10	宝蓝色	16	火红色	22	鹅黄色
05	蓝灰色	11	草黄色	17	枣白色	23	咖啡色
06	月白色	12	黄绿色	18	深红色	24	墨色

四、缝纫线的选用原则

（1）与面料的特性相配伍：缝纫线与面料的原料应相同或相近，才能保证其缩率、耐热性、耐磨性、耐用性等统一，避免因线、面料间的差异而引起外观皱缩。

（2）与服装种类相一致：对于特殊用途的服装，应考虑特殊功能的缝纫线，如弹力服装需用弹力缝纫线，消防服需用经耐热、阻燃和防水处理的缝纫线。

（3）色泽与面料要一致，除装饰线外，应尽量选用相近色，且宜深不宜浅。

（4）与线迹形态相协调：服装不同部位所用线迹不同，缝纫线也应随其改变，如包缝需用蓬松的线或变形线，双线线迹应选择延伸性大的线，裆缝、肩缝线应坚牢，而扣眼线则需耐磨。

（5）与质量价格相统一：缝纫线的质量与价格应与服装的档次相统一，高档服装用质量好、价格高的缝纫线，中、低档服装用质量一般、价格适中的缝纫线。

复习与思考题

1. 简述线类材料的作用。
2. 简述缝纫线的选用注意点。

实训题

1. 收集线类材料若干，制作样卡，说明它们的特点及用途。
2. 市场调研：搜集市场上其他线类材料，制作样卡，了解它们的特点及用途。

单元五 扣紧材料

扣紧材料指服装中具有封闭扣紧功能的材料。扣紧材料在服装上主要起到连接、组合和装饰的作用，包括纽扣、钩、环和拉链等。这些材料在服装中所占的空间不大，但它们的功能性和装饰性很大，尤其在当今服装潮流趋于简约的背景下，扣紧材料的装饰作用越发明显和突出，常常起到"画龙点睛"的作用，是极其重要的服装辅料，在服装中的应用也相当广泛。

一、纽扣的分类

（一）按所用原料分

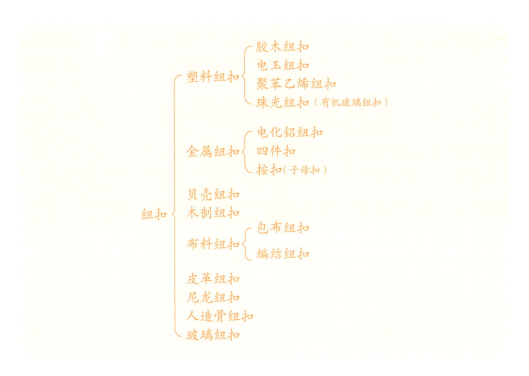

（二）按结构分

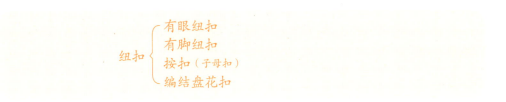

二、纽扣的主要品种

纽扣的主要品种

（一）按所用原料分

1. 塑料纽扣

（1）胶木纽扣：胶木纽扣是用酚醛树脂加木粉冲压而成型的纽扣。它的特点是质地比较脆、易碎，耐热性能好，价格低廉，但表面发暗不发光，因此影响美观。胶木纽扣以黑色为主，规格有圆形的两眼扣和四眼扣两种，一般用于布制服装或棉服等低档服装（图5-24）。

（2）电玉纽扣：电玉纽扣是用尿醛树脂加纤维素填料冲压成型的纽扣。它的特点是表面强度高，耐热性好，不易燃烧，不易变形，色泽较好，有玉一般的晶莹透亮感，经久耐用，价格便宜。电玉纽扣颜色多样，有单色的，也有多色的。规格有圆形的明眼扣和暗扣两种，一般用于中低档男女服装及童装等。

（3）聚苯乙烯纽扣：聚苯乙烯纽扣（塑料纽扣）的特点是光亮透明，既耐水洗又耐腐蚀，但质地较脆，表面强度比较低，容易被磨损，受热会变形。塑料纽扣花色多样，色彩也丰富，可根据衣料和个人爱好选配。它有11 mm、15 mm、21 mm三种规格的圆形纽扣，一般用于童装及低档的女装（图5-25）。

（4）珠光纽扣：珠光纽扣是用聚甲基丙烯酸甲酯加入适量的珠光颜料浆制成板材，然后经切削加工成表面有珍珠光泽的纽扣。它的特点是表面色泽鲜艳夺目，质地坚韧，但耐热性差。它有11~30 mm多种规格圆形明眼和暗眼扣，一般用于衬衫、中山服、西服、大衣、皮革服装等（图5-26）。

2. 金属纽扣

金属纽扣是由黄铜、镍、钢与铝等材料制成的纽扣。常用的是电化铝纽扣，铝的表面经电氧化处理，类似黄铜扣。其特点是质轻不易变色，手感毛糙，耐用，光泽好。它的规格有15 mm、18 mm、20 mm三种，形状有圆形（以圆形的为多）、鸡心形等，一般用于女外衣及童装，也常用于牛仔服及有专门标志的职业服装，但不可用于轻薄常洗的服装。

3. 贝壳纽扣

贝壳纽扣是用水生的硬质贝壳材料制成的纽扣，其特点是质地坚硬，光泽柔和，有重量感，导热快，耐洗、耐烫，对人体无害。正面为白珍珠母色，具有天然珍珠的效果，但材质较脆、易碎，颜色也比较单一。其规格主要有圆形明眼两眼扣、四眼扣两种，一般用于男女浅色服装等（图5-27）。

4. 木质纽扣

木质纽扣是用桦树、柚木经切削加工制造的纽扣，它的特点是朴素、粗放、真实逼真，自然大方。如果上清漆则显得明亮夺目，上彩漆则显得绚丽多彩，它的外形有竹子形、橄榄

图5-24　胶木纽扣

图5-25　塑料纽扣

形等，一般用于女装，童装，素色的休闲服，各类麻质及棉质服装等（图5-28）。

5. 布料纽扣

布料纽扣，包括包布纽扣（图5-29）和编结纽扣（图5-30）两种。包布纽扣常用面料的边角料包上胶木纽扣缝制而成，这种纽扣可与服装配合协调，常用于女装。编结纽扣（盘花扣）是用面料的边角料或丝线编结而成的纽扣，由纽头和纽襻条两部分组成，特点是民族性强，一般用于中式服装。

6. 皮革纽扣

皮革纽扣是在金属纽扣外嵌皮革制成的纽扣，它的特点是丰满厚实，坚韧耐用，一般用于猎装和皮革服装等（图5-31）。

7. 尼龙纽扣

尼龙纽扣是由聚酰胺塑料注塑加工而成的纽扣，其特点是坚实柔韧，有一定的弹性，价格便宜，有单色和双色之分，主要用于运动服装（图5-32）。

8. 人造骨纽扣

人造骨纽扣是以酪蛋白为原料，挤压成棒材，仿造动物骨形状切削成形的纽扣，特点是手感舒适坚牢耐用，耐热性和抗腐蚀性都好，一般用于高级衬衫和时装。

9. 玻璃纽扣

玻璃纽扣是由熔化了的玻璃压制而成的纽扣，特点是耐热、耐洗、光滑瑰丽，但不耐冲压易破碎。它的颜色有透明的，也有彩色的。规格有12 mm、15 mm两种，形状有圆形和珠

图5-26　珠光纽扣

图5-27　贝壳纽扣

图5-28　木质纽扣

图5-29　包布纽扣

图5-30　编结纽扣

图5-31　皮革纽扣

子形，主要用于童装（图5-33）。

（二）按纽扣的结构分

（1）有眼纽扣：在扣子中央表面有两个或四个等距离的孔眼，以便于手缝或机缝。有眼扣大小、形状、颜色、厚度变化多样，可满足各种服装的需求（图5-34、图5-35）。

（2）有脚纽扣：在扣子背面有一凸出的扣脚，脚上有孔，以便将扣子缝在服装上。一般用于较厚重的服装，以保证服装平整（图5-36）。

（3）暗扣（子母扣）：暗扣一般由金属（铜、镍、钢等）制成，也有少量由合成材料制成。这种扣强度高，容易开启和关闭。常用在滑雪衣、羽绒服、工作服、运动服、皮革服装及童装上（图5-37）。

| 图5-32 尼龙纽扣 | 图5-33 玻璃纽扣 | 图5-34 二眼纽扣 |
| 图5-35 四眼纽扣 | 图5-36 有脚纽扣 | 图5-37 暗扣 |

三、纽扣的选用原则

1. 纽扣应与面料的性能相协调

常水洗的服装要选不易吸湿变形且耐洗涤的纽扣，常熨烫的服装应选用耐高温的纽扣，厚重的服装要选择粗犷、厚重的纽扣。

2. 纽扣的大小与服装的衣料质地相协调

一般来说，薄质衣料宜选小而精致的纽扣，粗厚衣料可相应选大而粗的纽扣，中式服装最好选用传统的盘花纽扣。

3. 纽扣的颜色也要与服装的颜色相协调

有时由于服装款式的需要，可以选择和服装色彩反差较大的纽扣，以突出纽扣的点缀美。一般来说，青年人应选择颜色明快鲜艳的纽扣，中老年人可选择稳重的中性色纽扣。冬季服装可以选择深色或形状大些的纽扣，夏季则应配浅色或形状小些的纽扣。

4. 纽扣的造型也要与服装的款式相协调

儿童服装应选用适合儿童心理特征的纽扣，以增强儿童服装的个性；制服宜用铜质或铁质的纽扣，以显示严肃、庄重；传统的中式服装不宜用很新潮的化学纽扣；休闲服装应选用较粗犷的木质或其他天然材料的纽扣；较厚重的粗犷的服装应选择较大的纽扣。

5. 纽扣的大小应与扣眼的大小相协调

纽扣的大小是指纽扣的最大直径尺寸，其大小是为了控制孔眼和调整锁眼机用的。一般扣眼尺寸要大于纽扣的尺寸，而且当纽扣较厚时，扣眼尺寸还需相应增大。

6. 纽扣应考虑经济性

低档服装应选用物美价廉的纽扣，高档服装应选用精致耐用、不易脱色的高档纽扣。服装上的纽扣多少，要兼顾美观、实用、经济的原则。

 知识拓展

小小纽扣　美丽神话

几千年前，纽扣就作为服装用品开始活跃在人们的服饰上了。现在，随着技术、工艺的不断提升和改进，纽扣也开始上演属于自己的精彩。不同的季节、年份、衣服款式都有着各自不同的纽扣风格。而在今天，纽扣已然成为时尚潮流中的一部分。

天然纽扣是一类最古老的纽扣，如贝壳纽扣、木材纽扣、椰子壳纽扣等，它取材于大自然，与人们的生活比较贴近，迎合了现代人回归大自然的心理。

合成材料纽扣是目前世界纽扣市场上数量最大、品种最多、最为流行的一种，是现代化学工业发展的产物。这类纽扣的特点是色泽鲜艳，造型丰富而美观，价廉物美，深受广大消费者的青睐，但耐高温性能较差，而且容易污染环境。属于这类材料的纽扣有树脂纽扣（包括板材纽扣、棒材纽扣、磁白纽扣、云花仿贝纽扣、平面珠光纽扣等）、ABS注塑及电镀纽扣（包括镀金纽扣、镀银纽扣、仿金纽扣等）、尼龙纽扣、仿皮纽扣、有机玻璃纽扣、透明注塑纽扣（包括透明聚苯乙烯纽扣、聚碳酸酯纽扣等）、不透明注塑纽扣、酪素纽扣等。

行业徽志纽扣是纽扣世界中最具共同性的一类纽扣，主要分为三类，第一类是图形徽志艺术类，这类纽扣约占图案徽志纽扣总类的80%，它的最突出特点是用大幅的图形来突出本行业特色；第二类是字母类，此类纽扣占10%左右，其最大特点是用缩写字母来作为纽扣主图案，以达到易学、易懂、易记的目的，突出本行业特色；第三类是文字扣类，这类纽扣是我国所独有，它用汉字作为本行业纽扣的主图，有的对汉字进行了艺术化的处理，有的以中国书法为素材雕刻于

纽扣表面，还有的将汉字图形化处理，别具一格。

随着人们环保意识的提高，各国极力提倡重新使用天然材料制成的纽扣，环保低碳已成为未来纽扣的发展趋势。因此，除贝壳扣、果仁扣以外，木材、皮革、奶酪、金属、树脂、尿素等均被用来制造纽扣。

四、钩、环、拉链

（一）钩

钩是用于服装经常开闭处的连接物，多由金属制成，左右两件组合，一般有领钩和裤钩两种。

（1）领钩：又叫风纪扣，是用铁丝或铜丝定型弯曲制成的。一副领钩包括一钩一环，特点是小巧，使用方便。规格有大号和小号之分，主要用于男女服装的立领以及制服的领口处（图5-38）。

（2）裤钩：是用铁皮或铜皮冲压成型，然后再镀上铬或锌而制成的。一副裤钩包括一钩一槽，特点是表面光亮洁净，使用方便。规格有大号和小号之分，主要用于男女裤的腰口及女裙腰口处（图5-39、图5-40）。

（二）环

环是一种双环结构的金属制品，是用来调节服装松紧，并起到装饰作用的辅料。它的一头钉牢，另一头套起来调节松紧，常用的有裤环、拉心扣、腰带卡等。

（1）裤环：裤环的特点是结构简单，略有调节松紧的作用，多用于裤腰处（图5-41）。

（2）拉心扣：拉心扣的特点是使用方便灵活，可调节的松紧量大，外形是呈长方形的环，中间有一柱可以左右滑动，主要用于西服马甲等。

（3）腰带卡：腰带卡也叫腰卡，同样起到调节松紧的作用。主要用于连衣裙及风衣、大衣的腰上。特点是收缩方便，同时可以对腰部起到装饰美化的作用，其原料种类繁多、形状各异，可根据服装款式、面料及个人喜爱选用（图5-42、图5-43）。

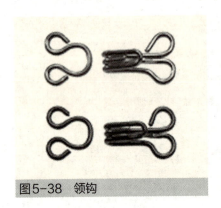
图5-38 领钩

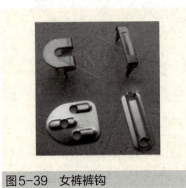
图5-39 女裤裤钩

图5-40 裤钩

（三）拉链

拉链是依靠连续排列的链牙，使物品并合或分离的连接件，现大量用于服装、包装、帐篷等处。

拉链是由链牙、拉头、限位码（前码和后码）或锁紧件等组成。其中链牙是拉链关键部分，直接决定拉链的侧拉强度。一般拉链有两片链带，每片链带上各自有一列链牙，两列链牙相互交错排列。拉链夹持两侧链牙，借助拉襻滑行，即可使两侧的链牙相互啮合或脱开。

1. 按拉链牙齿的原料分

（1）金属拉链：用铜或铝等制成拉链的牙齿，然后把链齿安装在纱带上，用拉头控制拉开和闭合。特点是耐用、庄重、高雅，装饰性强，穿脱方便，缝纫工艺简单，可省去挂面和叠门。缺点是链齿较易脱落或移位，价格较高。一般用于夹克衫、牛仔装、运动衫、羽绒服及裤子的门里襟处（图5-44）。

（2）塑料拉链：又称树脂拉链，是用树脂加工成齿，然后压在纱带上制成的。其特点是质地坚韧、轻巧、耐磨、耐水洗，色彩艳丽。手感比金属拉链柔软、舒适，颜色多而且选择余地大，但链齿颗粒较大、较粗。主要用于较厚的服装、夹克衫、工作服、运动服及童装等（图5-45）。

（3）尼龙拉链：牙齿很细，呈螺旋状的线圈。这种拉链柔软轻巧，耐磨，有弹性，易定型，色彩鲜艳，可制成小号码的细拉链，多用于轻薄服装、高档服装、内衣、裙裤等（图5-46）。

图5-41　裤环裤圈

图5-42　腰扣

图5-43　腰带卡

图5-44　金属拉链

图5-45　塑料拉链

图5-46　尼龙拉链

隐形拉链的牙齿很细且合上后隐蔽于底带下，常用于裙装、旗袍及女士时装（图5-47）。

2. 按拉链的结构分

（1）闭口拉链：后码是固定的，只能从前码端拉开。在拉链全开状态下，两链带被后码连接不能分开，适用于普通包袋（图5-48）。

（2）开口拉链：在牙链下端无后码而设紧锁件。紧锁件锁合时相当于闭口拉链，把拉头拉靠紧锁件而将紧锁件分开，链带即可分开，适用于服装或需常拉开的物品（图5-49）。

（3）双开拉链：有两个拉头，可从任意一端打开或闭合。将两个拉头拉靠紧锁件而使其分开，便可完全打开，适用于大型袋子、卧具、帐篷等（图5-50）。

3. 按拉链性能分

（1）防火拉链：指码装拉链通过防火化学剂的处理后生产的拉链。其主要指标是指此种拉链着火后的燃烧速度。

（2）防水拉链：主要指在隐形或尼龙码装拉链的反面贴上一层防水胶后生产制作而成的拉链。其主要指标是水的渗透性。适用于防寒衣、滑雪衣、羽绒服、航海服、潜水衣、帐篷、车船罩、雨衣、摩托车雨衣、防水鞋、消防服、箱包、冲锋衣、钓鱼服等与防水相关的用品。

（3）鞋拉链：指用在鞋上的拉链，此种拉链与服装拉链相比，对强度的要求较高（图5-51）。

（4）反拉拉链：因此种拉链的拉头安装在拉链上时与常用的拉头安装方向相反而得名。

图5-47　隐形拉链

图5-48　闭口拉链

图5-49　开口拉链

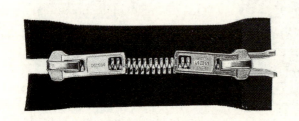
图5-50　双开拉链

图5-51　鞋拉链

（四）魔术贴

魔术贴是用锦纶丝织制的两根能够搭合在一起的带子，其中一根带子上表面布满小毛圈而另一根带子的表面布满小钩子。这种带子搭扣紧密，而且耐磨性强，使用起来比拉链方便。它可用来代替拉链或纽扣，一般用于沙发套、儿童书包以及医疗用品中的血压计绷带等（图5-52）。

图5-52 魔术贴

魔术贴的产生源于生活

1948年秋天，瑞士工程师Georges de Mestral（1908—1990）外出打猎。中午，他坐在草地上野餐，觉得被什么东西扎得很痛。他连忙站起来，原来是自己坐在牛蒡草上了，衣服和猎犬身上沾满了牛蒡果。回家后，他花了很长时间也没除尽衣服上和猎犬身上的刺果。他好奇地想，牛蒡果为什么有这么大的附着力呢？在显微镜的观察下，他发现牛蒡果上有无数小钩。他想，如果仿照牛蒡果的结构不是可以制成一种方便牢靠的搭扣吗？好奇心激发了他的创造欲望，经过半年试验，他终于创造出了一种新型搭扣，在A布上织有许多钩状物，在B布上织有许多小圆球，只要把它们轻轻对贴在一起就粘紧了。这就是"纬格罗"。

"纬格罗"发明不久就被推广到全世界，后来又不断进行改进。其叫法也变得多种多样，主要有："魔术贴""粘扣带""AB扣""搭扣带"等。只要细心观察就会发现，现在的衣服、鞋子和电脑包上到处都能看到魔术贴的影子。"拉链发明后，纽扣被逐渐取代，现在拉链和纽扣正不断被魔术贴取代。"魔术贴已经被广泛应用到鞋服、医疗、电子、航空、军事等领域。

魔术贴的第一个专利于1951年在瑞士注册。经过8年的研究，才实现了魔术贴的批量生产。如今，魔术贴已经成为20世纪最重要的50项发明之一。

五、扣紧材料的选用原则

1. 应与服装款式及流行趋势相配伍

由于扣紧材料具有较强的装饰性，因此除了考虑要加强服装款式造型外，还应与服装及配件的流行相结合。在选配扣紧材料时应从材质、造型、色彩等方面综合考虑。

2. 应与服装种类和用途相配伍

例如女装较男装更重视装饰性，童装应主要考虑安全性，而秋冬季服装因天气寒冷，为加强服装的保暖性能，多采用拉链、尼龙搭扣等。

3. 应与服装面料相配伍

扣紧材料应从材质、造型、颜色等多方面与面料搭配协调，以求达到完美的装饰效果。如果面料轻薄柔软，那么应选用质地轻而小巧的扣紧材料；如果面料厚重硬挺，应选用质地较厚实且较大的扣紧材料。

4. 应与扣紧材料所使用的部位及服装的加工方式、设备条件相配伍

上衣门襟处用开口拉链；裤子门襟处用闭口拉链；裙子腰部选用隐形拉链；鞋子上（尤其是童鞋）选用搭扣带。

5. 应与服装的保养洗涤方式相配伍

选用扣紧材料时要考虑扣紧材料的坚牢度、色牢度及是否溶于干洗剂等。

复习与思考题

1. 简述扣紧材料的作用。
2. 简述纽扣的选用原则。
3. 简述扣紧材料的选用原则。

实训题

1. 收集扣紧材料若干，制作样卡，说明它们的特点及用途。
2. 市场调研：搜集市场上其他扣紧材料，制作样卡，了解它们的特点及用途。

单元六　装饰材料及其他材料

装饰材料指依附于服装面料之上的花边、缀片、珠子等装饰性极强的材料。服装的装饰材料包括花边、流苏、珠子及光片等。它们对服装起到装饰和点缀的作用，同时还能增加服装的美感及附加值。随着科技的发展，新材料不断问世，作为装饰材料的品种也日益增多，下面介绍几种常用的装饰材料。

一、装饰材料

（一）花边

花边又称抽纱、蕾丝，是有花纹图案的、用于装饰的带状织物。花边属于抽纱产品，主要用于服装、鞋帽、巾被、枕套和装饰织物类（窗帘、台布、沙发罩、茶几盖布等）的嵌条和镶边。主要包括机织花边、针织花边、刺绣花边和编结花边四大类。

1. 机织花边

机织花边指由机织的提花机构控制经线和纬线相互垂直交织形成的花边。通常以棉线、蚕丝、锦纶丝、人造丝、金银线、涤纶丝、腈纶丝为原料，采用平纹、斜纹、缎纹和小提花等组织在有梭或无梭织机上用色织工艺织制而成。常见品种有纯棉花边、丝纱交织花边、尼龙花边等。机织花边具有质地紧密、色彩绚丽，富有艺术感和立体感等特点，适用于各种服装与其他织物制品的边沿装饰（图5-53）。

2. 针织花边

针织花边由经编机织制，故又称经编花边，以绵纶丝、涤纶丝、黏胶人造丝为原料，俗称经编尼龙花边。这种花边的特点是质地稀疏、轻薄，网状透明，色泽柔和，但多洗易变形。主要用作服装、帽子、台布等的饰边（图5-54）。

3. 刺绣花边

刺绣花边可分为机绣花边和手绣花边两类。

机绣花边采用自动绣花机绣花，即在提花机控制下在坯布上绣上条形花纹图案，生产效率高。各种原料的织物均可作为机绣坯布，但以薄型织物居多，尤其是棉和人造棉织物效果最好。经长时间的发展，刺绣花边的种类越来越多，有特种刺绣花边、涤棉连片花边、盘带花边、条子刺绣花边、水溶刺绣花边、印花刺绣花边、喷花刺绣花边、镂空刺绣花边、彩绣花边、金银花边、段染刺绣花边、扎染刺绣花边、贴花刺绣花边、条边刺绣花边、珠绣花边等。

机绣水溶花边是刺绣花边中的一大类，它以水溶性非织造布为底布，用黏胶长丝作绣花线，通过电脑平级刺绣机将花纹绣在底布上，再经热水处理使水溶性非织造底布溶化，留下有立体感的花边。机绣花边的花形繁多，绣制精巧美观，均匀整齐划一，形象逼真，富于艺术感和立体感。

手工花边是我国传统手工艺品，生产效率低，绣纹易产生不均匀现象，绣品之间也参差不齐。但是，对于花纹过于复杂、彩色较多的花边，手工刺绣的地位无可取代，而手绣花边比机绣花边更富于立体感。

刺绣花边主要用于嵌条、镶边等装饰，特种花边还可以作高级服装的辅料（图5-55）。

4. 编结花边

编结花边又称线花边，指采用编结的方法制成的花边，有机械编结和手工编结两种。机械编结主要选用全棉漂白或色纱为经纱，纬纱采用棉纱、人造丝、金银线，通常以平纹、经起花、纬起花组织交织成各种色彩鲜艳的花边。花边一般以单色为主，造型以带状牙口边为主，花形图案可由电脑设计制版，然后输入织机，即可生产出新的所需花型（图5-56）。

手工编结大多为我国传统工艺品。一般以棉、腈纶、涤纶、锦纶等纱线为原料。这类产品质地松软，多呈网状，花形繁多，但花边的整齐度不如机编花边，生产效率低下。

在目前的花边品种中，编结花边属于档次较高的一类，是可用于时装、礼服、衬衫、内衣裤、睡衣、童装、羊毛衫、披肩等各类服装的装饰性材料。

（二）流苏

流苏是一种下垂的穗子，历史悠久，远在古代就在服装、战车、帐篷等上出现过，现在常用于舞台服装的裙边，上装下摆及手提包等处（图5-57）。

图5-53 机织花边

图5-54 针织花边

图5-55 刺绣花边

图5-56 编结花边

图5-57 流苏

（三）珠子与光片

珠子与光片都是镶嵌在服装上起点缀作用的装饰材料（图5-58）。它们的图案不固定，可以根据服装款式、装饰部位和个人爱好而定。将其钉在服装上面，可以使服装显得雍容华贵、美观大方。一般舞台服装尤其是戏装上使用较多，其他在妇女、儿童服装上也使用较多。

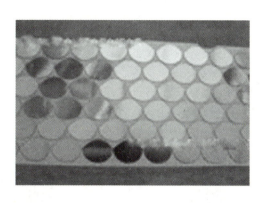

图5-58 光片

知识拓展

蕾丝花边的历史起源

蕾丝花边起源于16世纪的欧洲，广泛应用于奢华纺织服装中。18世纪欧洲男士的领襟和袜沿也曾使用蕾丝花边装饰。到了20世纪艺术风格时装更新，欧洲与北美的需求不断加大，很多国家都为他们生产手工蕾丝花边，当然也包括中国。80年代初期，蕾丝花边又开始频繁地出现在人们面前，与新时装一起亮相。加上透明装和透视装的逐步流行，蕾丝花边越来越起到画龙点睛的作用。

二、其他材料

（一）松紧类材料

（1）松紧带：是织有弹性材料的扁平状织物，主要原料是棉纱、黏胶丝和橡胶丝，宽度根据需要有所不同。一般分锭织和梭织两种，品种繁多，色彩丰富，一般用于衣服的腰口、袖口、裤口等，起到调节松紧的作用（图5-59）。

（2）橡皮筋：是用橡胶制成的线状或管状物品，也称橡胶筋，用来调节松紧，常用于袖口、腰口等处（图5-60）。

（3）橡皮线：也是橡胶制品，但比较细，常与棉纱、黏胶丝等交织成松紧带，主要用于袜口、袖口等处（图5-61）。

（4）罗纹带：亦称罗口，属于罗纹组织的针织品，由橡皮线与棉线、化纤等原料织成，常用于裤口、领口等处（图5-62）。

（5）锦纶丝裤带：一般用锦纶长丝作经纬纱，以棉线为芯线织成。品种有提花锦纶裤带、条格锦纶等，牢固度高、耐用、美观（图5-63）。

（6）维纶裤带：以维纶丝为经纬纱，棉线为芯线织成。花形与锦纶一样，都有提花、彩条等品种（图5-64）。

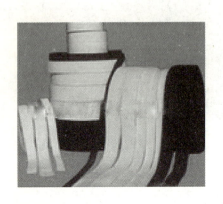

图5-59　松紧带

图5-60　橡皮筋

图5-61　橡皮线

图5-62　罗纹带

图5-63　锦纶丝裤带

图5-64　维纶裤带

（二）商标

商标是商品的标记，即服装生产、经销企业专用在本企业服装上的标记。商标通常用文字、图案或兼有二者来表示，需在经服装企业注册、有关主管部门批准后才能使用。商标的作用主要是识别、监督质量、指导消费者和广告宣传等。

商标按使用原料可分为以下几种：

（1）用纺织品印刷的商标：由经过涂层处理的纺织品印刷制成。例如尼龙涂层布、涤纶涂层布、纯棉及棉/涤涂层布。

（2）纸制商标：即吊牌，通常可在吊牌正、反面印刷商标、标识等（图5-65）。

（3）编织商标：即织标，一般以涤纶为原料，按图案设计要求编织而成，织带常用作服装的主要商标而被缝于服装上（图5-66）。

（4）革制商标：即皮牌，通常以真皮或合成革为原料，用特制模具经高温浇烫形成图案，皮牌主要用于牛仔装和皮装（图5-67）。

（5）金属商标：一般以薄金属材料为原料，经模具冷压而成，金属商标主要用于牛仔装和皮装（图5-68）。

图5-65　纸制商标

图5-66　编织商标

图5-67　革制商标

图5-68　金属商标

（三）标志

标志是用图案表示的视觉语言，具有快速、清晰、概括性强的特点。主要包括服装的成分组成、使用说明、尺寸规格、原产地、条形码、缩水率、阻燃性。标志的作用主要是为企业生产提供依据，并指导消费者选择及保养服装。

在我国，为了帮助企业生产和消费者识别、购买、保养服装，国家规定了服装应具有完整的标识，它们分别是注册商标、生产企业名称地址、服装尺码或号型、服装面辅料成分标识及洗涤保养标识（洗涤、熨烫说明）。

服装标志设立的初衷是防止人们在购买服饰时，将本产品的服饰与其他品牌服装服饰混淆。而现在随着企业对服装文化的重视，服装标志不再仅仅是为了区别，更多的是考虑将本企业的文化内涵向人们传播出去。在很大程度上，服装标志成了一种无形资产的表达方式，这就是品牌的文化精髓。

标志按作用分有以下6种：

（1）品质标志：表示服装面、辅料所用的纤维种类及比例，通常按纤维含量的多少排列。表5-2是一些常用纤维的中英文名称。

表5-2　常用纤维的中英文名称

中 文 名 称	英 文 名 称
棉	Cotton
麻	Linen
丝	Silk
羊毛	Wool
兔毛	Angora 或 Rabbit hair
羊绒	Cashmere
马海毛	Mohair
牦牛毛	Yak hair
黏胶纤维	Rayon
醋酯纤维	Acetate silk
铜氨纤维	Cuprammonuium
涤纶	Polyester
锦纶	Polyamide
腈纶	Acrylic
维纶	Vinal
丙纶	Polypropylene
氯纶	Polyvinyl chloride
氨纶	Polyurethanes

（2）使用标志：即洗涤标识，指导消费者对服装进行正确的洗涤、熨烫、保管等。

（3）规格标志：即服装规格，通常用服装号型表示，这些号型的标志方法根据服装种类不同而有差异，例如衬衣以领围为规格标志，而裤子以裤长或腰围为规格标志。

（4）原产地标志：标明服装产地，以便消费者了解服装来源。

（5）条形码标志：标明服装产地、生产日期、制造厂家等信息。

（6）合格证标志：服装生产企业对检验合格的服装加盖合格章，表明服装经检验合格。

（四）其他种类

（1）胶章：滴塑章的正称。在胸标等地方常见（图5-69）。

（2）PVC章：一般由塑料制成，塑料的好处是可以随意更改形象，灵活多变（图5-70）。

（3）反光章及反光材料：主要特点是反光剧烈，是装饰不可多得的材料（图5-71）。

（4）三维章：呈现出发光晶格立体图案，要经过特种印刷机八次印刷，制作过程比较复杂。

（5）吊粒：亦称吊钟。常见于高品质西服、时装等（图5-72）。

（6）织带：有台湾木梭机织带、反光织带、尼龙帽带、横纹带、回纹带、全棉人字织带等（图5-73）。

此外，服装的包装也是目前服装生产管理中不可忽视的方面，其包括包装袋、衣架、裤（裙）夹、卡片纸、拷贝纸、封口胶带、纸盒等。这些包装辅料的合理选配，可以提升服装价值及企业形象，对提高服装的档次起着积极的作用，同时对服装企业及服装品牌也会起到良好的宣传作用。

图5-69 胶章

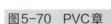

图5-70 PVC章

图5-71 反光章

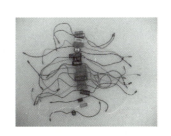

图5-72 吊粒

图5-73 织带

复习与思考题

1. 简述装饰材料的作用。
2. 简述商标按使用原料分类。
3. 简述标志的作用。

实训题

1. 收集装饰材料及其他材料若干，制作样卡，说明它们的特点及用途。
2. 市场调研：搜集市场上其他装饰材料，制作样卡，了解它们的特点及用途。

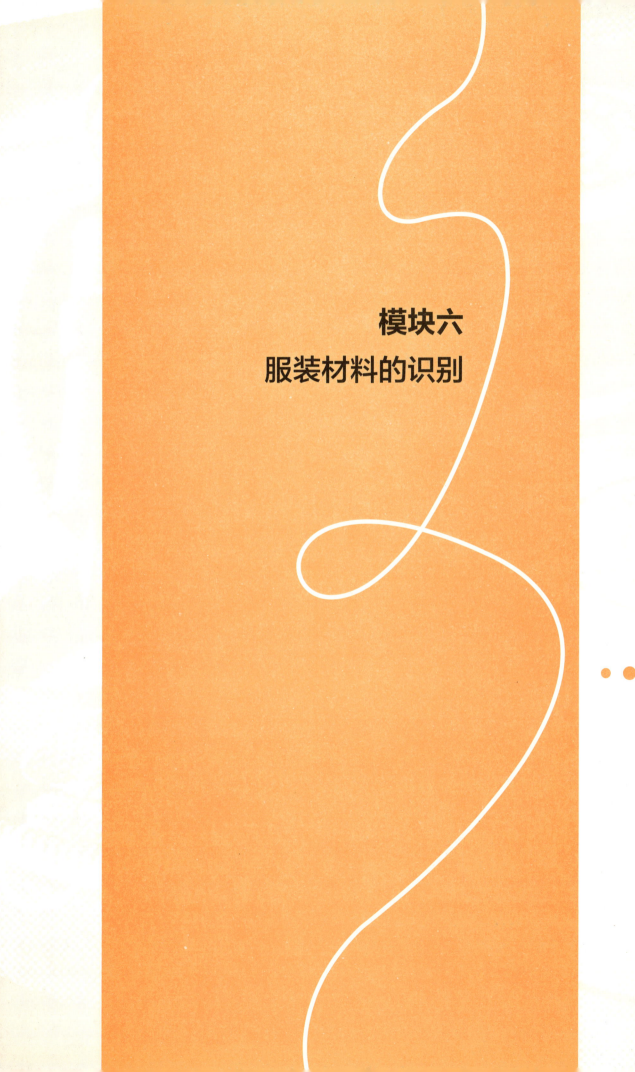

模块六
服装材料的识别

学习目标

1. 掌握感官识别法及燃烧识别法。
2. 了解显微镜观察法。
3. 掌握织物经纬向及正反面的识别。
4. 了解织物倒顺的识别。
5. 了解织物常见疵点。
6. 能运用服装原料的识别方法识别服装原料。
7. 能运用服装材料外观识别的方法识别服装材料的外观。

由于化学纤维的问世以及各种新型服装材料的不断出现，服装材料市场的花色品种越发丰富，因其风格特征及性能都有所不同，只有正确地判断各种服装材料的品种及原料成分，把握其外观特征，才能根据需要满意地选用衣料，正确地进行服装设计、裁剪、缝纫加工及整烫，为服装检验把关。

单元一　服装原料的识别

所谓服装原料的识别，是运用各种物理、化学方法，借助已掌握的各类纤维的特性、面料的性能，进行的原料成分分析和判断。服装原料识别的方法很多，最常用的是感观法和燃烧法。

一、感官识别法

感官识别法，也称手感目测法，即通过人的感觉器官，如眼、耳、鼻、手等，根据织物的不同外观和特点，对织物的成分进行判断。用感官法判别面料，首先要能够掌握不同纤维的特点。如用眼睛看，要熟悉不同纤维的光泽、染色特性、毛羽状况等；用鼻子闻，要掌握不同纤维的气味；用手摸，要能感觉不同纤维的柔软度、光滑度、弹性、冷暖感等；用耳听，要了解其纤维所特有的噼啪声。感官识别法简便易行，无须仪器，缺点是主观随意性强，受物理、心理、生理等很多因素的制约，需要长期的实践经验积累才能准确判断，但对多种纤维混纺的织物，识别准确率不高。

1. 识别纯棉织物与棉混纺织物

纯棉与棉混纺织物的外观、性能等比较相近，但是有不同成分的化学纤维混入，织物在外观、色泽、光泽、手感、布面状况和性能等方面，就会存在一定的差异。

（1）纯棉织物：纯棉织物外观光泽柔和，布面有显露的纱头和杂质。手感柔软但不光滑、弹性差，身骨和垂感差，光泽暗淡，手捏紧织物后松开有明显的皱纹且不易退去。如果抽几根纱线捻开看，纤维长短不一，一般在25～33 mm之间，用水弄湿后纤维强力反而增强。

（2）涤棉织物：外观光泽较明亮，色泽淡雅，布面平整光洁，几乎见不到纱头和杂质。手摸布面感觉清爽、挺括，手捏紧织物后松开，折痕不明显且能很快恢复原状。纱支一般较细，色彩淡雅素净。织物纱线强度比棉织物强，可扯断进行比较。

（3）黏棉织物：包括人造棉、富纤布等，光泽柔和明亮，色彩鲜艳，仔细观察纤维间有亮光。手摸面料柔软滑溜，手捏织物后松开，折痕不明显且不易退去。纱线用水浸湿后，强力明显下降，且面料增厚发硬。

2. 识别麻与化纤仿麻织物

化纤仿麻织物的原料主要是涤纶纤维，涤纶仿麻重在模仿麻织物粗犷的外观风格，纯麻织物和化纤仿麻织物手感和弹性等有很大的区别，所以两者还是比较容易鉴别的。

（1）麻织物：主要是指天然亚麻、苎麻织成的织品。麻织物由于纤维粗细、长短差异大，故纱线条干不均匀，折痕较粗，不易退去。织物光泽自然柔和，手感挺硬爽滑有凉意，布面粗糙。苎麻织物表面有光泽及较长的毛羽，亚麻织物手感较苎麻略柔软。麻纤维不易上色，故色彩多为本色或浅淡色，具有蜡样光泽。

（2）化纤仿麻织物：该织物外观多疙瘩、结子，高低不平，风格粗犷，以平纹和透孔组织为多，色彩丰富，且比麻织物鲜亮。织物手感挺爽，弹性好，紧捏不皱，且有较好的悬垂性。

3. 识别纯毛织物与毛混纺织物

纯毛织物是化学纤维竞相模仿的对象，纯毛织物与毛混纺织物相比，外观、光泽、色泽、手感、柔软性、悬垂性、缩绒性等方面都是最优的。但是，不同的化学纤维与毛混纺后，都有其独特的外观和风格，需仔细观察后，才能比较准确地鉴别。

（1）纯毛精纺呢绒：一般以薄型和中薄型为多，织物精致细腻，外观光泽柔和，色彩纯正，呢面光洁平整，纹路清晰，手感滑糯、温暖，富有弹性，悬垂性好。织物捏紧后松开，折痕不明显，且能迅速恢复原状，捻开纱线大多为双股线。拆开纱线后，其纤维较棉线粗、长，有天然卷曲。

（2）纯毛粗纺呢绒：大多呢身厚实、呢面丰满，不露底纹，手感丰润、温暖，富有弹性，质地紧密的有膘光，质地疏松的悬垂性好。粗纺毛纱多为单股。

（3）黏胶混纺呢绒：黏胶混纺呢绒多为粗纺，精纺较少。光泽不如纯毛柔和，手感不如纯毛柔糯。粗纺呢绒有松散感，织物捏紧后松开，易有折痕，且恢复速度慢，悬垂感也比纯毛差。

（4）涤纶混纺呢绒：以精纺为多，有涤毛或毛涤华达呢、派力司、花呢等各种品种。呢面平整光洁，挺括滑爽，织纹清晰。涤纶混纺呢绒的弹性要好于纯纺毛织品，但毛感、手感、柔软性、悬垂性等都不如纯毛织物。

4. 识别真丝绸与化纤绸

（1）真丝绸：真丝绸光泽柔和，色彩纯正，手感润滑、柔软，有凉感，轻薄柔软，绸面平整光洁，富有弹性。亮但不刺眼，悬垂性好，触摸时有拉手感和丝鸣声，手捏紧绸面后放松，无折痕产生。

（2）人丝绸（黏胶丝织物）：绸面光泽明亮、耀眼，但不如真丝柔和，手感润滑、柔软，有沉甸甸的感觉，易悬垂，色彩鲜艳，但弹性和飘逸感差。手捏易皱，且不易恢复，撕裂时声音嘶哑。纱线浸湿后，极易被扯断。

（3）涤丝绸（涤纶仿丝绸织物）：涤纶仿丝绸织物近几年来发展迅速，是主要的仿丝绸产品。涤丝绸的品质优良，无论是色彩、质地、手感都非常好，但和真丝绸相比，涤丝绸色彩鲜艳亮丽，有闪光效果，但不柔和，真丝绸色彩则柔和高雅；涤丝绸手感滑爽、挺括、弹性好，真丝绸则轻柔、飘逸、润滑。感官上，涤丝绸不比真丝绸逊色，但在穿着舒适性方面，真丝绸还是远远超过涤丝绸的。涤丝绸沾湿后，强力无变化，不易被拉断。

（4）锦纶丝绸：绸面光泽较暗，似涂了一层蜡的感觉，色彩亦不鲜艳。手感硬挺，身骨疲软，手捏绸面后松开有折痕，但能缓慢恢复。沾湿后，无明显强力变化。

5. 识别人造棉织物与纯棉织物

人造棉织物的外观极似纯棉织物，其区别方法主要从以下几点进行：

（1）光洁度：人造棉织物，织物面平整，纱疵极少，无杂质，细洁平滑；而纯棉织物表面可见到纯棉壳等杂质，光洁度不如人造棉织物。

（2）纱支均匀度：人造棉织物的纱支条干均匀，纱疵很少；而纯棉织物纱支条干不如人造棉均匀，尤以中粗织物更为明显。

（3）手感：人造棉织物无论厚薄织物，手感大多较柔软，而纯棉织物略有粗硬之感。

（4）色泽：人造棉织物的光泽与颜色均佳，与纯棉织物相比，人造棉织物更为鲜艳美观。

（5）折皱性：人造棉织物容易折皱，用手握住再散开，则会出现很多折皱，也不易及时复原，纯棉织物虽有折皱，但比人造棉轻微。

（6）悬垂性：人造棉织物悬垂性较好，纯棉织物悬垂性不如人造棉织物。

（7）强力：人造棉织物的强力较低，不如纯棉织物，特别是在潮湿环境中，人造棉织物牢度较差，当从织物边抽丝比较、拉伸时，人造棉较纯棉丝易断。因此，人造棉织物质地大多较厚，无纯棉织物那样轻薄。

6. 识别真皮与人造革

（1）手感：即用手触摸皮革表面，如滑爽、柔软、丰满、有弹性的感觉则是真皮；而一般人造革面发涩、死板、柔软性差。

（2）眼看：真皮革面都有较清晰的毛孔、花纹，黄牛皮有均匀的细毛孔，牦牛皮有粗而稀疏的毛孔，山羊皮有鱼鳞状的毛孔，猪皮有三角形粗毛孔，而人造革，尽管也仿制了毛孔，但并不清晰。

（3）嗅味：凡是真皮都有皮革的气味，而人造革具有较强的塑料气味。

（4）点燃：从真皮和人造革的背面撕下一点纤维，点燃后，凡发出刺鼻的气味，结成疙瘩的是人造革；凡发出毛发气味，不结疙瘩的是真皮。

二、燃烧识别法

燃烧识别法是在感官法的基础上，再做进一步判断的方法，一般只适用于纯纺和交织的织物，混纺织物燃烧特征不明显。其方法是从织物的经向或纬向抽出几根经、纬纱，将其分别成束，然后点燃酒精灯，将经纱纬纱分别置入火中燃烧。观察它们接近火焰时是否收缩、熔融；观察燃烧时火焰的颜色，燃烧速度，散发的气味；离开火焰后是否续燃和燃烧的灰烬特征（颜色、形状、硬度）等。应注意，试验时不要将纱线直接置入火中，而应按靠近、接触、离开三步进行，这对识别天然纤维和化学纤维至关重要。

燃烧识别法是识别天然纤维和合成纤维较为可靠的方法，一般天然纤维无热塑性，靠近火焰不会产生软化熔融现象，而合成纤维一般会先软化、熔融，然后燃烧，燃烧后有灰烬，且灰烬较硬，不易被压碎。表6-1是几种常见纤维燃烧特征一览表。

表6-1　几种常见纤维燃烧特征一览表

纤维种类	燃烧特征			气味	灰烬
	靠近	接触	离开		
棉、麻黏胶	不缩不熔	迅速燃烧，橘黄色火焰，有蓝色烟	继续燃烧	烧纸气味	灰烬少，呈线状，灰末细软，呈浅灰色，手触易成粉末
丝	收缩不熔	缓慢燃烧，橘黄色火焰，火苗较小	自行熄灭	烧毛发气味	黑褐色小球，手触易成粉末状
毛	收缩不熔	冒烟燃烧，有气泡，橘黄色火焰	继续燃烧，有时自行熄灭	烧毛发气味	灰烬多，形成有光泽的不定型的黑色块状物，手触呈粉末状
涤纶	收缩熔融	熔融燃烧且有熔液滴下，黄白色火焰，很亮，顶端有线状黑烟	继续燃烧	特殊芳香味	黑褐色不定型硬块或小球状
锦纶	收缩熔融	熔融燃烧时有熔融物滴下，趁热能抽成细丝。火焰小，下部呈蓝色火焰	继续燃烧	芹菜味	坚韧的褐色硬球，不易研碎

纤维种类	燃烧特征			气味	灰烬
	靠近	接触	离开		
腈纶	收缩熔融	收缩燃烧，亮黄色火焰，燃烧时有发光火花，有急促的"呼呼"声	继续燃烧	辛辣味	黑色，脆性小的硬块，易压碎
维纶	收缩熔融	收缩燃烧有浓黑烟	继续燃烧	难闻的特殊臭味	黄褐色，不定型硬块，凝结在纤维顶端，用指压，不易碎
丙纶	收缩熔融	缓慢燃烧，燃烧时有熔融物滴下，趁热可拉成丝。火焰明亮，顶端冒着黑烟	继续燃烧	烧蜡气味	褐色，不定型透明块状，易压碎
氯纶	收缩熔融	难燃烧，燃烧时有大量黑烟	自行熄灭	氯气的刺激性气味	不规则的黑色硬块
氨纶	收缩熔融	熔融燃烧	自行熄灭	臭味	黏性、橡胶状态

三、显微镜观察法

显微镜观察法通过借助显微镜来观察纤维的外观特征和横截面形态，从而达到识别纤维的目的。这种方法是识别天然纤维的好方法，而化学纤维的外观和截面变化较大，故难以单独用显微镜观察加以识别。显微镜观察法对混纺织物的定性分析非常有效。这种方法不局限于纯纺、混纺和交织产品的鉴别，其能正确地将天然纤维和化学纤维区分开来，但对合成纤维却只能确定其大类，不能确定具体的品种，因此，要明确合成纤维的品种，还需结合其他方法加以鉴别和验证。

表6-2所示为几种常见纤维的纵向和横截面形态特征一览表。在用显微镜观察时，可以进行对照。

表6-2 几种常见纤维的纵向和横截面形态特征一览表

纤维名称	纵向形态	横截面形态
棉	扁平形，具有天然扭曲	腰圆形，有中腔
苎麻	有横节、竖纹	腰圆形，有中腔及裂缝
亚麻	同上	多角形，中腔较小
羊毛	表面有鳞片	圆形或似圆形，有的有髓质层
桑蚕丝	表面如树皮状，粗细不匀	不规则三角形
黏胶纤维	纵向有细沟槽	锯齿形，有皮芯层

纤维名称	纵向形态	横截面形态
维纶	有1～2根沟槽	腰圆形，有皮芯层
腈纶	平直或有1～2根沟槽	圆形或哑铃形
氯纶	同上	接近圆形
涤纶、锦纶、丙纶	平滑	圆形

注：此表所列化学纤维均为常规纤维。

显微镜观察法还要与化学溶解法结合起来观察混纺纤维的溶解现象，才能达到识别的目的。

复习与思考题

1. 用感官法如何识别：① 纯棉织物与涤棉织物，② 真丝绸与涤丝绸，③ 真皮与人造革。
2. 简述常见纤维燃烧特征、气味、灰烬。
3. 用显微镜观察法观察纤维的外观特征和横截面形态。

实训题

1. 收集面料若干块分别用感官识别法、燃烧识别法和显微镜观察法识别服装原料并说明理由。
2. 上网搜集服装原料的其他识别方法。

单元二　服装材料外观的识别

服装材料的外观包括经纬向、正反面、倒顺以及疵点等。这些在未制成服装前显得并不十分重要，但制成服装后，不仅直接影响服装的外观效果，而且有的部分将直接影响到服装的使用寿命。

一、织物经纬向的识别

机织物是由经纬两组纱线按照一定的规律和形式垂直交织而成的。因此，织物有经向、纬向和斜向之分。经向是经纱的方向也称直丝缕方向；纬向是纬纱的方向也称横丝缕方向；在经纬纱之间成45°角方向（正斜）称斜丝缕方向。这三种方向的丝缕性能各异。直丝缕方向具有不易伸长变形，挺拔和自然垂直的特性；横丝缕方向具有略有收缩，不易平服和较丰满的特性；斜丝缕具有收缩性大，富有弹性的特性。服装的不同部位，用料的经纬向也不尽相同，织物的伸长、缩率不同，牢度和色彩也会有差别，织物经纬向对服装的造型、质量都有直接的影响。只有用料适当，才能使服装造型优美，穿着合身挺括。因此，识别织物经纬纱的方向对于服装裁剪制作是十分重要的。

织物经纬向判别可有以下几种方法：

（1）从布边看：依据布边识别经纬向是最基本的方法。对织物来说，平行于布边，即与匹长同方向的为经向；与布边垂直并与幅宽同方向的是纬向。

（2）从伸长看：对于没有布边的小块样品，用手拉时，易伸长的方向是纬向，经向基本不延长。

（3）从原料看：对于不同原料的交织物还可以通过经纬向的不同原料进行识别。一般来说，棉毛、棉麻交织物的棉纱方向为经向；毛丝、毛丝棉交织物则以丝或棉的方向为经向；丝人造丝、丝绢丝交织物以丝的方向为经向。

（4）从密度看：一般来说，密度大的为经向，密度小的为纬向。但是，也有少数织物除外，如纬缎织物、纬起绒织物等突出纬面效应的织物，纬密会高于经密。

（5）从纱线看：一般织物经纱捻度大，纬纱捻度小。若是半线织物，则经纱为股线，纬纱为单纱。经纱一般较细，纬纱一般较粗，经纱比较容易拆，纱线弯曲程度大。坯布的经纱一般都要上浆。

（6）从织物的花色看：毛巾织物以起毛圈的纱的方向为经向。纱罗织物经纬向明显，以绞经的方向为经向，纬向条纹较少。条子织物顺条方向为经向。弹力织物，有弹性的为纬向。

二、织物正反面的识别

（一）根据织物的组织结构识别

1. 平纹织物

平纹织物是同面组织，正反面没有明显的区别。因此，如不是经过印花、染色、拉绒、轧光、烧毛等处理的平纹织物，一般可以不区分正反面，但为了美观，可将结头、杂质少的一面作为正面。

2. 斜纹织物

斜纹织物分为单面斜纹和双面斜纹。单面斜纹织物正面纹路清晰，反面纹路模糊不清；双面斜纹织物正反面纹路相反。半线、全线和经面斜纹织物正面为右斜纹，斜纹倾斜角为45°～65°；纱斜纹织物正面为左斜纹，斜纹倾斜角为65°～73°。

3. 缎纹织物

缎纹织物正面表面平整、光滑、紧密、亮丽，反面则比较稀松、毛糙、光泽差。个别织物也有缎面为反面的，如素绉缎、九霞缎等。

4. 起毛织物

单面起毛的织物以起毛的一面为正面；双面起毛的织物，以毛茸整齐、均匀的一面为正面。

5. 纱罗织物

纱罗织物正面孔眼清晰平整，绞经突出；反面外观粗糙。

6. 提花织物

提花织物正面花纹细腻，轮廓清晰，浮长线短；反面花纹模糊，浮长线长。

7. 毛巾织物

毛巾织物正面毛圈密度大。

8. 针织物

纬平组织织物正面线圈圈柱在圈弧之上，罗纹组织织物和双反面组织织物正反面相同。

（二）根据织物的花纹识别

1. 印花花纹

染料大多从织物的正面渗透至织物的反面，因此，正面花纹图案清晰，色彩鲜艳，层次较清楚。而反面花纹则比较暗淡、模糊，较厚的织物反面甚至不显花，或花纹断断续续。因此，印花面料制作服装要区分织物的正反面。

2. 轧花花纹

轧花花纹由布面的凹凸形成，正反不太明显，一般视图案完整、凸起的一面为正面，同时可结合面料印花或染色的正反面效果一起识别。

3. 烂花花纹

烂花花纹形成的是半透明的图案，因此，正反面差异不大，但是仔细观察，烂花花纹的正面边缘往往比反面清晰。同时，烂花常与印花结合在一起应用，也可以根据图案色彩的清晰与否来判断。

4. 剪花花纹

剪花花纹正反面比较明显，图案清晰、完整，浮长短的一面为正面；图案模糊，浮长长且留有剪断纱线毛头的一面为反面。

（三）根据织物的布面状况识别

织物一般均经过检验、修织补、后整理等才成为成品，在检验、修织补过程中，往往把织物正面修剪得比较干净，把断头、纱尾等异杂物处理到织物的反面，在后整理的过程中，往往把织物正面的毛羽和轧头处理得比较光洁，因此，这些细节可以帮助我们识别织物的正反面。

1. 一般织物

布面光洁、毛羽少、棉结杂质少的一面为正面。整理拉幅的针眼下凹的一面为正面。

2. 起绒织物

平绒、灯芯绒、丝绒、长毛绒等起绒类织物，正反面区别是十分清晰的，一般都以起绒的一面为正面，以突出织物绒毛的柔软、滑顺、舒服的手感和莹润的光泽。而反面不起绒，大都比较粗糙，色泽较差，有的反面还涂有固着绒毛的物质。

3. 拉毛织物

单面拉毛以有绒毛的一面为正面；双面拉毛以绒毛短、密、齐的一面为正面。但也有例外的，如有的做服装里料的拉毛织物，为了使衣服穿脱时摩擦力小，选用没有绒毛或绒毛少的一面为正面。

（四）根据其他特征识别

1. 边字

有的织物有边字，则字母清晰、浮长短、字母排列正确的一面为正面；反面字母模糊且字母方向是反的。

2. 卷筒

一般双幅面料对折在里面的一面为正面；单幅面料卷在外边的一面为正面。

3. 贴头

一般布匹布头上都盖有印章并贴有贴头纸，内销产品的印章和贴头纸大都在织物的反面；外销产品的印章和贴头纸大都在织物的正面。

三、织物倒顺的识别

不是所有的织物都有倒顺，但是有倒顺的织物，如果在裁剪时不注意，制成服装后，外观就会受到影响。

1. 印花织物

不是所有的印花织物都有倒顺，而是要根据花纹确定，如有花卉、几何图案等，为了便于服装制作，面料设计时就不是定向的，因此，服装裁剪时可不必顾及面料的倒顺；而人物、塔、树木、轮船等有明显方向性的图案，则不能随意颠倒，否则会影响服装的外观。

2. 格子织物

格子织物有对称和不对称格子等几种，对称格子面料的倒顺对花纹没有影响，排料可随意，只要按要求将格子对准即可；不对称格子面料则要注意整件服装的统一性，不能随意颠倒排料，否则会影响格子的连续性和一致性。

3. 绒毛类织物

绒毛类织物表面有一层较厚的绒毛，在织制和后整理过程中，会使绒毛产生倒顺。在光线下，由于反光角度的不同，会产生深浅不一的色光。面料放平时效果不明显，而在立体服装中会产生像色差似的对比效果。因此，特别要注意绒毛类织物的倒顺。一般手摸光滑的方向为顺毛，顺毛反光强、色光浅。手摸较粗糙、有涩感的方向为倒毛，倒毛反光弱、色光深。在制作服装时一定要注意整件服装绒毛倒顺的一致性。

四、疵点

疵点有纱疵、织疵和染整疵三大类。纱疵是由于纤维含有杂质，杂质纺进纱里而造成的。织疵指在织布时产生的疵点。染整疵指印染、整理过程中产生的疵点。其中值得特别注意的疵点是纬斜，纬斜是织物在织造染整过程中，纬向受到张力作用出现的倾斜。纬斜严重的面料制成成衣后，在穿着过程中会使衣服走形，影响整件衣服的外观效果。

在裁剪制作带有疵点的织物时，要尽量避免疵点出现在服装的主要部位，实在避不开，要安排在隐蔽和不常摩擦的部位。

织物常见疵点如表6-3所示。

表6-3　织物常见疵点

疵点类型	产生环节	具体分类	疵点名称
纱疵	纱线在纺纱过程中产生的疵点	原纱疵点	棉结杂质、大肚纱、竹节纱、细节、杂条不匀、粗纱
织疵	织物在织造过程中产生的疵点	经向疵点	断经、沉纱、双经、吊经纱、扣路、扣穿错、经缩、色条
		纬向疵点	纬斜、双纬、脱纬、稀纬、稀弄、错纬、百脚、横档、密路、厚段、云织、纬缩、拆痕
		破损性疵点	破洞、跳花、豁边、烂边、修正不良
		密集性疵点	结头、星跳、跳纱、断疵、织入杂物
		不合规格	狭幅、斜纹反向、花纹不符
		油污疵点	油经纬、油渍、色渍、斑渍
染整疵	织物在染整过程中产生的疵点	印染疵点	色差、色条、条纹、条痕、花纹不符、深浅细点、歪斜、印偏、拖浆
		色织疵点	色花、色沾、花纹不符

复习与思考题

1. 织物的丝缕有几种？思考它们各自的特点及区别。
2. 简述识别织物经纬向的方法。
3. 简述识别面料正反面的方法。
4. 简述识别织物倒顺的方法。
5. 简述疵点的种类及在制作时的处理方法。

实训题

1. 收集面料若干块分别识别织物的经纬向、正反面、倒顺并说明理由。
2. 上网搜集服装材料外观的其他识别方法。

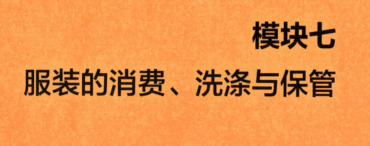

模块七
服装的消费、洗涤与保管

学习目标

1. 掌握纺织物的编号方法。

2. 掌握纤维含量表示的范围、纤维含量的表示、纤维含量的标注。

3. 了解服装的使用说明、使用说明的图形符号。

4. 了解洗涤剂的品种、特点及用途。

5. 掌握洗涤方法的分类、湿洗的方法及不同材料服装的洗涤要点。

6. 掌握服装除渍的原则。

7. 了解服装材料保管过程中的质量变化。

8. 掌握服装材料的保管方法及原则。

9. 了解不同材料服装的保管方法。

10. 能看懂纺织物的编号的含义。

11. 能看懂服装使用说明的图形符号的含义。

12. 能为不同材料的服装选择正确的洗涤、除渍和保管方法。

为了维护生产者的正当利益和消费者的合法权益，指导消费者科学、合理地消费，商家在市场上销售服装，需要准确标明服装的型号、使用说明和纤维含量等。同时，消费者为了延长服装的使用寿命，还要重视服装在穿着过程中的洗涤和保管等。

单元一　纺织物编号的管理

一、棉织物的编号

棉织物的编号用四位数字表示，第一位数字表示印染加工的类别，第二位数字表示本色棉布的品种类别，第三、四位数字是棉织物的顺序号。棉织物的编号见表7-1。

表7-1　棉织物的编号

代号	印染加工类别	代号	织物品种类别
1	漂白布类	1	平布
2	卷染染色布类	2	府绸
3	轧染染色布类	3	斜纹

代号	印染加工类别	代号	织物品种类别
4	精元染色布类	4	哔叽
5	硫化元染色布类	5	华达呢
6	印花布类	6	卡其
7	精元底色印花布类	7	直贡、横贡
8	精元花印花布类	8	麻纱
9	本光漂色布类	9	绒布坯

二、麻织物的编号

（一）苎麻织物的编号

1. 纯苎麻织物

纯苎麻织物的编号用三位数字表示，在数字之前加"R"代表是纯苎麻布。第一位数字1~4表示品种类别，第二、三位数字是顺序号。纯苎麻织物的品种类别编号见表7-2。

表7-2　纯苎麻织物的品种类别编号

第一位数字	织物品种类别
1	单纱平纹织物
2	股线平纹织物
3	单纱提花织物
4	股线提花织物

2. 混纺麻织物

混纺麻织物的坯布产品编号用三位数字表示，数字前加"TR"表示涤麻混纺；"RT"表示麻涤混纺；"RC"表示麻棉混纺；"CR"表示棉麻混纺。三位数字表示的含义和纯苎麻织物相同，只是麻棉混纺织物的第一位数字"3"和"4"分别表示单纱和股线的斜纹织物。

混纺麻织物的印染成品布的产品编号用四位数字表示。第一位数字1、2、3表示印染加工工艺类别，其余数字和坯布的编号意义相同。混纺麻织物的印染加工工艺类别编号见表7-3。

表7-3　混纺麻织物的印染加工工艺类别编号

第一位数字	印染加工工艺类别
1	漂白布
2	染色布
3	印花布

（二）亚麻织物

亚麻织物的产品编号由三位数字加"——"再加两位数字组成。前面的三位数字中的第一位数字1~8表示亚麻织物的类别，第二、三位数字是顺序号。破折号后面的两位数字表示织物染整加工类别。亚麻织物的织物类别编号见表7-4。

表7-4　亚麻织物的织物类别编号

第一位数字	织物类别
1	亚麻酸洗平布
2	亚麻漂白平布
3	棉麻交织布
4	亚麻绿帆布
5	棉麻交织帆布
6	亚麻坯布
7	亚麻斜纹布
8	提花与变化组织亚麻布

三、毛织物（呢绒）的编号

毛织物的编号由五位数字组成，前面用拼音字母表示产地和生产厂，精纺毛织物和粗纺毛织物的产品编号各不相同，见表7-5。

1. 精纺毛织物的编号

精纺毛织物的编号，第一位数字2~4表示原料，"2"表示纯毛精纺，"3"表示混纺精纺，"4"表示纯化纤精纺。第二位数字1~9表示品种类别，第三、四、五位数字表示产品规格。

2. 粗纺毛织物的编号

粗纺毛织物的编号，第一位数字表示原料（0、1、7）。"0"表示纯毛粗纺，"1"表示混纺粗纺，"7"表示纯化纤粗纺。第二位数字1~9表示品种类别，第三、四、五位数字表示产品规格。

毛织物的编号见表7-5，全国精纺、粗纺毛纺织厂代号见表7-6。

表7-5　毛织物的编号

类别	品　种	品　号			备注
		纯毛	混纺	纯化纤	
精纺	1. 哔叽类	21001—21500	31001—31500	41001—41500	
	2. 啥味呢类	21501—21999	31500—31999	41501—41999	
	3. 华达呢类	22001—22999	32001—32999	42001—42999	
	4. 中厚花呢类	23001—24999	33001—34999	43001—44999	包括中厚凉爽呢
	5. 凡立丁类	25001—25999	35001—35999	45001—45999	包括派力司
	6. 女衣呢类	26001—26999	36001—36999	46001—46999	
	7. 直贡呢类	27001—27999	37001—37999	47001—47999	包括直横贡、马裤呢、巧克丁
	8. 薄花呢类	28001—29500	38001—39500	48001—49500	包括薄型凉爽呢
	9. 其他类	29501—29999	39501—39999	49501—49999	
旗纱	旗纱	88001—88999	89001—89999		
粗纺	1. 麦尔登类	01001—01999	11001—11999	71001—71999	
	2. 大衣呢类	02001—02999	12001—12999	72001—72999	包括平厚、立绒、顺毛
	3. 制服呢类	03001—03999	13001—13999	73001—73999	包括海军呢
	4. 海力司类	04001—04999	14001—14999	74001—74999	
	5. 女式呢类	05001—05999	15001—15999	75001—75999	包括平素、立绒、顺毛、松结构
	6. 法兰绒类	06001—06999	16001—16999	76001—76999	
	7. 粗花呢类	07001—07999	17001—17999	77001—77999	包括纹面、绒面
	8. 大众呢类	08001—08999	18001—18999	78001—78999	包括学生呢
	9. 其他类	09001—09999	19001—19999	79001—79999	
长毛绒	1. 服装用长毛绒	51001—51099	51401—51499	51701—51799	
	2. 衣里绒	52001—51099	52401—52499	52701—52799	
	3. 工业用	53001—53099	53401—53499	53701—53799	
	4. 家具用	54001—54099	54401—54499	54701—54799	
驼绒	1. 花素	9101—9199	9401—9499	9701—9799	
	2. 美素	9201—9299	9501—9599	9801—9899	
	3. 条子	9301—9399	9601—9699	9901—9999	

表7-6 全国精纺、粗纺毛纺织厂代号

生产地区	厂　名	代号	生产地区	厂　名	代号
安徽	蚌埠毛纺厂	A	内蒙古	呼和浩特市毛纺厂	MB
北京	北京毛纺厂	PA	宁夏	银川毛纺厂	N
北京	清河毛纺厂	PB	沈阳	沈阳第二毛纺厂	LB
北京	北京第三毛纺厂	PD	山西	太原毛纺厂	C
北京	北京绒线厂	PE	陕西	陕西第一毛纺厂	Z
甘肃	兰州第一毛纺厂	GA	上海	上海第一毛纺厂	SL
甘肃	兰州第二毛纺厂	GB	上海	上海第二毛纺厂	SA
黑龙江	哈尔滨毛纺厂	H	上海	上海第三毛纺厂	SB
江苏	无锡协新毛纺厂	JV	上海	章华毛纺厂（上海第四毛纺厂）	SP
江苏	南京毛纺厂	JN	上海	裕华毛纺厂（上海第五毛纺厂）	SC
吉林	洮安毛纺厂	V	上海	建华毛纺厂（上海第六毛纺厂）	SJ
辽宁	沈阳第一毛纺厂	LA	上海	裕民毛纺厂（上海第七毛纺厂）	SK
内蒙古	内蒙古第二毛纺厂	MA	上海	协新毛纺厂（上海第八毛纺厂）	SE
上海	元丰毛纺厂（上海第九毛纺厂）	SH	上海	上海纬纶毛纺厂	SM
上海	寅丰毛纺厂（上海第十毛纺厂）	SF	四川	重庆毛纺厂	KA
上海	新华纶毛纺厂（上海第十一毛纺厂）	SG	四川	川康毛纺厂	KB
上海	信和毛纺厂（上海第十二毛纺厂）	SQ	天津	天津仁立毛纺厂（天津第二毛纺厂）	TA
上海	汇通毛纺厂（上海第十三毛纺厂）	SN	天津	天津克勤毛纺厂（天津红旗毛纺厂）	TE
上海	海龙毛纺厂（上海第十四毛纺厂）	M	新疆	八一毛纺厂	XA
上海	华贸毛纺厂（上海第十五毛纺厂）	R	新疆	伊犁毛纺厂	XB
上海	上海第十六毛纺厂		浙江	嘉兴毛纺厂	Y

四、丝织物的编号

1. 外销丝织物的编号

外销丝织物的编号，第一位数字1~7表示原料，"1"表示桑蚕丝，"2"表示合纤绸，"3"表示绢丝绸，"4"表示柞丝绸，"5"表示人造丝绸，"6"表示交织绸，"7"表示被面。第二、三位数字表示产品的类别，第四、五位数字表示产品的规格。外销丝织物产品类别编号见表7-7。

表7-7　外销丝织物产品类别编号表

00—09绡	30—39绸	50—54绢	65—69纱	80—89绒
10—19纺	40—47缎	55—59绫	70—74葛	90—99呢
20—29绉	48—49锦	60—64罗	75—79绨	

2. 内销丝织物的编号

内销丝织物的编号第一位数字表示织物的用途，采用"8"和"9"两个数字，"8"表示衣着用绸，"9"表示装饰用丝绸。第二位数字表示原料（4、5、7、9），第三位数字表示织物组织，第四、五位数字表示产品规格。

内销丝织物需在编号前加上地区代号，内销丝织物地区代号见表7-8，内销丝织物的编号见表7-9。

表7-8　内销丝织物地区代号

代号	地区	代号	地区	代号	地区
B	北京	J	江西	S	上海
C	四川	K	江苏	T	天津
D	辽宁	L	山东	W	安徽
E	湖北	M	福建	Y	河南
G	广东	N	广西	X	湖南
H	浙江	Q	陕西	CC	重庆

表7-9　内销丝织物的编号

第一位数		第二位数（原料性质）			第三位数（组织结构）				第四位数（规格）
序号	属性	序号	原料属性		平纹	变化	斜纹	缎纹	
8	衣着用绸	4	黏胶丝纯织		0—2	3—5	6—7	8—9	55—99
		5	黏胶丝交织		0—2	3—5	6—7	8—9	55—99
		7	蚕丝	纯织	0	1—2	3	4	01—99
				交织	5	6—7	8	9	01—99
		9	合纤	纯织	0	1—2	3	4	01—99
				交织	5	6—7	8	9	01—99
9	装饰用绸	1	被面		0—9				01—09
		2	黏胶丝交织被面		0—5				01—09
		2	黏胶丝纯织被面		6—9				01—09

第一位数		第二位数 （原料性质）		第三位数 （组织结构）				第四位数 （规格）
序号	属性	序号	原料属性	平纹	变化	斜纹	缎纹	
9	装饰 用绸	7	蚕丝纯织被面		0—5			01—09
		7	蚕丝交织被面		6—9			01—09
		9	装饰绸、广播绸		0—9			01—09
		3	印花被面		0—9			01—09

五、化纤织物的编号

化纤织物的编号用四位数字表示，第一位数字代表织物大类，第二位数字代表原料种类，第三位数字代表织物的品种，第四位数字代表原料的使用方法。其中，中长纤维织物在其编号前加字母"C"以示区别。化纤织物的编号见表7-10。

表7-10　化纤织物的编号

第一位数		第二位数		第三位数		第四位数		C
代号	织物大类	代号	原料种类	代号	织物品类	代号	原料使用 方法	
6	涤纶与其他合纤混纺织物	1	涤纶	0	白布	1	纯纺	
		2	维纶	1	色布			
7	化纤与棉纤维混纺织物	3	锦纶	2	花布			
		4	腈纶	3	色织布			代表中长纤维织物
8	单一合纤纯纺 织物或合纤与黏胶纤维混纺织物	5	其他	4	帆布	2	混纺	
		6	丙纶					
9	人造棉织物	9	黏胶纤维					

复习与思考题

说出下列编号的含义：

（1）棉织物：3230、540。

（2）麻织物：R301、TR102、RC301、TR3101、301-03。

（3）毛织物：PA35001、XA06085。

（4）丝织物：14005、65803。

（5）化纤织物：6412、C8932。

实训题

上网搜集各类织物的编号方法，并能说出其含义。

单元二　纺织品和纺织服装的纤维含量

一、纤维含量表示的范围

2012年国家技术监督局更新了强制性国家标准GB 5296.4–2012《消费品使用说明.第4部分：纺织品和服装》，对纺织品和服装产品的使用说明提出了具体的要求，该标准于2014年5月1日起在全国实施。

纤维含量表示的范围包括国内销售的纺织品和纺织服装、国外进口的纺织品和纺织服装。纺织品和纺织服装是所有以纺织纤维为原料，经过纺织加工工艺制成的纺织面料与纺织制品。它包括各种纱线、布料、服装、床上用品、家用纺织品等。

国内销售的纺织品和纺织服装指在国内企业（国有企业、独资企业、合资企业、集体企业、乡镇企业、民营企业等）生产的而且在国内市场上销售的纺织品和纺织服装。如果是国外企业生产进入我国销售的纺织品和纺织服装，其纤维含量也应符合国家标准GB的规定。如果是出口产品则应根据出口国的要求或合同进行标注。

二、纤维含量的表示

纤维含量指织物成品中纤维的含量，而不是生产过程中实际投料的比例。织物成品是作为最终产品的某种织物，而不是指某件完整的制品。如一件衬衫面料的纤维含量指构成面料的某种织物本身所含有的纤维种类及其比例，而不是指面料中某种纤维重量占整件服装重量的比例。

不同的行业有不同的纤维含量的表示方法，具体产品应结合具体产品标准的规定进行标注。对于没有统一规定的产品，纤维含量的表示方法可由生产者自行确定，或根据生产工艺决定。

三、纤维含量的标注

（1）由同一种纤维原料制成的纺织品和纺织服装，其产品纤维含量标注为"100%"或"纯"时，应符合相应的国家标准或行业标准的规定。

（2）由两种及两种以上的纤维原料制成的纺织品和纺织服装，一般情况下，可按纤维含量的多少以递减的顺序，列出每种纤维的商品名称，并在其前列出该纤维占产品总体含量的百分率。如果纤维含量不超过5%，可不提及或集中表明为其他纤维。

（3）由底组织和绒毛组织组成的纺织品和纺织服装，应分别标明产品中每种纤维的含量或分别标明绒毛和基布中每种纤维的含量。

（4）有里料的纺织服装，应分别标明面料和里料的纤维含量。

（5）有填充物的纺织品和纺织服装，应标明填充物的种类和含量，羽绒填充物应标明含绒量和充绒量。

（6）由两种或两种以上不同质地的面料构成的单件纺织品和纺织服装，应分别标明每部分面料的纤维名称及含量。

复习与思考题

简述纤维含量表示的范围、纤维含量的表示方法、纤维含量的标注方法。

实训题

1. 上网搜集纺织品及服装纤维含量的表示方法。
2. 收集服装标签、吊牌，制作样卡，根据其内容说出其含义。

单元三　服装的使用说明

一、服装的使用说明

服装的使用说明是生产企业给出的产品规格、性能、使用说明等方面的必要信息，采用吊牌、标签、包装说明、使用说明书等形式展示，以指导消费者科学、合理地选购和使用商品为目的。

（一）使用说明的形式与内容

1. 纺织品及服装产品使用说明的展示形式

（1）缝合固定在产品上的耐久性标签；

（2）悬挂在产品上的吊牌；

（3）直接将使用说明印刷或粘贴在产品包装上；

（4）随同产品提供的说明资料。

2. 纺织品及服装的使用说明书的内容

标签是向使用者传递产品信息的说明物，标签标准中规定的标注内容包括生产厂名称、产品名称、洗涤说明、纤维含量、执行的产品标准等，并且规定了标签应采用什么方式，应悬挂或粘贴在何处等。

企业可根据产品特点自行选择使用说明的形式。但产品的号型和规格、原料的成分和含量、洗涤说明等内容必须采用耐久性标签。其中原料的成分和含量、洗涤说明宜组合标注在一张标签上。耐久性标签应能保证产品使用期间标签上的内容完整，制作时要考虑到能经受洗涤、摩擦等。耐久性标签应长久性地固定在服装产品上，一般服装产品的号型标志或规格等标签可缝在后衣领居中，大衣、西服可缝在门襟里袋上沿或下沿；裤子、裙子可缝在腰头里子下沿或左边裙侧缝、裤侧缝上部，衣衫一般缝在左摆缝中下部，围巾、披肩可缝在边角处，领带可在背面宽头接缝或窄头接缝处，家用纺织品可缝在边角处。

服装的使用说明必须有产品名称且不应与企业的产品商标相混淆。国内生产的合格产品，每件产品应有产品出厂的质量合格说明。

（二）使用说明书的示例

服装使用信息的标识符号按GB/T 8685−2008《纺织品 维护标签规范 符号法》标注。

二、使用说明的图形符号

（一）洗涤标志

1. 干洗（化学清洗法）

○ 表示可以干洗	Ⓐ 表示可用任何一种干洗剂干洗
Ⓕ 表示只能用石油类干洗剂干洗	Ⓟ 表示可用除三氯乙烯的任何干洗剂干洗
⊗ 表示不能干洗	

2. 湿洗

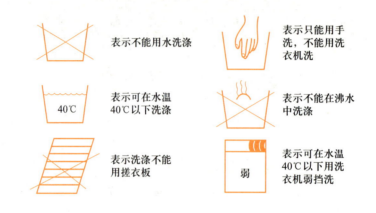

表示不能用水洗涤	表示只能用手洗，不能用洗衣机洗
40℃ 表示可在水温40℃以下洗涤	表示不能在沸水中洗涤
表示洗涤不能用搓衣板	弱 表示可在水温40℃以下用洗衣机弱挡洗

3. 漂洗

Cl 表示可以用含氯的洗涤剂进行洗涤，或者用氯液进行漂白	Cl 表示不可以用含氯的洗涤剂洗涤，更不能用氯液漂白

（二）晾晒标志

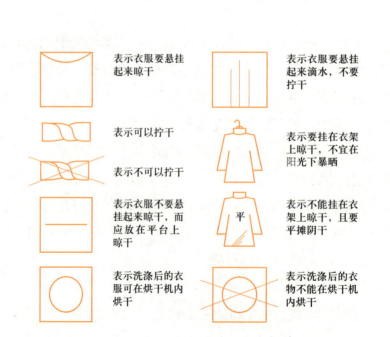

表示衣服要悬挂起来晾干	表示衣服要悬挂起来滴水，不要拧干
表示可以拧干	表示要挂在衣架上晾干，不宜在阳光下暴晒
表示不可以拧干	
表示衣服不要悬挂起来晾干，而应放在平台上晾干	平 表示不能挂在衣架上晾干，且要平摊阴干
表示洗涤后的衣服可在烘干机内烘干	表示洗涤后的衣物不能在烘干机内烘干

（三）熨烫标志

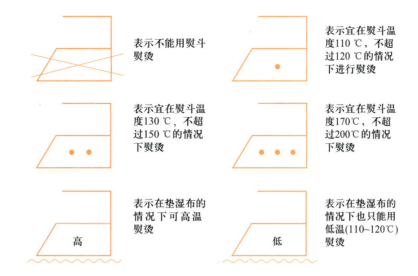

表示不能用熨斗熨烫

表示宜在熨斗温度110℃，不超过120℃的情况下进行熨烫

表示宜在熨斗温度130℃，不超过150℃的情况下熨烫

表示宜在熨斗温度170℃，不超过200℃的情况下熨烫

表示在垫湿布的情况下可高温熨烫

表示在垫湿布的情况下也只能用低温(110~120℃)熨烫

复习与思考题

1. 简述服装使用说明的含义是什么。
2. 简述使用说明的形式有哪些。
3. 简述标签的内容有哪些。

实训题

收集服装标签、吊牌，根据其内容说出其含义。

单元四　服装的洗涤

　　服装在人们的穿着过程中，肯定会沾上污垢，服装脏了就要进行洗涤，否则不仅影响美观，而且污垢会深入到缝隙和纤维的内部，堵塞面料缝隙，妨碍透气和正常的排汗，危害人体的健康，久置不洗还会影响洗净程度。因此，服装材料的洗涤是服装材料的重要内容之一。

一、洗涤剂的选择

洗涤剂是能够去除污垢的物质。各类服装材料，由于成分不同，所以适合的洗涤剂也就不一样，只有选择适合的洗涤用剂，才能取得预期的目的。

洗涤剂的种类较多，包括肥皂、皂片、合成洗衣粉、专用洗涤剂等。

（1）肥皂：呈碱性，一般适用于洗涤耐碱性较强的棉、麻织物服装。

（2）皂片：呈中性，一般适用于洗涤丝、毛织物服装和呢绒、毛衣等高级衣料服装。

（3）合成洗衣粉：这种洗衣粉在包装上有三种型号，即"30型""25型""20型"。

① "30型"表示表面活性剂的含量为30%，属高档品，一般适用于丝、毛等高级衣料服装。

② "25型"表示表面活性剂的含量为25%，属中档品，一般适用于洗涤各类化纤织物及棉织物服装。

③ "20型"表示表面活性剂的含量为20%，碱性大，一般适用于洗涤污垢较重、质地较粗的棉、麻织物服装。

④ 加酶洗衣粉即在合成洗衣粉中加入酶，它能使污垢中不溶性蛋白质分解，使污垢易脱落，达到提高去污力的作用。同时酶对血渍、奶汁、肉汁、酱油等污垢也具有分解破坏作用。因此，适用于洗涤较脏的织物服装，但不适用于丝、毛织物服装。

⑤ 含荧光增白剂的洗衣粉即在合成洗衣粉中加入荧光剂，能增加织物洗涤后的白度和光泽，一般适用于浅色织物服装，特别是夏季服装和各种床上用品。

（4）羊毛专用洗涤剂：具有去污和改善性能的双重作用，适用于羊毛织物服装。

（5）丝绸专用洗涤剂：对织物损伤少，织物洗涤后洁净鲜艳，适用于丝织物服装。

（6）干洗剂：干洗剂是用于毛料、丝绸等高级服装的洗涤剂，具有不损伤纤维，不褪色，不变形，且能使服装自然、挺括的特性。干洗剂的种类很多，从外形上可分为膏状与液态两种。膏状干洗剂用于局部油污的清洗，而液态干洗剂主要用于整件服装及衣料的洗涤。

二、服装的洗涤

（一）洗涤方法的分类

1. 根据用具的不同分

（1）手洗：搓洗、挤压洗、揉洗、刷洗。

（2）机洗：采用洗衣机及专用洗衣设备清洗。

2. 根据洗涤介质的不同分

（1）湿洗（水洗）：水洗是以水为载体加入一定的洗涤剂及作用力，去除服装污渍的过程，水洗不仅能去除水溶性污垢，还可以去除油溶性污垢。一般来说，水洗经济而简单，一般棉、毛、丝、麻、化纤织品都可以水洗，是服装洗涤的最常用方法。但缺点是易使服装及织物产生变形、变色。

（2）干洗：干洗是用有机溶剂去污的洗涤方法。干洗后的服装不变形，不褪色，对纤维的损伤小，且能去除油污等，其缺点是不能洗去水溶性污垢。一般用于不耐碱易缩绒的高级呢绒服装和其他易变形，易褪色的高档服装，而高档毛衫、厚重丝绸、毛皮服装等同样宜采用干洗。

（二）湿洗方法

1. 洗前准备

俗话说"落水三分清"。在洗涤前，最好把衣物放在冷水中浸泡一会儿，其目的是使衣物中的纤维在进入洗涤液前得到充分膨胀，从而提高洗涤效果。同时也可使附着于服装表面的灰尘和汗液脱离衣物而进入水中，从而节约洗涤剂。但应注意浸泡时间也要适度。浸泡时间要根据衣物的品种、原料、新旧、脏污的程度及色牢度而定。对于一些水洗色牢度差的色织物在浸泡时要注意单独放置，避免在洗涤时衣物搭色。具体浸泡时间见表7-11。

表7-11　不同品种的服装浸泡时间表

品　　种	浸泡时间（分）	品　　种	浸泡时间（分）
棉、麻织物服装	30	毛毯、毛衣	20
被里	4小时以上	羽绒衣	5~10
棉毯	40	丝绸、黏胶织物服装	5
粗纺呢绒服装	20~30	合成纤维服装	15
精纺呢绒服装	15~20	改色、染色牢度差的服装	随泡随洗

2. 洗涤温度

洗涤温度对洗涤效果影响很大。从理论上讲，随着洗涤温度的升高，洗涤剂溶解加快，渗透力增强，洗涤效果更好，可实际上却受到纤维耐热性、色泽的耐热性等因素的限制，洗涤温度要注意根据衣物品种、色泽、污垢程度、洗涤剂的性质等不同情况来确定。纺织商品使用说明中必须注明洗涤温度。

各种材料都有其所能承受的洗涤温度范围。棉、麻织物服装因其耐热性能好，高温对其没有什么不良后果，而对去污有明显的帮助。毛、丝织物服装及内衣洗涤温度最好控制在40℃以下，防止温度过高蛋白质变性凝固，反而难以洗涤。化纤织物服装的洗涤温度最好控制在50℃以下。具体的洗涤温度和漂洗温度见表7-12。

表7-12　各种织物洗涤温度表

种类	织物类别	洗涤温度（℃）	漂洗温度（℃）
棉、麻	白色、浅色	50~60	40~50
	印花、深色	45~50	40
	改色、染色牢度差	40左右	微温
丝	素色、本色、印花、交织	35左右	微温
	绣花、改色、染色牢度差	微温或冷水	微温或冷水
毛	一般织物	40以下	30左右
	拉毛织物	微温	微温
	改色、染色牢度差	35以下	微温
化纤	各类纯纺、混纺、交织	30左右	微温

3. 洗后处理

经过洗涤后的服装，有的手感粗糙，有的还残存有碱性成分，致使服装的光泽、手感等受到影响。因此，在洗涤后晾晒前要进行一定的后处理。

棉、麻织物经水洗后，会手感粗糙，合成纤维织物服装由于绝缘性好，摩擦系数较大，在穿脱时，易产生静电，会使人的皮肤有不舒服感，因此这类织物服装最好进行柔软处理。真丝、毛料服装水洗后，应放入含有0.2%~0.3%的水醋酸（或3%的食用白醋）的冷水内浸泡2~3分钟。然后用清水漂洗1~2次。丝、毛织物经过处理后可以改善衣料的光泽，改善衣料的手感。

衣服的晾晒方法也要得当。因为日光中的紫外线和大气中的某些化学成分对衣料的颜色和强度有一定的影响。所以，衣服晾晒时，一般都是反面朝外，而且不要在阳光下暴晒，羊毛织物服装，在阳光下暴晒会失去羊毛油润的光泽而泛黄，给人以陈旧干枯之感，强度也会下降，直接影响使用寿命；丝绸织物服装更不能在阳光下暴晒，因为阳光中的紫外线对其有极大的破坏作用。

（三）不同材料服装的洗涤要点

1. 棉麻服装的洗涤要点

棉布服装因棉纤维耐碱性强，耐热性好，湿态强度高于干态强度，因此可选择各种洗涤剂进行洗涤，既可以手洗，也可以机洗。

洗涤温度由织物的颜色而定，一般温度控制在40~50℃。浅色服装和染色牢度高的服装温度可高一些，深色服装和染色牢度差的服装温度则低一些，以防止温度过高而引起褪色。贴身内衣不能用热水浸泡，以免使汗渍中的蛋白质凝固而黏附在服装上，从而出现黄色汗渍。

洗涤方法应根据织纹组织而定。提花面料不宜用硬刷刷洗，以免布面起毛或撕破，影响织物的内在质量和外观效果。卡其、华达呢、哔叽等斜纹织品，应在平坦的木板或桌面上顺着织纹刷洗。

麻织物的服装由于麻纤维与棉纤维相似，因此洗涤方法也与棉织物相似。只不过麻纤维刚硬、抱合力差，洗涤时应比棉布轻柔些，不要在搓板上猛力搓揉，不要用硬刷刷洗，也不能用力拧绞，否则布面会起毛，影响服装的内在质量和外观效果。棉麻服装在日光下晾晒，除浅色衣物外，一般应反面朝外，并避免在日光下暴晒。

2. 呢绒服装的洗涤要点

一般高档的呢绒服装做工精良、辅料多，服装保型要求高。因此对于这些服装应尽量干洗而不要求水洗。以免服装皱缩变形，手感僵硬，失去弹性。

一般呢绒服装在冷水中浸泡，时间不宜过长。根据面料的色泽、肮脏程度和厚薄等情况来确定时间的长短。浅色的服装浸泡时间可长一些，深色、染色牢度差的服装浸泡时间应短一些。洗涤温度应控制在40 ℃以下，否则会产生缩绒现象，影响手感和弹性。由于羊毛纤维耐碱性差，因此洗涤时应选用中性洗涤剂，最好使用羊毛专用洗涤剂。其对羊毛具有高效、快速的去污作用，还对羊毛具有保护作用。

呢绒服装的洗涤采用挤压和刷洗的方法。洗涤时间不宜过长，防止纤维相互咬合而产生缩绒。刷洗应顺着纹路，选用软毛刷刷洗，切忌用力过猛。

服装漂洗时的水温与洗涤时的温度相同，防止因水温差异过大而导致缩绒。洗涤后不要拧绞，用手挤出水分后，最好平摊使其晾干，直挂时用折半挂法。晾晒时应选择阴凉通风处，不要在阳光下暴晒。衣服晾至半干，再进行一次整形，去除皱纹，便于熨烫。

3. 丝绸服装的洗涤要点

丝绸服装中锦类、缎类和绒类服装最好干洗，其他服装都可以水洗。手洗的效果比机洗的效果好。

丝绸服装因丝纤维耐碱性差而特别怕盐，因此，丝绸服装沾上汗液应及时洗涤。洗涤时不要在冷水中浸泡时间过长，要随浸随洗，洗涤应在微温或冷水中进行，速度应快些，防止织物褪色。洗涤时用力不能过猛，应轻轻大把大把揉搓。大多数丝织面料具有独特的天然光泽，为了保护这种光泽，洗涤时应选用中性洗衣粉或洗涤剂，最好使用丝绸专用洗涤剂，这种洗涤剂性温和不损伤织物，洗涤后织物不缠绕、不起皱，衣物色泽更艳丽、更洁净。

洗后用温水或冷水漂洗干净，挤去水分后用衣架挂在阴凉通风处阴干。切忌在阳光下暴晒，否则会使织物强度显著下降，褪色且手感变硬。

4. 人造纤维服装的洗涤要点

人造纤维服装主要是黏胶纤维服装。因黏胶纤维湿态强度比干态强度低得多，所以，黏胶纤维服装在冷水中浸泡的时间要短，最好随浸随洗。洗涤方法以手洗大把揉搓为宜，切忌用板刷刷洗，用力要均匀。

黏胶纤维的耐碱性较好，因此，一般的洗衣粉和洗涤剂均可。洗涤温度一般控制在常温下，浅色的和染色牢度高的服装洗涤温度可高一些，而深色和染色牢度低的服装洗涤温度可适当低一些。

洗后用温水或冷水漂洗干净，晾晒时切忌用手拧绞，应放在阴凉通风处阴干，切忌在阳光下暴晒。

5. 合成纤维服装的洗涤要点

合成纤维的耐碱性强，因此对洗涤剂的要求不高，一般中性洗衣粉和洗涤剂均可使用。

合成纤维既可以水洗，也可以机洗，以大把大把揉搓为主，用力过猛会使面料表面起毛起球。重点部位或较脏的部位用软毛刷刷洗。洗涤温度可控制在常温下。洗后漂洗干净，不宜用力拧绞，衣服带水在通风处阴干。

6. 羽绒服装的洗涤要点

羽绒服装可以干洗也可以水洗。水洗时先用冷水浸泡润湿，再挤出水分，放在30 ℃左右的洗衣粉水中浸透，然后把服装平摊在台板上，用软毛刷刷洗。洗好后用清水漂清，再将服装摊平，用毛巾盖上，包好后挤出羽绒服的水分，也可以将其放入网兜沥干水分。最后用衣架将羽绒服挂于阴凉通风处晾干。等羽绒服干透后，用小棒轻轻拍打，使其蓬松，恢复原样。

三、服装的除渍

衣服不慎沾上污渍，就要想办法除渍。除渍指应用药品及正确的机械作用去除污渍的过程。除渍的办法也要讲究科学性，不同的去污方法，可以去除不同的污渍。合理地去除服装的污渍，可以保证服装外观整洁、美观、不变形，从而延长服装的使用寿命。否则不仅会影响服装的外观效果，而且会影响服装的内在质量。

服装除渍的原则：

（1）及时除渍：衣服上的污渍要及时除去，否则污渍会渗入纤维的内部与纤维紧密粘住或与纤维发生化学反应，以致污渍难以除渍。

（2）正确识别污渍：如果识别不清会导致选择错误的除渍方法，加剧污渍的程度。正确识别污渍是科学地选择除渍方法的前提。

（3）选择合适的操作方法：除渍时要由浅入深，从污渍的边缘向中间擦，防止污渍扩散。用力要均匀，也可以先轻后重，不要用力过猛，避免衣料起毛。简单、快捷和对服装损伤小是选择合适操作方法的原则。

（4）除渍后衣服应洗净。衣服除渍后应及时漂洗干净，避免化学药剂残留在衣服里损伤衣料，留下色圈，并给穿着者带来不适。

不同污渍的去除方法见附录三。

复习与思考题

1. 简述洗涤剂的品种特点及用途。
2. 简述洗涤方法的分类；湿洗的方法。
3. 简述服装除渍的原则。

实训题

1. 市场调研：搜集市场上的洗涤剂品种，了解其特点及用途。
2. 上网收集不同污渍的去除方法。

单元五　服装材料的保管

　　服装材料从生产到流通，最后到使用，保管是重要的环节之一。由于服装材料使用的原料各异，加工方法不一，所以服装材料保管的环境也不一样。因此，只有在了解各类服装材料的性能特点的基础上，才能妥善保管各种服装材料，使其内在质量和外观效果得到保证。

一、服装材料在保管过程中的质量变化

（一）霉变

　　霉变是霉菌作用于纤维素或蛋白质纤维服装，使纤维组织遭受破坏的结果。霉变不仅影响织物外观，而且会降低织物的服用性能。在易受潮湿影响的环境下保存衣料或服装，或者将沾污的衣料未经洗涤就保存起来，或者受潮后保存场所温湿度过高，又缺少通风散热设备，均会引起发霉变质。

　　织物霉变的特征：

　　（1）温度：织物含水过高或受外界潮气影响，纤维就会吸收水分和散发热量，使织物温度升高，给霉菌的繁殖造成有利的条件，使织物容易霉变。

　　（2）气味：上浆是织物织造的一道工序，经过上浆的织品具有酸浆味，如果上浆时使用化学浆料，则会散发各种难闻的气味。

　　（3）霉斑：织物发霉时，材料上就会有霉斑出现。不同颜色的材料上出现的霉斑颜色也不同，初期霉斑为黯灰色斑迹，肉眼很难识别，只有在背光处将材料铺在特定的光线下，霉

斑才隐约可见。

在储存保管中，使面料保持干燥与低温，就能防止霉菌的生长和繁殖。根据经验，储存保管场所的温度应控制在30℃以下，相对湿度70%以下。如果温湿度过高，可采用通风和加入石灰一类吸湿剂来解决。如果含水量过大，可采用烘干或通风的办法使其水分蒸发，或利用各种防霉药剂来达到抑菌杀菌的效果。

（二）脆变

织物发脆的特征是强力下降。发脆的原因是多方面的：① 织物霉变引起织物脆变。② 经过染整后加工的织物由于染料和一些整理剂与阳光和水分的作用，发生水解及氧化等反应，最后导致材料发脆。③ 在保管环境下，如果长期受到空气、日光、闷热、潮湿的影响，也会使材料发脆。

预防脆变的方法，除了在加工时必须采取各种预防方法之外，在保管过程中，首先要有隔潮设备，防止潮湿浸入面料，这样才能使其不致发生脆变；其次要避免强烈的阳光，发货时要掌握先进先出的原则，容易脆变的面料不宜储存过久。此外，若包装损伤，要及时修补，保持完整，以免面料直接受潮、受热和受风而引起局部脆变。

（三）虫蛀

羊毛、丝绸等蛋白质纤维材料，如果保管不当会受到囊虫、衣蛾、白蚁等害虫的侵害而产生虫蛀。织物一旦发生虫蛀，不仅影响织物的外观效果，而且直接影响织物的内在质量。各类面料一旦被虫蛀，将无法补救，因此必须采取预防措施。如将衣柜保持清洁、干燥、通风，用杀虫剂进行消毒熏杀、放置樟脑精等。

（四）鼠咬

服装材料和服装在仓储、搬运过程中，如果保管不当会发生鼠咬现象。一旦发生这种情况，会引起材料的品质变化，或直接造成材料的损伤。因此在仓储和搬运中一定要做好防鼠工作。

二、服装材料的保管方法

（一）霉变的防治

1. 使用防霉药剂
使用防霉药剂可抑制霉菌的繁殖，并且具有杀菌的作用。

2. 保持清洁干燥
湿热环境是霉菌最容易繁殖的外部条件，因此要保持箱、柜等的清洁和干燥，防止服装变异。同时，可将干燥剂与服装放在一起，以起到干燥的作用。对于仓库等大批量存储服装的地方，更应做好排湿、降温、密闭、防潮、防热等工作，减少霉菌繁殖和生长的机会。

　　3. 对织物进行防霉整理

（二）脆变的防治

　　（1）注意做好防潮工作。

　　（2）避免阳光直接照射。

（三）虫蛀的防治

　　（1）保持清洁干燥，控制湿度。

　　（2）常使用符合国家标准的防蛀药剂。

（四）鼠咬的防治

　　（1）保持清洁干燥。

　　（2）使用灭鼠药剂或使用灭鼠工具。

三、服装保管的原则

　　（1）外衣每天穿用后，脱下应该挂在衣架上，用毛刷轻轻刷整，并挂在通风处除湿、除味。

　　（2）存放呢绒、毛皮、皮革和麂皮服装时要做好除湿干燥工作，并同时放樟脑精做好防霉、防蛀工作。

　　（3）任何衣物存放前都应做好去污工作。

　　（4）针织服装不能用衣架挂放而应叠好平放，防止走形。

四、不同材料服装的保管

　　1. 棉麻服装的保管

　　棉麻服装由于棉麻纤维的吸湿性较好，因此在保管时特别要做好防潮工作，防止材料霉变。棉麻纤维耐热性较好，但也不能长时间在阳光下暴晒，以防其褪色、发脆。

　　2. 呢绒、丝绸服装的保管

　　呢绒、丝绸由于具有吸湿性好、耐虫蛀性差、耐日光性较差的特点，因此，其服装既要做好防霉变的工作，又要做好防虫蛀的工作，尤其是在高温、高湿的夏季，服装应放在通风干燥处，防止生霉。同时其服装也不能在阳光下暴晒，否则会造成强度下降，颜色变淡和失去光泽的后果。

　　3. 人造纤维服装的保管

　　人造纤维服装主要是黏胶纤维服装，由于黏胶纤维耐热性不如棉纤维，因此其织物不能在阳光下暴晒，暴晒会使织物强度下降、颜色变淡，失去光泽。黏胶纤维吸湿性强，因此其服装保管时要做好防霉工作。另外，这类服装不能长时间在衣柜中悬挂，以免伸长变形。

4. 合成纤维服装的保管

合成纤维服装中除腈纶、维纶等服装较为耐晒外，一般都不宜长时间在阳光下暴晒，否则会老化发硬，强度下降，变色或褪色。合成纤维服装保管时比较方便，不会霉变也不会虫蛀。但其与棉、毛等混纺的织物则要注意做好防霉和防蛀工作，在防蛀时存放的樟脑精要用纸包好，避免与面料直接接触，否则会使合成纤维膨胀变形，发黏，强度下降。

5. 羽绒服装的保管

羽绒服穿用时应避免与尖锐、粗糙的物品接触，防止钩破衣服，造成破洞。收藏时要洗净、晾干，避免长期重压，可适量放入用纸包好的樟脑精防止虫蛀。

复习与思考题

1. 简述服装材料在保管过程中的质量变化。
2. 简述服装材料的保管方法。
3. 简述服装保管的原则。
4. 简述不同材料服装的保管方法。

实训题

前往服装工厂调研，了解服装材料及不同材料服装的保管方法。

模块八

服装材料与服装设计及制作

学习目标

1. 了解色彩的情感效应。
2. 了解服装材料的质感及风格。
3. 能针对不同种类的服装选择正确的服装材料。
4. 能根据服装制作的需要进行算料、排料、铺料、裁剪、缝纫和熨烫。
5. 了解各类服装的熨烫注意点。

单元一 服装材料与服装设计

一、服装材料的色彩与服装设计

色彩是由于各种物体吸收和反射可见光程度的不同而产生的。

根据科学实验，人们发现光是由红、橙、黄、绿、青、蓝、紫七色组成。因此，其又被称为标准色。红、橙、黄为暖色，绿、青、蓝、紫为冷色，黑、白、灰、金、银等为中间色。

1. 色彩的情感效应

色彩的情感效应，是由人的联想产生的，也是色彩影响于人的感官的科学反映。色彩对人们的情感效应，主要表现在以下两方面：

（1）色彩的胀、缩感：一般来说，暖色和高明度色，会使人有胀大的感觉；而冷色和低明度色，则使人有缩小的感觉。

在服装设计中，体胖的人适宜选穿深色的服装，因为深色的服装能使人产生消瘦感。体瘦人如果穿浅色的服装，则能使人显得胖些。

（2）色彩的冷暖感：一般来说，人们看到红、橙、黄等暖色时，会产生温暖感；而看到绿、青、蓝、紫等冷色时，则会产生凉爽感。

在服装设计中，暖色给人以华丽富贵和温暖的感觉，因此暖色适合做冬季服装。

2. 色彩的象征意义

（1）红色：红色象征生命、健康、热情、活泼和希望，使人产生热烈和兴奋的感觉，在服装设计中，妇女和儿童服装选用红色居多。此外，由于红色色感强烈、突出，易于识别，因此常被用在运动服、节日服装和新娘装上。

（2）橙色：橙色色感鲜艳夺目，具有兴奋、欢欣和华丽的感觉。在服装设计中，橙色不宜单独使用，如果上下装都是橙色，则会使人产生单调感和厌倦感。因此，橙色宜与黑白等颜色相配，才能产生艳丽的效果。

（3）黄色：黄色象征着快乐、活泼，给人以明亮而富丽的感觉，在服装设计中，黄色常用来与其他颜色相配。由于其色彩艳丽、鲜亮，常用于儿童服装和妇女服装。

（4）绿色：绿色色感温和、新鲜，象征着青春、喜悦、和平。绿色能使人联想到夏季的绿树、草原等，往往给人凉爽的感觉。在服装设计中，绿色也是儿童和妇女服装常用的色系。

（5）青色：青色象征着希望，属于冷色调，有稳重沉静感。在服装设计中，青色服装无论青年人、老年人穿着都是很适宜的。青色与我国人民的肤色、发色非常相配，因此青色在我国较受欢迎。

（6）紫色：紫色给人以华丽、高贵的感觉，分为偏暖和偏冷两种，偏暖的紫色给人以沉着安定的感觉，偏冷的深紫色则给人以呆滞和凄凉的感觉。在服装设计中，紫色是女性青年喜爱的主要色彩之一，常用来做衬衫、连衣裙等。

（7）白色：白色象征着洁白、高洁，给人以明亮的感觉。在服装设计中，由于白色能反射太阳光，而吸收的热量较少，因此白色是夏季理想的服装颜色，白色也是服装的主要配色之一，无论什么颜色的服装，都能与白色相匹配，给人增加美感。

（8）黑色：黑色是一种明度最低，但庄严、稳重的色彩，有后退、收缩的感觉。在某些场合会使人有悲哀、险恶的感觉。在服装设计中，黑色的衣服能使人显得苗条，所以，体胖的人宜穿用黑色的服装。身体瘦长的人或肤色较黑的人不太适宜穿黑色服装，因为黑色服装能使瘦长的人更瘦长，肤色黑的人更显得黑。

（9）中性灰：中性灰给人以朴素的感觉。在服装设计中，中性灰一向受到重视，是群众喜爱的主要服装配色之一。

（10）褐色：褐色是一种丰富、谦让的颜色。在服装设计中，褐色的运用比较广泛，容易与其他色彩搭配。

二、服装材料的质感与服装设计

不同的材料由于其本身特有的组织构造，因而产生了自己特有的材质感，这种感觉概括起来称为肌理。肌理包括视觉肌理和触觉肌理等。

由于各种材料的纤维原料、织造方法、加工整理方法的不同，产生的肌理效果也不同。归纳起来有：轻重感、厚薄感、软硬感、疏密感、起毛感、光泽感、湿润感、凹凸感、透明感、起皱感、松紧感等。

不同的面料，有着不同的特性和质感。质地柔软的有丝绸、丝绒、棉布；质地硬的有皮革、织锦缎；质地粗的有灯芯绒、劳动布、麻织品、粗纺呢绒；质地细的有软缎、精纺呢绒；光泽强的有闪缎、皮革。掌握材料的性能是创造服装美的物质基础。

三、服装材料的风格与服装设计

1. 棉织物

棉织物具有清秀、文雅、朴实无华的外观风格。因此，棉织物一般不宜设计高档的礼服，适合做轻松、文静、朴素的生活便装。

2. 麻织物

麻织物表面粗糙、富有光泽，具有古朴、粗犷的外观风格。亚麻织物不仅能做衣料，还能做衬。

3. 丝织物

丝织物具有轻柔高雅、富丽堂皇的外观风格，是设计制作高档服装的理想材料，在设计时应注意以下几点：① 用丝绸做服装时，一般都要配里衬，以保护面料。② 用特别轻薄的丝绸织物设计服装，可以多抽褶，使织物因抽褶产生更丰富的变化。③ 丝绸织物一般都有较好的悬垂性，在设计中应该充分展示这一特点，以使服装产生轻松、飘逸的美感。④ 用轻薄、柔软的丝绸织物设计和制作服装应尽可能少分割，因为任何分割线在缝合时都会在轻薄、柔软的丝绸织物上留下难看的痕迹，破坏丝绸织物的美感。

4. 毛织物

毛织物具有挺爽、丰厚、庄重、平稳、成熟的外观风格，在设计服装时应注意以下几点：① 精纺毛织物比较挺爽，适合表现直线。呢绒服装的外轮廓以及褶和装饰线都很明朗。② 毛织物不宜抽过多的碎褶，否则会显得过分臃肿，破坏织物的端庄美。③ 毛织物有一种成熟美，因此不必追求过分花哨的装饰，否则很难与呢绒服装协调。④ 长毛绒和人造毛皮等织物比较蓬松，不宜表现人体曲线，因此不宜过多的分割，设计的重点应放在服装外形的变化上。

5. 化纤织物

合成纤维一般具有弹性好，挺括、不易变形等优点，但柔软性较差，而再生纤维则一般较柔软，具有吸湿、通透性好的优点。在设计化纤织物服装时，要根据织物的外观特征和织物纤维成分而定。内衣和夏季服装宜选用手感柔软、吸湿性、透气性较好的织物，而外衣可选用手感硬挺、弹性好、不易变形的织物。

6. 毛皮类

毛皮的外观具有蓬松、豪华、高贵的风格。毛皮类服装的设计要注意表现毛皮的这种风格。

7. 皮革类

皮革类比较挺实、柔软，且富有弹性，外观具有粗犷、潇洒的风格。皮革类服装设计时要考虑材料的块面分割，这样既与皮革外观协调，又适应了生产的需要。

四、服装的种类与服装材料的选择

（一）内衣

内衣是贴身的服装，直接与人体皮肤接触，因此，内衣应选择具有吸湿透气、柔软爽身、不刺激皮肤、穿着舒适、经久耐洗的面料，如图8-1所示。夏季内衣宜选用棉、丝、麻或天然纤维与化学纤维混纺的轻薄织物，冬季内衣则宜选用棉、人造棉纯纺或混纺的织物，尤其以棉纯纺或混纺针织物最为理想。

（二）衬衫

衬衫从性别上分有男衬衫、女衬衫；按季节分有夏季衬衫、春秋季衬衫；从用途上分有当内衣穿衬衫和内外衣兼用衬衫，如图8-2所示。因此在选择衬衫用料时要根据不同的类别考虑用料。一般来说，衬衫料应选择吸湿透气好，柔软爽滑、穿着舒适、挺括抗皱、易洗快干的材料。

（1）夏季女衬衫：一般选用棉织物中的府绸、麻纱、泡泡纱等；化纤中的涤棉细布、涤棉府绸、涤棉麻纱等；丝绸中的双绉、乔其纱、雪纺纱、绢丝纺、塔夫绸等。

（2）春秋季女衬衫：一般选用棉织物中的花平布、提花布、条格布、杂色和印花贡缎等；化纤织物中的薄型中长花布、薄型针织涤纶面料等。

（3）夏季男衬衫：一般选用棉织物中的棉府绸、棉丝混纺织物、色织平布、涤棉细纺等。

（4）春秋季男衬衫：一般选用棉织物中的牛津纺、牛仔布。毛织物中的轻薄型精纺毛织物、毛涤混纺织物等。

图8-1 背心

图8-2 衬衫

（三）西服

西服自问世以来，历久不衰，已成为当今男子必备的日常装及正装，如图8-3所示。西服根据穿着季节的不同分夏季西服、春秋季西服和冬季西服；根据款式和用途的不同分日常西服、礼服西服和休闲西服。

（1）夏季西服：多选用薄型呢绒制作，如凡立丁、派力司、薄花呢、凉爽呢等，色泽以淡雅为好。

（2）春秋季西服：一般以精纺呢绒为主，如各色花呢、华达呢、哔叽、啥味呢、毛涤花呢、单面花呢等，色泽以中色或深色为好。

（3）冬季西服：一般以粗纺呢绒为主，如中厚花呢、华达呢、直贡呢、法兰绒、粗花呢等，色泽以中深色或深色为好。

（4）日常西服：多选用精纺呢绒和粗纺呢绒制作，条子、格子或素色均可，以沉着稳重的色彩为主。

（5）礼服西服：一般选用优质的礼服呢，夏季也可选用薄型花呢等。

（6）休闲西服：选料十分宽泛，棉织物、麻织物、毛织物、化纤织物、针织物等均可。尤其是一些外观新颖别致的流行面料更受欢迎。

（四）套装

套装指使用相同的面料做上衣或下装或使用质地与色彩相适宜的不同面料制成的一套上下装，如图8-4所示。它们可以配套穿着，也可以各自独立与其他服装组合穿着。套装一般分上衣和下装（裙或裤）、两件套（外衣、裙或裤）、三件套（外衣、背心、裙或裤）、四件套（大衣、外衣、背心、裙或裤）等。

（1）夏季套装：多选薄型精纺毛料、棉麻等混纺面料，使服装穿着挺括、轻薄、透凉、舒适。

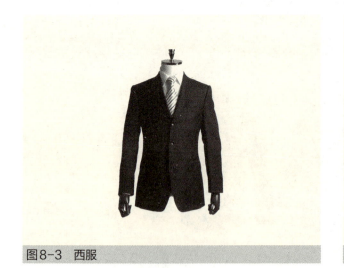

图8-3 西服

图8-4 套装

（2）春秋季套装：选料以挺括、保暖性好为主，一般选用全毛华达呢、哔叽、啥味呢、花呢等，也可选用毛涤混纺华达呢、哔叽、啥味呢、花呢等。

（五）旗袍

旗袍是富有中国民族特色的女士服装，如图8-5所示。旗袍按用途可分为日常型旗袍和礼服型旗袍。

（1）日常型旗袍：一般选用棉布类的印花细纺、印花府绸、印花横贡缎、印花麻纱等，使服装显得轻盈、舒适。选用化纤织物中的涤棉色布和花布、色织涤棉府绸、涤棉麻纱等，使服装滑爽、易洗快干。选用呢绒中的凡立丁、派力司等，使服装挺括、美观、大方。

（2）礼服型旗袍：夏季选用真丝电力纺、双绉、杭罗等，使服装飘逸、爽滑，春秋季选用织锦缎、古香缎、乔其绒等，使服装华丽、富贵、大方。

（六）连衣裙

连衣裙是女性的传统服装，款式丰富多彩，造型优美，如图8-6所示。连衣裙的选料应根据穿着目的、穿着场合、款式特点的不同而定。

（1）日常连衣裙：选料主要考虑舒适大方，常选用棉布、涤棉布、富春纺、印花细布、麻纱、府绸、横贡缎、泡泡纱等，也可选用化纤中的涤棉细布、涤棉府绸、涤棉烂花布、涤棉麻纱等。

（2）舞会连衣裙：选料主要考虑轻盈、飘逸、高雅，一般以丝绸为主。亦可选用真丝乔其纱、双绉、杭纺等。

（3）社交连衣裙：一般选用开司米呢绒、丝绒等，以显示华贵不凡的气派。

（七）半身裙

半身裙是妇女服装中传统的衣着形式，如图8-7所示，根据款式造型的不同，半身裙可以分为直筒裙、喇叭裙、百褶裙等。

图8-5　旗袍

图8-6　连衣裙

（1）直筒裙：面料要求硬挺而有弹性，一般选用棉布中的斜纹布、毛织物中的薄花呢、凡立丁、哔叽等。

（2）喇叭裙：一般选用棉织物中的各色花布、色布，化纤中的涤棉印花布、涤棉富春纺等。

（3）百褶裙：选料要求达到款式线条挺拔、裙身轻盈飘逸的要求，因此百褶裙一般选用涤棉细布、涤棉府绸、涤棉麻纱、涤棉纱罗等。

（八）裤

裤子的选料要根据穿着功能与裤型风格而定，如图8-8所示。在穿着舒适的前提下，应具有一定的抗皱性、悬垂性、坚牢度、耐磨性和耐洗涤性。

（1）西服裤：一般选用精纺呢绒纯纺或混纺面料。

（2）牛仔裤：一般选用靛蓝劳动布。

（3）紧身裤：大多选用流行面料，如水洗布、砂洗布、灯芯绒、针织布等。

（九）大衣

大衣是秋冬季穿用的服装，按其形态、用途及所用衣料可分为多种不同种类，如图8-9所示。各类大衣的选料要求有所不同。

（1）男士春秋大衣：主要选用身骨比较厚实的毛料，如华达呢、马裤呢、巧克丁、毛哔叽、驼丝锦等。

（2）男士冬大衣：要选择丰厚轻暖的衣料，如粗纺呢绒中的平厚大衣呢、立绒大衣呢、顺毛大衣呢等。

（3）女士春秋大衣：一般选择法兰绒、海力蒙、钢花呢、女式大衣呢等。

（4）女士冬大衣：一般选择平厚大衣呢、银枪大衣呢、拷花大衣呢、长毛绒、立绒大衣呢、顺毛大衣呢、裘皮、人造毛皮等。

图8-7　裙

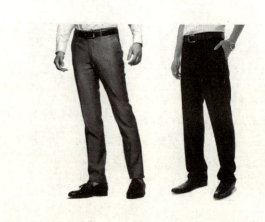

图8-8　裤

（十）礼服

礼服高贵、豪华、富丽、端庄，礼服的面料选择应根据款式的需要，通常选用的都是高档服装材料，如悬垂性好的丝绸、丝绒、绸缎等面料，如图8-10所示。一般以素色为主，配以刺绣、珠片等装饰，并结合抽纱、重叠等手段，以增加服装的立体感和秀美感。

（十一）风衣

风衣一般选用各色卡其、灯芯绒等，化纤中的中长华达呢、中长板丝呢、中长花呢、涤棉克罗丁、针织涤纶面料；还有的选用经过防水处理的毛哗叽和毛华达呢、涤卡和棉卡其等，如图8-11所示。

（十二）儿童服装

儿童服装的选料必须符合儿童的特性，要求色彩鲜艳、花型活泼，穿着舒适健康，如图8-12所示。

（1）夏季服装：一般以纯棉为主，如各种杂色和印花细布、麻纱、府绸、泡泡纱等轻便、透凉、耐洗的织物。尽量不选用化纤面料，避免儿童活动时皮肤与服装之间产生静电，既吸附灰尘又影响健康。

图8-9　大衣

图8-10　礼服

图8-11　风衣

图8-12　儿童服装

（2）春秋季服装：内衣以纯棉制品为佳，外衣可选用各种灯芯绒、平绒、卡其、针织涤纶织物，具体根据款式而定。

（3）冬季服装：可选用人造毛皮、长毛绒等制成冬大衣，也可用各色尼丝纺镶配而成滑雪衫、羽绒服等。

复习与思考题

1. 简述色彩的情感效应。

2. 简述不同材料的质感。

3. 简述不同服装材料的风格。

4. 简述不同种类的服装如何选择材料。

实训题

1. 绘制服装效果图，根据服装种类特点和个人爱好选择服装材料并说明理由。

2. 观察不同种类服装的选料。

3. 上网阅览服装设计大师的服装设计作品，重点观察选料特点。

单元二　服装材料与服装制作

服装用料的多少取决于服装款式、规格尺寸、布料幅宽、使用方向及布料的收缩性等因素，同时与排料利用率也有很大关系。服装款式愈复杂，尺寸号码愈大，用料愈多。

服装材料在一定条件下会产生收缩变形，这是影响服装尺寸稳定性的一个重要因素。而服装的面料、里料、衬料等材料之间的收缩性的配伍也是服装制作不可忽视的重要因素。

一、算料

面辅料的算料一般有三种方法。第一种方法为排料计算法，其特点是比较准确但也比较复杂，一般用于机织物的算料。第二种方法为面积计算法，其特点是比较简单快捷但准确性不高，必须在有样衣的前提下才能计算。既可用于针织物的算料也可用于机织物的算料。第三种方法为克重计算法，其特点是比较方便，但准确性不高，必须有样衣才能计算，一般用于针织物的算料。

（一）排料计算法

所谓排料计算法就是按照排料来计算服装用料。排料计算法可分为人工排料和电脑自动排料两种。人工排料是排料员根据经验，利用整套样板进行多个方案的套排，从中选择最佳排料方法。此种方法的缺点是费工费时。电脑自动排料是利用电脑排料系统使样板排料划样自动化。此种方法的优点是排料时间短、面料利用率高，但其缺点是投入成本高。

（二）面积计算法

其具体步骤为：

（1）把中间码样衣的各个裁片分解成方便计算的简单的几何图形。

（2）分别计算各几何图形的面积，再把各个几何图形面积相加。

（3）根据公式算出用料。

（4）核定用料（用料 = 实际用料面积相加 ÷ 面料幅宽）。

（5）将用料加上5%左右的损耗即可。

（三）克重计算法

其具体步骤为：

（1）把样衣直接放在天平上称其重量，减去辅料的重量即为此款服装面料的净重量。

（2）在克重机上测此款服装所用面料的克重。

（3）净重量除去克重即为此款服装的用料，再加上5%左右的损耗即可。

（四）服装材料收缩性

1. 服装材料的缩水率

服装材料的缩水大小用缩水率表示。缩水率的大小将直接影响服装的尺寸稳定性，尤其是缩水率较大的亲水性纤维织物。下面介绍几种常用的服装材料缩水率的测试方法：

（1）自然缩水率测试：织物受空气、阳光、水分等自然作用后会产生收缩，这种缩水率被称为自然收缩。具体测试方法是将试样材料先量好长度和宽度，然后悬挂在通风处，使织物受外界自然的影响产生收缩，放置24小时后进行复测长度和宽度，最后按缩水率公式计算经、纬缩水率。

$$缩水率（\%）= \frac{试验前试样长度（宽度）- 试验后试样长度（宽度）}{试验前试样长度（宽度）} \times 100\%$$

织物的自然缩水率越小，一般的服装裁剪制作前就可以忽略不计。

（2）喷水缩水率测试：具体的测试方法是将试样材料先量好长度和宽度，然后将材料均匀喷水并用手捏皱再摆平，在室内晾干，待干后用熨斗自然摊平（千万不要用手拉平）并测其长度和宽度。最后根据缩水率公式计算出经、纬缩水率。这种方法适用于不能水洗的毛料服装及工厂大批量生产的服装。

（3）浸水缩水率测试：具体测试方法是将试样材料量好长度和宽度，然后放在清水中浸透，晾干或用熨斗烫干（不能用熨斗拉长、拉宽），再量其长度和宽度，最后根据缩率公式计算出经、纬缩水率。

此种方法适用于缩水率较大，以天然纤维和再生纤维为主要原料的面料、里料及衬料等。

如果织物有条件浸水预缩则尽量浸水预缩，以防成衣穿着、洗涤后尺寸发生收缩，影响服装的外形。但对于工厂大批量生产服装及没有条件浸水预缩的织物则要考虑喷水预缩或干烫预缩。由于这两种方法均不能使织物完全缩水，因此在裁剪制作前还应放足缩水率。如真丝水洗服装，成品规格尺寸是胸围110 cm，衣长75 cm，已知真丝织物经向浸水缩水率为5%，纬向浸水缩水率为2%，实际裁剪尺寸就应为胸围110 ÷（1−2%）=112.25 cm，衣长75 ÷（1−5%）=78.95 cm，以这样的尺寸制成服装再经过水洗就缩至成品规格，达到预期的标准。

有夹里的服装，里料一般使用尼丝纺、美丽绸、羽纱等。这些里料除尼丝纺缩水率较小，可以不考虑缩水率以外，美丽绸、羽纱由于主要原料是黏胶纤维，其缩水率较大，因此裁剪前必须进行浸水预缩，若无法浸水预缩，则必须根据其缩水率的大小计算出裁剪尺寸（方法同上），以防成品水洗后因与面料缩水率的不同而引起服装起皱或起吊，影响服装的外观。另外，裁剪时里料还要留有1厘米的虚边以防再缩。

衬料也是精做西服、大衣必不可少的材料。在过去的传统制作中，衬料多数选用粗布衬、黑炭衬、马尾衬等。这些衬由于其原料多为缩水率大的棉、毛等纤维，故在使用前必须浸水预缩，以防水洗后因与面、里料缩水率不同而造成服装的变形。一般黏合衬、机织黏合衬经向缩水率为1.5%~2.5%，纬向缩水率为1%，非织造黏合衬经向缩水率为1.3%，纬向缩水率为1%。在使用这些衬时也应该对其缩水率加以考虑，对其裁剪尺寸在规格尺寸的基础上给予加放。

2. 服装材料的热收缩性

合成纤维具有热收缩性，在制作这类织物的服装时要考虑这一因素。蒸汽压烫也是织物热收缩的一种。对于不同的织物，其缩率的大小也不相同。热收缩主要是在服装加工的蒸烫、归拔工艺中产生。如制作全毛华达呢服装，其规格尺寸为胸围110 cm，衣长75 cm，已知其蒸汽缩率为经向0.43%，纬向0.4%，那么裁剪尺寸要修改为胸围110 ÷（1−0.4%）=110.4 cm，衣长75 ÷（1−0.43%）=75.3 cm，这样面料经蒸汽压烫后才能符合规格尺寸。

衬料中的热熔黏合衬也会产生收缩，影响成衣尺寸的稳定性。各衬料的压烫热缩率一般为：机织黏合衬经向1%~1.5%，非织造黏合衬经、纬向1.5%，这些在裁剪过程中要给予充分的考虑。

二、排料

所谓排料就是把裁片样板合理地排在布料上，力求提高利用率。排料分为手工排料和计算机辅助（服装CAD）排料两种，如图8-13所示。

（一）排料的方法

（1）均码套排：指同一尺码的样板进行套排。

（2）混码套排：指同一款式，不同尺码的样板进行混合套排。

（3）品种套排：指不同款式品种的样板进行套排。

（二）排料原则

先大后小，先主后次，紧密排列，合理套排，见空补白等。

（三）排料的工艺要求

（1）面料的纹理方向保持一致：对于有倒顺毛和有方向性的花纹图案，样板各个裁片的方向应一致，应采用单向排料。若织物的图案有格子、条子的花纹，排料时要注意各层中条格对准并定位，以保证成品服装条格的连贯和对称。

（2）裁片的对称：在排料时如果用单一方向排，样板就要正反面各排一次，以保证裁片的对称性，并防止漏排。服装CAD排料在这方面的操作就比较方便。

（3）面料要留边：根据布边针孔宽度的不同，面料两侧要各留1~3 cm的边，保证裁片质量。

（4）机织物面料的丝缕要顺直，经纬纱要垂直。

三、铺料

不同类型的面料和不同造型的服装应采用不同的铺料方法，如图8-14所示。

图8-13　排料

图8-14　铺料

1. 来回和合铺料法（简称：和合铺法）

具体做法是：第一层布料铺到头后，折转回铺，每层到头可冲断可不冲断周而复始，铺至预定层数。此种方法一般适合于素色，不分倒顺的印花，色织面料或裁片要求对称的服装。

2. 冲断和合翻身铺料法

具体做法是：一层布料铺到头以后，冲断翻身铺第二层。如此一层不翻身，一层翻身，每两层布料的正面相对和合，这样就使两层面料的绒毛方向或图案倒顺一致，依次循环铺至预定层数。此种方法一般适合于面料本身条格不对称、花型、绒毛有倒顺，而服装需要对条、对格、对花的情况。

3. 单层一个面向铺料法

单层一个面向辅料法、简称一顺铺，具体做法是：一层布料铺到头后冲断，再进行第二层铺料，直至达到预定层数。此种方法一般适用于有倒顺，不对称条格的面料，款式或样片结构左右不对称的服装。

4. 双幅对称法

将双幅面料摊开铺料，为方便使用也可双对折，将正面朝内。

四、裁剪

所谓裁剪是将面料、里料、衬料和其他材料按照纸样要求裁剪成合格衣片，为缝纫做好准备的过程。裁剪还包含对裁好的衣片标记并进行编号，对需要黏合的面、辅料进行黏合等工作，如图8-15、图8-16所示。

裁剪要求：

（1）先裁横线，后裁直线，从里向外。

（2）先裁小片，后裁大部件。

（3）裁程尽可能要长。

图8-15　裁剪Ⅰ

图8-16　裁剪Ⅱ

（4）裁直线时要用剪刀刀刃的中间，剪弧线时要用剪刀刀刃的前端。

（5）布料在裁剪前应铺料24小时，使布料充分松弛。特别是弹力面料，易变形面料和结构松散面料，用力要轻，避免拉伸引起面料伸长走样。

（6）划粉颜色要与衣料相适应，易于辨认，也易于拍除。

（7）用别针做记号，别针应头部尖锐，四周光滑。

（8）如需使用纸样，应用重物压住，避免其在布料上滑动，也可用别针别住或用胶带固定住。

（9）合成纤维面料耐热性欠佳，电动裁剪时应注意电动刀发热熔融衣料的问题。

（10）裁片或半成品不能长时间悬挂，以免织物伸长变形。

五、缝纫

缝纫是服装制作的重要工序，所谓缝纫就是将裁剪好的衣片缝合起来组合成服装的过程。服装的缝纫质量直接影响到服装的外观质量和内在质量，如图8-17所示。

缝纫要求：

（1）缝纫线的种类、缝针的大小要与面料相匹配。

（2）缝纫的张力要适中、如果缝纫张力不合适会引起织物起皱，影响服装外观，尤其是合成纤维面料，其对缝纫张力大小比较敏感。

（3）轻薄柔软面料缝纫时易打滑，不易缝纫，缝纫时可在压脚下垫薄纸，也可以挂浆后再进行裁剪、缝制。缝纫时双手协助平整送布，缝线针脚不宜过大、过密，缝速不易太快。

六、熨烫

熨烫是服装制作过程中不可缺少的一道工序，即利用热可塑性原理对服装进行热定型。熨烫可使服装平挺，轮廓线条清晰，外形美观，如图8-18所示。

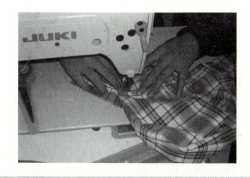

图8-17　缝纫

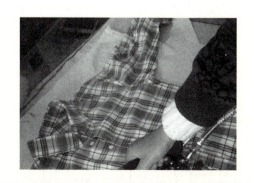

图8-18　熨烫

温度、湿度、压力、时间、冷却是熨烫的五要素。温湿度的高低取决于衣料的纤维成分、厚薄程度，是否有垫布以及压力的大小，除此之外还与服装的部位有关。

1. 温度

熨烫温度的控制非常重要。熨烫温度过低则达不到定型的效果，温度过高会使织物烫黄、烫焦，不仅影响服装的外观质量而且直接影响到服装的内在质量。为了控制好熨斗温度，在熨烫前可先用一块与服装质地相同的零料试烫一下，以不烫黄、烫皱又能烫干、烫平挺为原则，如果达到这一要求则说明熨斗的温度是适宜的。如果纤维耐热性好、织物厚并垫有湿布，那么熨烫温度可高一些。现在一般使用调温电熨斗，可根据熨烫材料的质地选择相应的熨烫温度。各类纤维的熨烫温度和注意事项见表8-1所示。

表8-1　各类纤维的熨烫温度和注意事项

纤维种类	熨烫温度（℃）	注 意 事 项
棉	180～200	深色衣服宜烫反面
麻	160～200	褶裥处不宜重压熨烫，以免导致面料变脆
毛	120～160	宜在服装半干时从反面垫湿布烫，以免产生极光
丝	120～150	柞蚕丝织物，不能喷水烫，其他半干时反面烫
黏胶	120～160	短纤维织物的熨烫温度可比长丝织物略高些
醋酯	120～130	不宜在较湿状态下熨烫
涤纶	140～160	深色服装宜在反面烫
锦纶	120～140	一般不必熨烫，必须烫时在服装反面垫湿布低温烫
腈纶	130～140	要垫湿布，温度不宜太高
维纶	120～130	不能加湿或垫湿布烫，晾干后再烫并垫干布，以防收缩，温度不能太高
丙纶	90～100	一般不宜熨烫，烫时宜垫湿布，反面低温熨烫
氨纶	小于70	

熨烫时要尽量垫湿布，以免织物出现极光，也可防止由于熨斗温度掌握不当而损坏织物。混纺和交织织物的熨烫温度以其中耐热性最差的为准，有些针织物如膨体纱织物不能熨烫，否则会使织物失去蓬松性和弹性，影响织物的实用性。

2. 湿度

熨烫服装时只有温度是不行的，如果没有水分，就会容易焦煳。熨烫时，应在服装上喷洒一些水或垫上一层湿布。熨烫时加水的程度视材料的种类与厚薄而定，一般厚的服装材料，含水量需多一点，而薄的服装材料含水量可少一些。但不是所有的材料都需要加湿熨烫，如柞蚕丝、维纶等根本不能加湿熨烫，加湿熨烫会使服装产生水渍或引起严重的收缩。

3. 压力

服装的整烫压力应随服装的材料及造型、褶裥等要求而定。通常对于裤线、褶裥裙的折痕，熨烫时压力可大些。对于灯芯绒、平绒等起绒衣料，压力要小或烫反面。对长毛绒等衣料则应用蒸汽而不宜熨烫，以免绒毛倒伏或产生极光而影响质量。

服装的熨烫除温度、湿度、压力影响以外，还有时间的影响，这是因为热定型需要足够的时间以使热量均匀扩散。一般当温度低时，定型时间要长些；当温度高时，定型时间可短些。

4. 时间

熨烫时间指熨烫时熨斗停留在同一熨烫部位时间的长短，熨烫时间的控制对熨烫效果十分重要。时间过短，织物未能充分定型，时间过长，织物局部受损，一般而言，熨斗不能长时间停留在熨烫部位，应不停地摩擦移动，每次同一部位停留过热的时间一般为2~3秒，移动过热时间一般为5秒左右。同时要根据面料的品种和服装的具体部位灵活控制停留时间。耐热性好的织物、含湿量大的织物、厚型的织物熨烫时间可长些，反之，时间应稍短些，应注意避免织物产生极光，形成熨斗印迹或产生局部变色、熔化、炭化等。

5. 冷却

熨烫后只有通过急骤冷却，才能使纤维分子在新的位置上停止或减少运动，固定下来，以达到完全冷却定型的效果。熨烫后的冷却方法一般有三种：自然冷却、抽湿冷却和冷压冷却。在实际操作中采用何种方法应根据服装面、辅料的性能及设备的条件而定，目前一般采用的冷却方法是自然冷却和抽湿冷却。

七、各类服装的熨烫注意要点

不同的服装材料由于其纤维原料、织物组织结构、服装结构的不同，其熨烫方法也有所差异。下面就不同材料的熨烫要点做介绍。

（一）棉织物服装

棉织物的熨烫效果比较容易达到，但其保型性差，因此棉织物需要经常熨烫。

1. 薄型织物

熨烫前必须喷上水或洒上水（洒上水后过0.5小时，待水滴匀开后再熨烫），含水量一般控制在15%~20%，在面料的反面直接熨烫，熨斗温度控制在180℃左右。白色或浅色的面料也可以直接在正面熨烫，但熨斗的温度要稍低一些，以150℃左右为宜。

2. 中厚型织物

熨烫前必须喷水或洒水（洒水后0.5小时，待水滴匀开后再熨烫），含水量一般控制在15%~20%，熨斗可以在面料反面直接熨烫，熨斗的温度控制在180℃左右。熨烫面料正面时必须垫上干布，避免出现极光。熨斗在干布上的熨烫温度应控制在210~230 ℃。

3. 绒类织物

熨烫时，正面要垫湿布，湿布含水量一般控制在80%~90%。熨斗熨烫温度应控制在200 ℃左右，将湿布烫到含水量为10%~20%时，揭去湿布，用毛刷将绒刷顺。然后将熨斗温度降低到180 ℃左右，再在绒布的反面直接将织物烫干。熨烫要均匀，用力不能过重，避免出现极光。

（二）麻织物服装

麻织物主要有苎麻布、亚麻布。麻织物熨烫前必须喷上水或洒上水（洒水后0.5小时，待水滴匀开后再熨烫），含水量一般控制在20%~25%。可以在织物的反面直接熨烫，熨斗的熨烫温度应控制在175~195 ℃。白色或浅色麻织品的正面也可以用熨斗熨烫，但温度要低一些，以165~180 ℃为宜。但褶裥处不宜重压，以免纤维脆断。

（三）蚕丝织物服装

蚕丝织物比较精致轻薄，光泽柔和，不宜在织物正面熨烫。熨烫可使其平服，但不宜形成褶裥。

1. 真丝织物

真丝织物熨烫前必须喷上水或洒上水（洒水后0.5小时，待水滴匀开后再熨烫），含水量一般控制在25%~35%。熨斗可以直接熨烫反面，熨斗的温度可控制在180 ℃左右。

2. 柞丝类织物

柞丝类织物容易产生水渍，一般不采用喷水熨烫，如遇必须喷水熨烫时，应喷得细，如同下雾一样，含水量一般控制在5%~10%。熨斗可以在面料反面直接熨烫，温度应控制在155~165 ℃。

（四）毛织物服装

毛织物光泽柔和，由于纤维表面有鳞片，所以毛织物不宜在织物的正面直接熨烫，以免发生极光现象。在垫湿布的情况下熨烫，可使服装光泽柔和。其熨烫效果在服装干态时可以保持不变，一旦洗涤后，需要重新熨烫才能使服装平服。

1. 普通大衣呢、银枪大衣呢、拷花大衣呢

这类织物熨烫时必须垫湿布，湿布的含水量一般控制在110%~120%，熨斗在湿布上的熨烫温度控制在最高温度一挡。将湿布烫到含水量在15%~30%时，将布揭去，用毛刷将绒毛刷顺，避免织物出现极光。如果已经出现极光，只要在织物上垫湿布，再用熨斗轻轻烫一下，用毛刷刷一遍，极光就能去除。

2. 麦尔登、海军呢、制服呢、大衣呢、粗花呢类织物

这五种呢料的熨烫方法基本相同。熨烫呢料的正面时必须垫湿布，湿布的含水量一般控制在95%~100%。熨斗在湿布上的熨烫温度应控制在180~200 ℃，将湿布烫到含水量为

10%～20%即可，不能烫得太干，避免出现极光。

3. 法兰绒织物

熨烫正面时，必须垫湿布，湿布的含水量一般控制在90%～100%。熨斗在湿布上的熨烫温度应控制在180%左右。将湿布烫到含水量为5%～15%即可，以避免出现极光。然后将熨斗降温到150 ℃左右（烫羊毛与锦纶混纺织物时应将熨斗降温至125～145 ℃），直接在反面将织物烫干烫挺。

4. 凡立丁、派力司薄型花呢

熨烫这两类织物正面时必须垫湿布，湿布的含水量一般控制在65%～75%，熨斗在湿布上的熨烫温度应控制在180 ℃左右。烫完正面后，将熨斗的温度降至150 ℃左右（熨烫含有锦纶混纺织物时，熨斗温度应降至125～145 ℃），直接在反面将织品熨烫平整。再将熨斗温度升到175～195 ℃，垫干布将衣服正面熨烫平整挺括。

5. 毛华达呢、毛哔叽中厚花呢类织物

熨烫这类织物正面时必须垫湿布，湿布的含水量一般控制在80%～90%。熨斗在湿布上的熨烫温度应控制在180 ℃左右，烫完正面后，降到160 ℃左右，从反面将衣料烫干烫挺，再将熨斗温度升到180 ℃左右，垫干布熨烫正面，使衣服平整挺括。

6. 长毛绒

熨烫长毛绒最好用高压蒸汽冲烫，边冲边用毛刷将长毛绒刷立起来。用熨斗熨烫时，正面垫湿布，将湿布的含水量烫至30%～40%时，把布揭去，将绒毛刷立起来，熨烫时用力不要过大，湿布不能烫得太干，避免绒毛倒伏，影响美观。

（五）黏胶纤维织物服装

此类织物熨烫比较容易，但熨烫时不宜用力拉扯服装材料，以防变形。

1. 人造棉织物

这类织物熨烫前可以喷上水，湿布的含水量一般控制在10%～15%，熨斗可以在织物的反面直接熨烫，温度控制在165～185 ℃。熨烫时，用力不要过重，避免正面出现极光而影响美观。较厚的或深色的面料，烫正面时要垫湿布或干布，这样才能达到平挺而无极光的效果。

2. 人造丝织物

这类织物一般不能喷水熨烫，喷水熨烫会使其失去亮丽的光泽。如必须喷水熨烫时，可在织物反面直接熨烫，喷水要细、要均匀，温度应控制在165～185 ℃。

（六）涤纶织物服装

1. 纯涤纶织物

弹力呢在熨烫正面时必须垫湿布，湿布的含水量一般控制在70%～80%。熨斗在湿布上的温度应控制在190～220 ℃。烫完正面后，将温度降至150～170 ℃，直接在衣料反面将衣料烫干烫挺。

涤纶绸类、绉类织物熨烫时要喷水，含水量一般控制在10%~20%。可以在织物反面直接烫，熨烫温度应控制在150~170℃。

2. 涤/棉混纺织物

烫前要喷上水，含水量一般控制在15%~20%，熨斗温度控制在150~170℃。熨烫衣服正面厚处时，要垫上干布或湿布，湿布的含水量一般控制在60%~70%，熨斗温度应控制在190~210℃。

3. 涤/黏混纺织物

熨烫织物正面时必须垫湿布，湿布的含水量一般控制在75%~85%，熨斗的熨烫温度应控制在200℃左右。烫完正面后，熨烫温度降至150~170℃，在衣料的反面直接将衣料烫干烫挺。

4. 涤/毛混纺织物

熨烫织物正面时要垫湿布，湿布的含水量一般控制在75%~85%，熨斗在湿布上的温度应控制在200℃左右。烫完正面后将熨斗的熨烫温度降至150~170℃，在衣料反面直接将衣料烫干烫挺。然后再将熨斗温度升到180~200℃，最后垫干布熨烫将衣料烫干烫挺。

（七）锦纶织物服装

1. 薄型锦纶织物

烫前要喷水，含水量一般控制在15%~20%，熨斗温度应控制在125~145℃，可以在面料反面直接熨烫。浅色面料可以在正面直接熨烫，如果是深色面料在正面熨烫时必须垫干布，以免面料出现极光。

2. 厚型锦纶织物

熨烫正面时必须垫湿布，湿布的含水量一般控制在80%~90%，熨斗在湿布上的温度应控制在200℃左右，将湿布烫到含水量为10%~20%即可。不宜烫得太干，防止面料出现极光。然后将熨斗温度降至125~145℃，直接在衣料反面将衣料烫干烫挺。但要注意用力不能过大，避免面料出现极光。

（八）腈纶织物服装

腈纶织物熨烫正面时要垫湿布，湿布的含水量一般控制在65%~75%，熨烫温度应控制在200℃左右。烫完正面后，将熨斗温度降至115~135℃，直接在衣料反面将衣料烫平。

（九）维纶织物服装

此类织物只能干烫不能湿烫，以防织物产生收缩或水渍。熨烫温度切记不要过高。

（十）丙纶、氯纶、氨纶织物服装

纯丙纶、纯氯纶服装一般不宜熨烫，混纺织物服装熨烫时必须低温，垫湿布再熨烫，切忌直接用熨斗在织物正面直接熨烫，且熨烫温度一定要严格控制。

复习与思考题

1. 简述服装算料、排料、铺料的方法。
2. 简述服装排料、裁剪、缝纫的要求。
3. 简述服装熨烫的五要素。
4. 简述各类材料服装的熨烫注意要点。

实训题

前往服装工厂调研，服装的算料、排料、铺料、熨烫的方法及排料、裁剪、缝纫、熨烫的要求。

附 录

附录一　主要纺织纤维性能一览表

纤维性能	棉	苎麻	桑蚕丝	毛
断裂强度 干态 湿态 （CN/dtex）	2.6~4.3 2.9~5.6	4.9~5.7 5.1~6.8	3.0~3.5 1.9~2.5	0.9~1.5 0.67~1.43
断裂伸长率 干态 湿态（%）	3~7 —	1.5~2.3 2.0~2.4	15~25 27~33	25~35 25~50
弹性回复率（%）（伸长3%时）	75（2%）， 45（5%）	48（2%）	54~55（8%）	99（2%）， 63（20%）
比重（g/cm³）	1.54	1.54~1.55	1.33~1.45	1.32
回潮率（%）（20℃相对湿度65%）	7	13	9	16
耐热性	120℃以下 5小时开始发黄 150℃分解	200℃分解	235℃分解， 270~465℃ 自行燃烧	100℃开始发黄， 130℃分解， 300℃炭化
耐日光性	强度稍有下降	强度几乎不下降	泛黄，强度显著下降	发黄，强度下降
耐碱性	热稀酸、冷浓酸可使其分解，在冷稀酸中无影响	热酸中受损伤，浓硫酸中膨润溶解	热硫酸使其分解，对其他强酸抵抗性比羊毛稍差	在热硫酸中会分解，对其他强酸有抵抗性
耐碱性	在浓苛性钠中会收缩，若不使其收缩，可产生丝光作用，但强度无影响	耐碱性好，在苛性钠中也会有丝光作用	不耐碱，但比羊毛好	在强碱中分解，弱碱对其有损伤
耐磨性	尚好	一般	一般	一般
染色性	可用直接染料、还原染料、活性染料和各种硫化染料	同棉	可用直接染料、酸性染料、碱性染料及各种媒染染料，加碱时要注意	可用酸性染料、耐缩绒染料、媒染染料、毛用活性等染料及中性染料

纤维性能	黏胶纤维						醋酯纤维			
	短纤维		长丝		高湿模量		短纤维	长丝	三醋酯纤维	
	普通	强力	普通	强力	短纤维	长丝			短纤维	长丝
断裂强度 干态 湿态（CN/dtex）	2.2~2.7 / 1.2~1.8	3.2~3.7 / 2.4~2.9	1.5~2.0 / 0.7~1.1	3.0~4.6 / 2.2~3.6	3.0~4.6 / 2.3~3.7	1.9~2.6 / 1.1~1.7	1.1~1.4 / 0.7~0.9	1.1~1.2 / 0.6~0.8	1.0~1.1 / 0.7~0.9	
断裂伸长率 干态 湿态（%）	16~22 / 21~29	19~24 / 21~29	10~24 / 24~35	7~15 / 20~30	7~14 / 8~15	8~12 / 9~15	25~35 / 35~50	25~35 / 30~45	35~40 / 25~26 / 30~40	
弹性回复率（%）（伸长3%时）	55~80		60~80		60~85	55~80	70~90	80~90	88	
初始模量（CN/dtex）	26~62	44~79	57~75	96.8~140	92~97	53~88	22~35	26~40	22~35	
比重（g/cm³）	1.50~1.52						1.32		1.30	
回潮率（%）（20℃相对湿度65%）	12~14						6.0~7.0		2.5~3.5	
耐热性	260~300℃开始变色分解						软化点：200~230℃ 熔点：260℃		软化点：260~300℃	
耐日光性	强度下降						强度稍有下降			
耐酸性	热稀酸、冷浓酸能使其强度下降乃至溶解：5%盐酸，11%硫酸对纤维强度无影响						浓酸可使其分解			
耐碱性	强碱可使其膨润，强度降低，2%苛性钠溶液对其强度无甚影响				强碱使其膨润，强度降低		强碱皂化后，可使其强度降低			
耐虫蛀抗霉菌性	耐虫蛀性优良，但抗霉菌性差						耐虫蛀性优良，抗霉菌性尚好			
耐磨性	较差						较差			
染色性	一般用直接染料、活性染料等						一般用分散染料或还原染料等			

续表

纤维性能	聚酰胺纤维						聚酯纤维		
	锦纶6纤维			锦纶66纤维			涤纶		
	短纤维	长丝		短纤维	长丝		短纤维	长丝	
		普通	强力		普通	强力		普通	强力
断裂强度 干态 （CN/dtex）湿态	3.8~6.2 3.2~5.5	4.2~5.6 3.7~5.2	5.6~8.4 5.2~7.0	3.1~6.3 2.6~5.4	2.6~5.3 2.3~4.9	5.2~8.4 4.5~7.0	4.2~5.7 4.2~5.7	3.8~5.3 3.8~5.3	5.5~7.9 5.5~7.9
断裂伸长率 干态 （%）湿态	25~60 27~63	28~45 36~52	16~25 20~30	16~66 18~68	25~65 30~70	16~28 18~32	35~50 35~50	20~32 20~32	7~17 7~17
弹性回复率（%） （伸长3%时）	95~100	98~100		100%（伸长4%时）			90~95	95~100	
初始模量（CN/dtex）	7.0~26.4	17.6~39.6	23.8~44	8.8~39.6	4.4~21.1	21.1~51.0	22~44	79.2~140	22~54.6
比重（g/cm³）	1.14			1.14			1.38		
回潮率（%） （20℃相对湿度65%）	3.5~5.0			4.2~4.5			0.4~0.5		
耐热性	软化点：180℃ 熔点：215~220℃			230℃发黏， 250~260℃熔融 150℃稍发黄			软化点：238~240℃ 熔点：255~260℃		
耐日光性	强度显著下降，纤维发黄			强度显著下降，纤维发黄			强度几乎不下降		
耐酸性	16%以上浓酸可使其部分分解而溶解			耐弱酸，部分溶解于浓酸中			96%硫酸中会分解，35%盐酸、75%硫酸、60%硝酸对其强度无影响		
耐碱性	在50%苛性钠溶液中，28%氨水中强度几乎不下降			在室温下耐碱性良好，但高于60℃碱对纤维有破坏作用			在10%苛性钠溶液，20%氨水中强度几乎不下降，遇强碱要分解		
耐虫蛀抗霉菌性	良好			良好			良好		
耐磨性	优良			优良			优良（仅次于聚酰胺纤维）		
染色性	可用分散性染料，酸性染料，中性染料等			可用分散染料、酸性染料等			可用分散染料		

纤维性能	聚丙烯腈纤维	聚乙烯醇缩甲醛纤维				聚丙烯纤维	
	腈纶	维纶				丙纶	
	短纤维	短纤维		长丝		短纤维	长丝
		普通	强力	普通	强力		
断裂强度 干态 湿态（CN/dtex）	2.5~4.0 1.9~4.0	4.0~5.7 2.8~4.6	6.0~7.5 4.7~6.0	2.6~3.5 1.9~2.8	5.3~7.9 4.4~7.0	2.6~5.7 2.6~5.7	2.6~7.0 2.6~7.0
断裂伸长率 干态 湿态（%）	25~50 25~60	12~26 12~26	11~17 11~17	17~22 17~25	9~22 10~26	20~80 20~80	20~80 20~80
弹性回复率（%）（伸长3%时）	90~95	70~85	72~85	70~90	70~90	96~100	96~100
初始模量（CN/dtex）	22~54.6	22~62	62~92	53~79	62~158	18~35	16~35
比重（g/cm³）	1.14~1.17	1.26~1.30				0.90~0.91	
回潮率（%）（20℃相对湿度65%）	1.2~2.0	4.5~5.0		3.5~4.5 3.0~5.0			
耐热性	软化点：190~240℃ 熔点不明显	软化点：220~230℃ 熔点不明显				软化点：140~165℃ 熔点：100~177℃ 在100℃时收缩0%~5%，在130℃时收缩5%~12%	
耐日光性	强度几乎不下降	强度稍有下降				强度显著下降（加防老剂有所改善）	
耐酸性	35%盐酸、65%硫酸、45%硝酸对其强度无影响	浓酸使其膨润或分解，10%盐酸、30%硫酸对纤维强度无影响				耐酸性优良（氯磺酸、浓硝酸和某些氧化剂除外）	
耐碱性	在50%苛性钠溶液，28%氨水中强度几乎不下降	在50%苛性钠溶液中强度几乎不下降				优良	
耐虫蛀抗霉菌性	良好	良好				良好	
耐磨性	尚好	良好				良好	
染色性	可用分散染料、阳离子染料	可用直接染料、中性染料、还原染料、可溶性还原染料、分散染料染色				一般不易染色	

服装材料（第二版）

续表

纤维性能	聚氯乙烯纤维			聚氨酯弹性纤维
	氯纶			氨纶
	短纤维		长丝	长丝
	普通	强力		
断裂 强度 （CN/dtex） 干态 湿态	1.8~2.5 1.8~2.5	2.9~3.5 2.9~3.5	2.4~3.3 2.4~3.3	0.4~0.9 0.4~0.9
断裂 伸长率 态（%） 干态 湿	70~90 70~90	15~23 15~23	20~25 20~25	450~800
弹性回复率 （%）（伸长 3%时）	70~85	80~85	80~90	95~99（5%伸长）
初始模量 （CN/dtex）	13~22	26~44	26~40	0.11（杜邦莱卡）
比重 （g/cm3）	1.39			1.0~1.3
回潮率 （%） （20℃相对 湿度65%）				0.4~1.3
耐热性	熔点：200~210℃，开始收缩温度：普通短纤维90~100℃，强 力短纤维60~70℃，长丝60~70℃			150℃以上纤维发黄、发 黏，强度下降
耐日光性	强度几乎不下降			强度稍下降，稍发黄
耐酸性	优良，浓酸对其强度无甚影响			浓酸对其强度无甚影响
耐碱性	优良，在50%苛性钠溶液、浓氨水中，强度几乎不下降			强碱对其强度无甚影响
耐虫蛀抗霉 菌性	良好			良好
耐磨性	尚好			良好
染色性	一般不易染色			可用酸性染料、中性染料、 分散染料等

附录二　各种面料缩水率一览表

一、棉布的缩水率

棉 布 品 种		缩水率（%）	
		经向	纬向
本光布	平布（粗支、中支、细支）	6	2.5
	纱卡其、纱华达呢、纱斜纹	6.5	2
丝光布	平布（粗支、中支、细支）	3.5	3.5
	斜纹、哔叽、华达呢	4	3
	府绸	4.5	2
	纱卡其、纱华达呢	5	2
	线卡其、线华达呢	5.5	2
经过防缩处理	各类印染布	1~2	1~2
色织物	男女线呢	8	8
	条格府绸	5	2
	被单布	9	5
	劳动布（预缩）	5	5
	二六元贡	11	5

二、丝绸织物缩水率

丝 绸 品 种	缩水率（%）	
	经向	纬向
真丝织物	5	2
桑蚕丝及其他化纤交织物	5	3
皱线织物和绞纱织物	10	3

三、呢绒织物缩水率

呢绒织物品种			缩水率（%）	
			经向	纬向
粗纺呢绒	纯毛织物或羊毛含量70%以上的织物		3.5	3
			4	3.5
精纺呢绒	呢面较紧密，但露织纹的织物	羊毛含量60%以上，羊毛含量60%以下及交织物	3.5	3.5
			4	4
	绒面织物	羊毛含量60%以上	4.5	4.5
		羊毛含量60%以下	5	5
	组织结构比较疏松的织物		5以上	5以上

四、黏胶纤维织物缩水率

黏胶纤维织物品种	缩水率（%）	
	经向	纬向
人造棉、人造丝绸、有光纺	10	8
人造丝、真丝交织物	8	3
富强纤维织物	5	4
线绨	8	4

五、涤纶织物缩水率

涤纶织物品种	缩水率（%）	
	经向	纬向
涤/黏、涤/富织物	3	3
涤/棉平布、细纺、府绸	1.5	1
涤/棉卡其、华达呢	2	1.2
涤/腈中长化纤布	3	3
涤/黏中长化纤布	3	3

六、锦纶织物缩水率

锦纶织物品种	缩水率（%）	
	经向	纬向
化纤呢绒	3.5	3
黏/锦华达呢	5	4.5
黏/锦凡立丁	5	5

七、维纶织物缩水率

维纶织物品种	缩水率（%）	
	经向	纬向
棉/维卡其	5.5	2.5
棉/维平布	3.5	3.5
棉/维府绸	4.5	2.5

八、腈纶、丙纶织物缩水率

品　种	缩水率（%）	
	经向	纬向
腈/黏布	5	5
棉/丙漂布、花布	5	5
棉/丙布	3.5	3

附录三 不同污渍的去除方法

1. 墨渍

如果一旦沾上墨渍，应立即用肥皂洗涤，否则难以去除。一般可先取米饭、粥等热淀粉加少许食盐用手揉搓，再放到温肥皂水中搓洗。如果是陈渍，可用4%的硫代硫酸钠液刷洗。如果浅色织物上有残渍，一方面可用上述方法重复几次；另一方面可以用较浓的肥皂和酒精液反复擦洗，最后用清水漂净。

2. 黑墨水渍

可先用甘油润湿，然后用四氯化碳和松节油的混合液搓洗，再用含氨的皂液进行刷洗，最后用水漂净。如果还有残渍，可用上述方法重复几次。

3. 红墨水渍

可先放在冷水中较长时间地浸泡，然后在皂液中搓洗，最后用水漂净。也可先用甘油将织物润湿，约10分钟后用含氨水的浓皂液刷洗，最后用水漂净。如有陈渍可用上述方法重复几次。

4. 蓝墨水渍

先把衣服浸湿，然后涂上高锰酸钾稀溶液，边涂边用清水冲洗，当污渍色泽从蓝变成褐色时，可涂上2%的草酸液冲洗，最后用清水漂净。

5. 铅笔渍

如果弄上铅笔渍应立即用橡皮擦，然后用肥皂洗，最后用水漂净。也可以先用酒精液擦洗，最后用水漂净。如果有残渍可用太古油2份、氯仿1份、四氯化碳1份，氨水1/2份的混合液进行搓洗，最后用水漂净。

6. 彩色铅笔渍

一般是干洗除渍，如果留有残渍可先用石脑油充分润湿，然后加几滴松节油，再用汽油进行搓洗，最后用水漂净。

7. 蜡笔渍

一般用汽油可揩去，也可以用肥皂水加上酒精溶液洗除。如还有残渍，可先用松节油涂抹，再用汽油揩除。

8. 汗渍

除毛、丝织物外，可先把织物浸泡在氨水液中，使汗渍中的脂肪质有机酸与氨水中和，然后用清水清洗，最后用苯去除汗渍中的脂肪渍，再用水漂净。如果是毛、丝织物则用柠檬酸或1%的盐酸液洗涤，然后用清水漂净，切忌用氨水洗涤。如果是白色织物中留有残渍，可用3%的过氧化氢漂白。如还留有臭味，可先用温水浸泡，然后再浸泡在10%的醋酸中片刻，取出后用水漂洗，再用蛋白质酶化剂温湿处理约2小时，最后清水漂洗即可除臭。

9. 颈后领垢污渍

可用汽油等挥发性油剂擦除，也可用"衣领净"等洗涤剂进行搓洗，最后用水漂净。

10. 血渍

切忌用热水洗，因为血遇热会凝固黏牢。丝、毛织物上的血渍可先在冷水中或稀氨液中浸泡，然后再用皂液洗净，清水漂净。如有残渍，可用蛋白质酶化剂温湿处理，然后用肥皂洗，最后清水漂净。其他织物上染有血渍可用冷水或肥皂的酒精液洗涤。如有残渍，可先滴几滴过氧化氢在血渍处，然后用含肥皂的酒精液洗除，最后清水漂净。

11. 铁锈渍

污渍轻微用热水即可去除。如蛋白质纤维织物上有铁锈渍，可用草酸和柠檬酸的混合水溶液稍加热后涂在污渍上，然后清水漂净。如在纤维素纤维织物上有铁锈渍，可用食盐和醋酸的混合液涂在污渍上，等30分钟后再清洗，如仍有残渍可用上述方法重复几次直至去除为止。

12. 焦斑渍

如果焦斑渍严重则只能用织补处理。如果焦斑轻微，纤维素纤维织物可把焦斑的织物放在阳光下曝晒，刷除焦斑后用3%过氧化氢喷洗，稍等片刻再用清水洗净，最后将织物在阳光下晒几天，如仍有残渍可用3%过氧化氢漂白。蛋白质纤维上有焦斑可用肥皂液清洗，如有残渍可重复几次。白色织物上有焦斑可用2%过氧化氢进行漂白，也可先浸泡在含有硼酸钠的肥皂液中若干小时，取出后用水漂净。

13. 霉斑

新霉斑可用热的肥皂液刷洗。亚麻织物沾上霉斑可用次氯酸钙漂白液洗涤，等霉斑消失后再水洗。如是陈渍，蛋白质纤维和合成纤维织物可用氨水进行洗涤，然后涂上高锰酸钾溶液，最后用亚硫酸氯钠溶液水洗。白色织物上如有残渍可用3%过氧化氢进行漂白处理。有色织物有残渍，可用15%酒石酸搓洗，最后水洗漂净。

14. 油漆渍

一旦沾上油漆渍应尽快除去，否则变成陈渍则难以去除。毛、丝织物和合成纤维织物上沾有油漆渍，可用氯仿与松节油或松节油与乙醚的等量混合液搓洗。如果是陈渍则除此之外还要用苯、石脑油或汽油搓洗。如果留有残渍可用上述方法重复几次。纤维素纤维织物则可选用混合苯、石脑油、汽油、火油、松节油、肥皂的酒精液擦洗，再用肥皂液搓洗，最后用水漂净。

15. 鞋油渍

可用汽油、松节油或酒精擦除，再用肥皂洗净，最后用水漂净。

16. 机油渍

可用汽油、二氯乙烯、苯等有机化学溶剂刷洗，油渍会随有机溶剂的挥发而消失。

17. 胶水渍

先用温水润湿，再滴几滴10%的氨水刷洗，最后用水洗净。如有残渍可用氨水处理，再用肥皂洗或蛋白质酶化剂进行酶化处理，最后用清水漂净。

18. 酸渍

酸渍对织物有腐蚀作用，会使织物褪色。一旦沾上酸渍应立即用冷水冲洗，然后用海绵或毛巾吸干，再用10%氨水或小苏打溶液倒在污渍上进行中和，最后用清水漂净。如有残渍可重复多洗几次。

19. 碱渍

碱渍对织物也有腐蚀作用，会使织物颜色褪变。一旦沾上碱渍应立即用醋酸、蚁酸倒在污渍处使之中和，然后用水洗净。如有残渍可重复几次，直至除清。

20. 圆珠笔芯油渍

切忌用汽油，应用酒精或香蕉水和四氯化碳的等量混合溶液进行搓洗，最后用水漂净。如有残渍，可加混少量苯，然后轻轻擦洗，最后用水漂净。

21. 复印修正液渍

可先用香蕉水或松节油润湿，慢慢刷洗污渍使之松软，然后用石脑油或汽油除渍。

22. 复写纸渍

可用肥皂液刷洗，如有残渍，可用石脑油、汽油或酒精擦除，然后用水漂净。

23. 印泥渍

先用苯或四氯化碳除去油分，再用温皂液洗。如是红色，可用加烧碱的酒精溶液擦洗，最后用水漂净。

24. 打印油渍

可先用松节油充分润湿，然后用含肥皂的酒精液刷洗，再用汽油揩除。也可以先用甘油润湿，再用含氨水的皂液刷洗，最后用水洗净。

25. 黏合带渍

可用石脑油或汽油等干洗剂刷洗，也可以先用四氯化碳、苯或火油浸泡后刷洗，最后用水漂净。

26. 广告色渍

切忌干洗，可先用水润湿，然后用含氨水的皂液刷洗，最后用水漂净。如有残渍，可用蛋白质酶化剂温湿处理半小时，最后用水洗净。

27. 指甲油渍

先用汽油或四氯化碳润湿，然后用含氨水的皂液刷洗，再滴上香蕉水轻擦，最后用清水漂净。

28. 染发水渍、香水渍

先用水润湿，然后用温甘油刷洗，洗净后加几滴醋酸再洗，最后用水漂净。白色织物如有残渍可用3%过氧化氢漂白处理。

29. 胭脂渍

先用汽油、石脑油等干洗剂润湿，然后用含氨水的皂液刷洗，再用汽油擦洗，最后用水漂净。

30. 口红渍

先用汽油、石脑油或四氯化碳润湿，然后用含氨水的皂液清除。当织物沾上口红时切勿摩擦，防止污渍渗入织物难以去除。如有残渍可用太古油2份，氯仿1份，四氯化碳1份，酒精和氨水各1/2份的混合液进行搓洗，最后用水漂净。

31. 药渍

一般可先用水润湿，然后用温甘油刷洗，用水漂净后加几滴10%醋酸的酒精液进行刷洗。如有残渍可用含氨水的皂液刷洗。若是胶黏性药渍可先用四氯化碳揩除，然后用皂液洗，最后用水漂净。含胶质的药渍可先用水润湿，然后用柠檬片挤汁滴在药渍处，稍等片刻后用水洗净。糖浆类药剂则先用热水浸洗以去除糖分，然后用上述方法进行处理。

32. 鱼肝油渍

新渍可用滑石粉将其吸干，然后用石油、石脑油等干洗剂揩除。如有残渍可用松节油、太古油等润湿后再用汽油揩拭。

33. 橡皮胶渍

先用汽油、酒精或松节油擦洗，再用皂液浸泡，最后用清水漂净。

34. 碘酒渍

淡渍可用酒精或碘化钾溶液擦洗，浓渍可用稀硫代硫酸钠液或硫代硫酸钠和酒精的混合液进行搓洗，然后充分用水漂净。

35. 红药水渍、紫药水渍

先用甘油刷，然后用含氨的皂液多洗几次，最后用水漂净。白色织物可再用3%双氧水处理。

36. 酒类渍、酱油渍、醋类渍

切忌用热水泡，应立即用清水洗或用肥皂揉搓。如有残渍可用加氨液的硼砂水洗涤。

37. 水果渍

新渍，先用盐水润湿，然后浸在皂液中洗涤，也可以用冲淡20倍的氨水洗，再用清水漂净。如有残渍，可用3%的过氧化氢进行漂白。

38. 茶渍、咖啡渍

新渍用热肥皂水洗涤，陈渍先将甘油倒在织物上使之渗透，然后用硼砂水或含酒精的皂液洗，最后用水洗净。为了加强去污效果可用蛋白质酶化剂温湿处理或用过氧化氢进行漂白。

39. 牛奶渍

新渍用湿肥皂水洗涤，陈渍则可用蛋白质酶化剂温湿处理，最后用水漂净。如有残渍，可用上述方法重复几次。

40. 口香糖渍

先刮去突出部分，然后用火油、松节油或四氯化碳干洗剂揩除。如果污渍已发硬，可先用石脑油或蛋白质酶化剂湿润处理，然后用干洗剂揩拭除去。在合成纤维织物上的污渍可先用小块冰使污渍冷却，然后把污渍剥落，最后用温皂液洗涤，并用水漂净。

41. 蔬菜渍

新渍用冷水或酒精刷洗即可去除。陈渍则可先用含氨的皂液进行洗涤并用水漂净。如有残渍可用过氧化氢漂白。

42. 芥末渍

切忌用热水和碱液洗涤，否则难以去除。可先在污渍上洒上淀粉，再用温甘油刷洗，然后用清水漂净，再用10%的醋酸润湿，刷洗后用清水漂净。如还有残渍可用过氧化氢漂除。

43. 番茄酱渍

切忌用热水和碱液洗，否则污渍难以去除。可先用冷水或温水润湿，再用温甘油刷洗，最后用水漂净。如还有陈渍可用蛋白质酶化剂温湿处理，然后用水漂净。白色织物如留有残渍则只能用过氧化氢进行漂白。合纤织物上的污渍可先刮去多余的污渍，然后用合成洗涤剂的温液去除污渍。

44. 蛋白、蛋黄渍

切忌用热水洗，否则污渍将难以去除。可先将污渍搓松，用冷水润湿，再用蛋白质酶化剂温湿处理，最后用水漂净。合成纤维织物上的蛋白质可用合成洗涤剂或氨水的冷溶液洗涤。如果同时用一些新鲜的萝卜丝效果则更佳。如果合成纤维有蛋黄渍则可先用挥发性油除去蛋黄中的脂肪，然后用除蛋白渍的方法进行去污。

45. 汤汁渍

汤汁渍主要是指肉汤、鱼汤等。如果是新渍可用冷皂液洗涤去除，还可以用氨水、硼砂或含氨皂液除渍，还可以先用温甘油刷洗。用水漂净后用皂液洗涤，然后加几滴醋酸中和后再用水漂净。陈渍也可以用蛋白质酶化剂温湿处理。

46. 动物肉渍

切忌用热水洗，会使污渍附着更加牢固而不易去除。可先用冷水洗，然后用氨水刷洗，用水洗净后加几滴醋酸中和后再用水漂净。如还有残渍可用3%过氧化氢漂白处理。

47. 呕吐渍

可先用汽油搓洗，再用5%的氨水刷洗，最后用温水洗净。也可以用10%的氨水将其润湿，再用含有酒精的肥皂液擦洗，最后用水漂净。

48. 呢绒极光斑渍

呢绒织物尤其是精纺呢绒容易产生极光。极光一般发生在肘部、膝部、臀部等常摩擦部位，产生极光的部位可用热醋酸润湿，然后用水洗净。也可以放在蒸汽上蒸，用毛刷顺着织纹刷绒即可去除极光。

参考书目

［1］人力资源和社会保障部教材办公室组织编写. 服装材料应用. 北京：中国劳动社会保障出版社，2010.

［2］吴微微. 服装材料学·基础篇. 北京：中国纺织出版社，2009.

［3］吴微微. 服装材料学·应用篇. 北京：中国纺织出版社，2009.

［4］杨静. 服装材料学. 北京：高等教育出版社，2007.

［5］马大力，冯科伟，崔善子. 新型服装材料. 北京：化学工业出版社，2006.

［6］缪秋菊，王海燕. 针织面料与服装. 上海：东华大学出版社，2008.

［7］朱松文，刘静伟. 服装材料学. 北京：中国纺织出版社，2010.

［8］王革辉. 服装材料学. 北京：中国纺织出版社，2010.

［9］朱远胜. 服装材料应用. 上海：东华大学出版社，2009.

［10］张怀珠，袁观洛，王利君. 新编服装材料学. 上海：东华大学出版社，2007.

学习卡账号使用说明

一、注册/登录

　　访问http://abook.hep.com.cn/sve，点击"注册"，在注册页面输入用户名、密码及常用的邮箱进行注册。已注册的用户直接输入用户名和密码登录即可进入"我的课程"页面。

二、课程绑定

　　点击"我的课程"页面右上方"绑定课程"，正确输入教材封底防伪标签上的20位密码，点击"确定"完成课程绑定。

三、访问课程

　　在"正在学习"列表中选择已绑定的课程，点击"进入课程"即可浏览或下载与本书配套的课程资源。刚绑定的课程请在"申请学习"列表中选择相应课程并点击"进入课程"。

　　如有账号问题，请发邮件至：4a_admin_zz@pub.hep.cn。